教你白手起家　让你走出困境

会闯才会

赢

娟 子/编著

中国華僑出版社

图书在版编目(CIP)数据

会闯才会赢 / 娟子编著. —北京：中国华侨出版社，
2010.12
ISBN 978-7-5113-1024-8

Ⅰ.①会… Ⅱ.①娟… Ⅲ.①成功心理学–通俗读物
Ⅳ.①B848.4–49

中国版本图书馆 CIP 数据核字(2010)第 238043 号

会闯才会赢

编　　著 / 娟　子
责任编辑 / 文　心
责任校对 / 李瑞琴
经　　销 / 新华书店
开　　本 / 787×1092 毫米　1/16 开　　印张 / 20　　字数 / 282 千字
印　　刷 / 三河腾飞印务有限公司
版　　次 / 2011 年 1 月第 1 版　　2011 年 1 月第 1 次印刷
书　　号 / ISBN 978-7-5113-1024-8
定　　价 / 29.80 元

中国华侨出版社　　北京市朝阳区静安里 26 号通成达大厦 3 层　　邮编：100028
法律顾问：陈鹰律师事务所
编辑部：(010)64443056　　64443979
发行部：(010)64443051　　传真：(010)64439708
网址：www.oveaschin.com
E-mail:oveaschin@sina.com

与其苟且偷生，何不放手一搏（代序）

生活中，很多人渴望生活得更好，但却找不到幸福之门；他们渴望人生成功，但却找不到获取成功的方法。尽管失意和贫穷笼罩着他们的生活，但他们仍然安于现状，生活在隐忍和无奈之中。

生活的状态有很多种，而这种"将就"地活着就是最低级的一种，只要人生中有了一份"将就"，就必然会缺少一份进取，流失一种财富。生活因为少了几分尊严，也就缺乏了一丝快乐和幸福，就更谈不上有所成就。

既然我们什么都没有，而又渴望成功，那还顾忌什么呢？拿出勇气，放手一搏岂不潇洒！失败了，你还是过着最差生活的你；成功了，你则可以改变自己的命运。所以说，与其苟且偷生，何不放手一搏？这样，你不仅会改变生活，更可以成就人生。

一口枯井里住着三只青蛙，一大两小。井里只剩一滩污水，还有偶然闯入井里的飞虫，只有这些让它们维持着生命。最可怜的是两只小青蛙，不仅日子穷苦，而且还时常受大青蛙的欺负。

一天，大青蛙又欺负了两只小青蛙。一只小青蛙与另一只小青蛙商量说："我们必须想办法离开这儿，不然将一事无成。"

另一只小青蛙却说："兄弟呀，我也知道这儿的日子不好过，但水还是够用的，偶尔还有飞虫进来，虽然我们经常受欺负，但至少还可以活命呀。"

"不，我想离开这儿！"小青蛙说

"别妄想了，知道外面的世界是个什么样子吗？说不定还不如这儿呢！再

I

说，你唯一可以出去的办法，就是跳到人类的打水桶里，人把你捉住，还不知道会对你怎么样呢！"另一只小青蛙说。

小青蛙没有说话。

一天，一位农夫从井里打水浇地，小青蛙毅然跳到放进井里的打水桶里。善良的农夫没有为难这只可爱的小青蛙，将它放到了田野里。

田野里风光无限，小青蛙过着快乐的生活。而在井里的那只小青蛙，依然守着一滩污水，继续过着食不果腹、饱受欺辱的日子。

有时人的境遇就像那两只小青蛙，当一些人在抱怨时乖运蹇、犹豫彷徨之时，另一些人则已经开始振作精神、放手一搏。于是，前一类人继续过着毫无生气的日子，后一类人却成了最大的赢家。

我们把这种放手一搏的做法称之为闯，这是改变自己命运的秘诀。

俗话说："人要闯，马要放。"每个人的一生都不可能是风平浪静、一路平坦的，会遇到许多的坎坷和困难，若不去正视与克服这些关隘，就会彻底地堵塞通往成功的大路，而克服这些困难就需要我们具备闯的精神。另一方面，很多人没有多少成功的经验，只能在摸索中前行，于是，闯便是我们通向成功的必经之路。

让我们拿出勇气和胆量，敢于放手一搏，创人生的新境界吧！

在人生的路上，或许你渴望成功，但又没有闯荡的勇气；或许你有了闯荡的勇气，却没有掌握拼搏的智慧。为了弥补这份缺憾，我们策划出版了《会闯才会赢》这本书，它不仅给你勇气，而且还交给了你拼搏的智慧。本书将向读者一一展示成功的智慧，例如，如何才能白手起家，怎样才能反败为胜……希望读者朋友能从中得到启迪，让人生获得成功。

目　　录

第三辑　激情是闯世的能量,人赢在一股心气

据最新的心理学研究表明:做事要有激情,这样才会让你有旺盛的精力。一般人认为,成功需要一个聪明的脑袋。但事实上,聪明并不是第一位的,更重要的是有激情,因为人赢就赢在心气上。

第四辑　挤开人生的夹缝,就能闯进桃花源

人生总要面临各种挫折和失败的挑战,不要在这些困境面前浑身发抖。会闯的人能把这些困境变为成功的有力跳板,他们明白,只要挤过夹缝,就能进入属于自己的"桃花源"。

第五辑　成功需要冒险,大胜常在险中求

　　海伦·凯勒信奉这样的座右铭:"人生要是不能大胆地冒险,便一无所获。"英国小说家 W·M·萨克雷则认为:"只要你勇敢,世界就会让步。如果有时它战胜你,你就要不断地勇敢再勇敢,世界总会向你屈服。"只有充满胆略的冒险,才能为我们带来通常难以企及的成功。

第六辑　交际没有圈，闯出成功靠人脉

　　成功学大师卡耐基经过长期研究得出结论："专业知识在一个人成功中的作用只占15%，而其余的85%则取决于人际关系。"人际关系就是财富，就是能力。好人际关系是一座挖不尽的金矿，是一笔无形的财富。一个人要想改变自己的命运、获得成功就必须有足够的人脉资源。

第七辑　不走寻常路，才能闯出好前程

　　为什么有人做事费尽心血，但还是一败涂地？为什么有人做事不费吹灰之力，但他总能马到成功？其中的差别就看能不能走出一条新路来。千军万马挤独木桥，挤破脑袋还不一定能过去。能别出心裁，成功的路上你才能畅通无阻。

第八辑 学会塑造形象,有派头人生才有奔头

会闯的人,他们会注重形象塑造,适当地放大自己的优势,营造成功的局势,把自己塑造成一个有派头的人。他们知道,一个人只有有了很强的影响力,他才会在他活动的圈里成为一个主沉浮、执牛耳的人。

第九辑 掌握语言技巧,口才决定成败

李叔同说"修己以清心为要,涉世以慎言为先。"这句话不无道理:语言是传达感情的工具,也是沟通思想的桥梁。"一句话能把人说跳,一句话也能把人说笑。"要想闯出成功,就应该掌握语言艺术。

第十辑 抓住机会,就会闯出门路

卡耐基说:"当机会呈现在眼前时,若能牢牢掌握,十之八九都可以获得成功;替自己找寻机会的人,更可以百分之百的获得胜利。"所以,会闯的人都绝对不允许机会从身边溜走,并且能纵身扑向机遇。

第十一辑 发挥强项,做擅长的事最能有胜算

据调查,有28%的人正是因为找到了自己最擅长的职业,才彻底地掌握了自己的命运;相反,有72%的人正是因为不知道自己的"对口职业",做着不擅长的事,才使自己失败一生。天生我才必有用,每个人都有自己的长处,只有懂得发挥强项,才能闯出成功。

第一辑

人生能不能赢，就看敢不敢闯

　　一个人从潦倒落魄到风光得意，靠的不是那种时来运转的天意，而是一份闯荡的勇气。敢于闯，就能冲出困境，开辟新路，活得春风得意。其实，从失意到得意，只有一步之遥，关键是看敢不敢闯。

人生离不开一个"闯"字

　　我们在这个世界上闯荡时，世界会给我们很多成功的机会，但很多人没有多少成功的经验，不知道怎样去做才能抓住机会，只能在摸索中前行。我们把这种在实际中经受考验、锻炼和打拼的过程称之为"闯"。可以说，闯是一个人走向成功的开始，更是走向杰出的必经之路。

　　但在我们的现实生活中，又有多少人走向成功了呢？他们不能成功的原因就在于他们始终缺乏一种闯的精神，以致终生碌碌无为，浑浑噩噩。反之，有闯劲的人则不同。

　　闯，有时就是靠冒风险和凭胆量的。如果不敢于冒险，那就什么都不要做好了。不敢去闯的人，他既不敢哭又不敢笑。他怕哭了以后，别人会认为他多愁善感；他怕笑了以后，别人会认为他愚蠢。他不敢去求助于他人，他不敢暴露自己的感情。他不敢去拼，因为他怕冒险。他不敢尝试，因为怕失败。要知道，你在逃避受苦和悲伤的同时也拒绝了与成功靠近的机会——规规矩矩往往会成为一个人走向成功的桎梏。相信机遇与挑战并存，人生中没有闯，就会错过很多的机会，以至于最后坐以待毙，碌碌无为，终老此生。

　　因此，一个人一定要有闯劲。但是，一个人仅有闯劲还不够，还要知道怎么去闯：闯的方法对了，会事半功倍；方法不对，就是使出浑身解数也无济于事。正所谓"闯得巧，活得好"。

　　闯，不可用蛮力。凭着千万次跌倒再千万次爬起的精神，不是说不能成功，那会让一个人走很多弯路。闯，我们力求一个"巧"字，凭借这种

方法做事的人总会取得"四两拨千斤"的效果。

闯，套用谋略大家冯梦龙的话说就是："'闯'没有固定的模式，以顺应时势者为最高。所以愚人千虑或有一得，聪明人千虑亦有一失。而大智之人遇事能应付自如，无需经过千思万想。他人取其微末，我则执其大端；他人看得近，我则觑得远；他人愈忙愈乱，我则以逸待劳；他人束手无策，我则游刃有余。正因为如此，所以难事遇到他就变易了，大事遇到他就化小了。他观察事物，人于无声息的毫芒之微；他举止行动，出于意想思考之外。"

在现实生活中，你和对手可能有差别，有强弱之分。但是实力强弱未必是你胜出的决定性因素，因为闯讲究的是相时而动、顺势而行，强调的是战略和战术的配合运用，而不是简单地硬碰硬。成功没有固定的模式，闯也不讲究固定的套路。如果你想在成功的道路上拿到万能钥匙，肯定会大失所望，因为局势每时每刻都在微妙地变化，所以你的闯法也应该做出相应的调整。综观古代历史风云，能够脱颖而出的人，从来不会按常规出牌，你也永远无法看透他的底牌，因为他们深知：在通往成功的道路上，没有现成的规则可以遵循，没有固定的模式可以效仿，惟有正确判断自己所处的局势，并且敏锐地看出局势中弥漫的味道，才能制定正确的闯法。年轻人只有正确地掌握了闯世真经，才能够发现属于自己的成功之路。

成功将会落在"闯将"的肩头

一个成功的人，不能没有挑战困难的勇气。勇于挑战是成功者的灵魂，人生的每一步发展，都是在一个又一个的挑战中完成的。可以说，成功总属于那些敢为人先、勇于担当的"闯将"。他们是勇于接受挑战的斗士，是面对困难挺身而出、从不退缩的勇士。

意大利首屈一指的菲亚特汽车公司是菲亚特集团的一个重要组成部分，它的年利润占据了菲亚特公司的2/3。也是世界10大汽车公司之一。谁也不会料到这家赫赫有名的公司，在1979年以前的10年里，竟是个濒临倒闭的公司。由于它连年亏损，无法进行再投资，被迫将13%的股票卖给了对外银行。

面对这种困境，菲亚特集团老板艾格龙尼是选择卖掉剩余股票，彻底将这个目前亏损的公司转手出让，还是接受挑战，对菲亚特汽车公司进行大幅度的调整、改革？面对目前的情况，想让企业起死回生，这在别人的眼里简直是天方夜潭，即使拥有回天之力，未来也不过是一个未知数。

但是，艾格龙尼没有就此罢休，闯将的魄力与胆识使他义无返顾地接受挑战。他一方面继续积极管理着菲亚特集团，一方面在努力寻求摆脱困境的方法。

上天不负苦心人，终于有一天，艾格龙尼想到了一位朋友维托雷·吉德拉，他是一位极具才华与能力的人。但艾格龙尼也没有把握，吉德拉是否愿意接受他的邀请，面对菲亚特汽车公司目前的窘境，他是否有勇气接受这无法欲知结果的挑战。

没想到双方见面一拍即合，艾格龙尼任命吉德拉为菲亚特汽车公司总经理，将公司全权交给他独立经营。吉德拉管理才华出众，平易近人，具有不屈不挠而又吃苦耐劳的性格，而且像老虎一样敢于接受各种挑战，艾格龙尼正是看中了朋友的这些优点才邀请他来任职的。

吉德拉上任后，没有让艾格龙尼失望。他果然出手不凡，对眼前濒临倒闭、一团乱麻无法正常运转的公司，大刀阔斧地进行了一系列行之有效的改革。

比如，注重提高员工文化素质，改组管理机构；为了加强新车开发，他还冒着风险，重新设立了首席工程师一职，并授予广泛的权力。

首席工程师除了有权决定新型号汽车的设计外，还负责全盘考虑新车的市场前景，统筹生产制造的各个环节，挑选零部件供应商，制定拓销策略；对于可能影响未来车型的各种问题，则及时加以解决，使产品更好地适应市场的需要。

自实施首席工程师制度以来，大大加快了新车开发的速度，为市场竞争赢得了有利的先决条件。

在吉德拉的改革下，菲亚特汽车公司很快摆脱了困境，到1984年终于使新车销售达到了100万辆，跃居欧洲第一。吉德拉本人也由于经营有方而闻名，被人们称之为欧洲汽车市场的新一代"霸主"。

艾格龙尼在困难面前没有失去信心，没有裹足不前，没有选择放弃，而是勇敢地接受挑战，在挑战中寻找着成功，寻找着机遇，为扭转企业的命运进行着不懈的努力，直到彻底实现了在他人看来永不可能实现的目标。

被吉尼斯世界大全称为"全世界最伟大的推销员"的乔·吉拉德曾这样说过："要在挑战中实现梦想，体现价值。"

"成功的起点是：首先要敢于接受挑战。就算你有过人的专业技能，渊博的知识，聪慧的头脑，可如果你没有一种敢于挑战困难的勇气，那么就没有你可以胜任的工作。"

刚做汽车销售这行时，他只是公司42名普通的销售员之一。销售工作是一种时时要接受挑战，时时面对很多不确定因素的困难的工作，与他同事的那些销售员，他有一半不认识，他们常常是来了又走，流动很快。

但是乔·吉拉德从来不像别人一样来了又走。在每一个挑战面前，他始终表现出一种沉着、果敢，不达目的决不罢休的态度。

就在乔·吉拉德一个月没有卖掉一辆汽车时，他也没有退缩，没有放弃，没有一蹶不振，而是以同样的热情，去迎接每一个崭新一天的挑战。

敢闯的人总会说："挑战是具体的，是可以看得见、摸得着的。迎接挑战则是对每一个困难的解决和克服！"

乔·吉拉德做销售时业绩突出。一次，公司欲派他到一个新的地区去开拓市场。他是放弃现在已经取得一定成绩的工作和稳定的待遇，还是去拼搏前途未卜的新的机遇？是在如今的岗位上稳扎稳打，还是去挑战也许没有任何结果的未来？

曾有一段时间乔·吉拉德彷徨了，犹豫了。

可这不是乔·吉拉德！经过认真思考，乔·吉拉德毅然接受了任务，放弃个人得失，去为公司开拓新的市场。

面对困难退缩，不是乔·吉拉德的性格；勇于接受未知的挑战，才是乔·吉拉德的选择。

选择容易做出，局面却难以打开。面对新的市场，乔·吉拉德一个月没有卖掉一辆汽车。但这没有让他放弃新的市场的开拓，多年来的经验教训告诉他，销售行业是一个不断挑战自我，挑战勇气的工作，如果现在退出，那就等于举手投降、全盘放弃。

乔·吉拉德没有畏缩不前，他坚持着。

果然这次乔·吉拉德真的胜利了。在他不懈的努力下，市场给了他丰厚的回报。还以自己无人能匹敌的销售业绩被载入吉尼斯世界记录，被誉为"全世界最伟大的推销员"。

做一个敢于应对挑战的"闯将"吧！大任也必将降落在闯荡者的肩头，事业在每一个挑战中成功，生命在每一个挑战中升华。

路是闯出来的

如果想成为真正的成功者，只有通过自己的打拼，才能闯出自己的天下。没有谁能给你铺好一条通往成功的路——成功的路，是靠自己闯出来的！

美国"假日旅店大王"科尔斯·威尔逊，在世界上拥有"假日旅店"达3000多家，他个人拥有的财富在2亿美元以上，早已经踏入了巨富的行列。他就是坚持自己的意念，自己开拓了一条崭新的路，并最终让世人都看到这条道路就是通向成功的大路。

年轻时的威尔逊并不是很顺利的，他曾经从事过好几种职业，但都不能在行业中崭露头角，这对一个有着远大抱负的人来说，确实是一种折磨。

1952年的一天，他到一家旅馆投宿，看到旅馆的环境很脏，服务也很差，这使他很不高兴。失望之余，他忽然兴起了一个念头：我何必着眼于别人的过错而不满呢？我应该看看别的方面，比如我如果开一家旅馆，好好经营，不就可以把这些差的旅馆的生意抢过来了吗？

威尔逊认为这是个不错的主意。但是开一家好旅馆是很普通的，未必有那么大的竞争力，要是能有更新鲜的方式，就会大不一样了。威尔逊这时思考的不是要不要开一家旅馆，而是要怎样开一家有自己特色的旅馆了。

当时，美国的汽车工业发展得十分迅猛，威尔逊一向关注于此，他已经预感到"汽车化社会"很快就要到来了。他的心中产生了一个新奇的想法：可以创办一种新型旅馆——"汽车旅馆"专门为汽车司机服务。

可是，这样的旅馆在世界上还没有出现过，因此没有什么经验可以借鉴，不知道能不能成功。不过威尔逊认为这样的大方向应该是没有错误的，前景是很好的，应该去尝试。至于具体的新型旅馆的经营，就要靠自己慢慢地摸索，逐步地改善了。

于是，这年冬天，威尔逊便在田纳西州的孟菲斯开办了第一家"汽车旅馆"。这家旅馆的优势就是房租低廉、整洁卫生、服务一流。它提供廉价、味美、量多的食品，使顾客能以普通的价钱吃到一般美国人所吃的三餐。因为是"汽车旅馆"所以为驾驶者提供的汽车服务就成为该旅馆最大的特色。旅馆专门建有停车场，驾驶汽车的人们来到这家"汽车旅馆"住宿，感到处处透着舒适和方便。因此，这家旅馆的口碑越来越好，生意也越来越兴隆。威尔逊看到了成功的影子，进而雄心大发，没用几年的时间，就陆续在美国各地开设了数百家这样的汽车旅馆，形成了庞大的连锁组织。

50 年代后期，旅游业兴起，世界各地每年有数以百万的游客涌向美国。威尔逊又决定创办"假日旅店"，特色定位于专门为国外旅客服务。他四处寻找兴建这种旅店的地皮，或采用专利权方式组织连锁旅社，大力扩展业务。"假日旅社"仍然是以清洁、方便、价廉为经营宗旨，旅社内专门设有"犬屋"，给喜欢带着爱犬外出旅游的人提供服务。饮食限于适合大众化的品种，讲求廉价美味且量多；酒也不卖进口的高级品，只卖大众化的"假日旅店牌"威士忌，总之，一切都为游客着想，使大众的利益与企业的利益一致化，也正是它的一个经营特色。到 1976 年，威尔逊在美国各地经营的"假日旅社"就有 1543 家之多。

威尔逊的理想实现了，他成功了，富有了，并且走的是自己闯出的道路。对每个闯在社会的人来说，这确实是个很好的启迪。

会闯的人，往往都存在一个显著特征：遇事头脑清醒，对待问题思维灵活、机动，有着自己独到的见解和独立解决问题的能力。他们不愿意跟在别人的后面，去重复别人的工作和方法，而是自己思考出多种方案。也就是说他们习惯于充分培养、发挥自己的创造性的思维，去走自己的路。

敢闯的人，世界都会给他让路

闯在社会，总会有暗礁险滩，会有狂风恶浪，当然也有不顺心、不如意的时候，也会存在无所适从，甚至胆怯的时候。要想闯出成功，就要有超乎常人的勇气，有不畏困难勇往直前的气概，有失败后还能越战越勇的精神。在面对困境时，会闯的人总能顶得住各种压力，敢于迎头而上，因为他们明白，只要有一股闯劲，世界都会给他让路。

亨利·亚兰是美国第三大汽车制造商——克莱斯勒公司的市场销售总监，从年轻的时候就在克莱斯勒公司做销售工作。50 年代中期，市场逐渐呈现低迷的趋势，销售量下滑，生意变得越来越不好做。

一个寒冷的冬天，亨利·亚兰跑了整整一个街区都没有推销出去商品，甚至没有人愿意打开房门，听一听他的介绍。

可喜可贺的是，上帝没有辜负亚兰的勇气。当他再次回到那个街区后，每一个拒绝他的人，都被他的这种不屈不挠的勇气所感染，结果售出了 6 辆新车。取得了前所未有的销售业绩！

第二天，他到公司，向同事们讲述了昨天开始所遭遇的失败，接着他又顺利地销售出 6 辆新车的过程，同事们都为他不屈不挠的勇气所折服。

这确是一个不平常的成就，而这个成就先是由失败引起的。那时亚兰在风雪中穿街过巷，跋涉了 8 个小时，却没有卖出一辆车。可是亨利·亚兰能够把我们大多数人在失败的情况下所感觉到的消极和恐惧，都化作义无返顾的勇往直前，并且取得了成功。亨利·亚兰也由此成了克莱斯勒公司的最佳销售员，并被提升为销售经理。

在那些真正的成功者中，无一不是勇于冒险，不畏惧失败的：他们有足够的勇气在希望的召唤下，爬起来重新踏上征程。

　　但有些时候，你是不是忽略了这种强大的力量，你会不会总在盼望成功会以某种神秘莫测的方式不期而至，而没有勇气去尝试一次又一次失败过后的努力呢？

　　美国第一大汽车制造商亨利·福特在取得成功之后，成了众人羡慕备至的人物。有的人觉得他是由于运气，或者是得益于有影响的朋友的帮助，或者说他本身就是一个管理天才，或者他具有常人所认为的形形色色的"秘诀"——所以福特成功了。

　　不可否认的是，这些因素中有几种当然是起了作用的，但是肯定还有些别的什么东西在起作用——也许每个人都懂得福特成功的真正原因，而每个人通常认为没有必要谈到这一点，因为它太简单了。只要一瞥福特的行动，就可完全了解他的成功"秘诀"。

　　多年前，亨利·福特决定改进著名的 T 型车的发动机的汽缸。他要制造一个铸成一体的八个汽缸的引擎，便指示工程人员去设计。可是，当时所有工程技术人员无不认为，要制造这样的引擎是不可能的。虽然面对老板，他们还是一口回绝了这样的"无理要求"。

　　听完技术人员的介绍后，福特没有气馁，他用无可反驳的语气说："无论如何要生产这种引擎。"

　　"但是，"他们回答道，"这是不可能的。"

　　"我是绝不相信任何不可能的。去工作吧！"福特命令道，"坚持做这件工作，无论要用多少时间，直到你们完成了这件工作为止。"

　　周围的员工被他强大的气势所感染，负责技术的人只好又硬着头皮回去工作了。如果他们要继续当福特汽车公司的职员，就必须努力钻研，不能去想那些无关紧要的事！结果 6 个月过去了，工作没有一丝的进展。又过了 6 个月，他们仍然没有成功。这些工程人员愈是努力，这件工作就似乎愈是"不可能"。

　　在这一年的年底，福特咨询这些工程人员时，他们再一次向他报告他们无法实现他的命令。"继续工作！"福特义无返顾地说，"我需要它，我决心

得到它。哪怕它是一只老虎，我也有勇气擒住它！"

最后的情形是怎样的呢？可想而知，在这种勇气面前，任何困难和挫折都成了它的手下败将。

当然，制造这种发动机并不是完全不可能的。当最终的成果被装到汽车上之时，福特和他的公司把他们的最有力的竞争者，远远地抛到了身后，以致他们用了好些年才赶上来。

福特的勇气给了技术人员必然成功的心态。他的勇气也让参与研制开发的人员没有任何退路可走。他们只能孤注一掷，只能成功。

勇往直前者，才会无往而不胜。有闯劲的人才能敢于应对挑战的，才能把一个个奇迹变成现实；把一个个不可能变为可能。闯在社会，就是要有福特那样的气概，以非凡的勇气和不达目的决不罢休的气势，去稳定彷徨不定的军心。惟有鼓起闯劲，才能在成功的路上劈波斩浪。

会闯才能实现梦想

每个人都有自己的梦想，并且这些梦想几乎都是炫丽而夺目的。但要把梦想变成现实，就不是几句话就可以解决的问题了，它需要有一种敢闯的精神，必须付出一番艰辛的努力，时刻准备着面对挫折和困难，只有这样，才能实现自己的梦想。

马云的梦想，就是因为敢于闯荡而得以实现的。

想当初，马云辞去教师的工作，开办翻译社后就接到一笔业务：去美国讨债。谁知出师不利，不但没讨到债，还被人软禁了起来失去了自由。之后侥幸逃脱，却又被人骗去行李。幸亏他还算有点运气，口袋里揣着在拉斯维加斯的老虎机上挣的 600 美元，马云火速买了一张去西雅图的飞机票，投奔那里的一个好朋友。实际上，这 600 美元后来也成了马云走上互联网道路的第一笔天使资金，跟随马云走南闯北好几年的电脑也是靠这 600 美元买的。

后来马云回忆说：这是一段相当可怕的经历。每当我想起洛杉矶，我就要做恶梦。马云从洛杉矶径直飞到了西雅图。在那里，马云告诉了朋友自己的痛苦经历，然后问朋友网际网路这玩意到底是什么。西雅图的教师朋友告诉马云一种新的因特网现象，那时在中国还完全不为人知。

在朋友的怂恿下，好奇的马云请朋友将自己在杭州的"海博翻译社"制作成网页传了上去，于是，阴差阳错，"海博"有幸成了有据可查的国内第一家触网的企业。

这样，马云和朋友早上 9：00 开始做，做好后，放到互联网上，在中午 12：15 的时候就得到了 5 个反馈。马云跑过去一看，有日本的、美国的、德国的，其中最后一封信来自一个海外的华侨，是个留学生发来的。马云说，这是我们在互联网上建立的第一个中国真正的公司。马云觉得这个东西很神奇，才三个多小时的时间就有五六个反馈，那可是不得了的事情。

马云很是激动：这就是我想要的！马云说自己回去以后反正要选行业离开学校了，何不开始做互联网？他当初的想法就是要把中国的企业资料放到网页上去向全世界发布，他计划着回到国内之后，立即向企业收钱并把企业的资料集中起来，快递到美国，然后再由设计者把网页设计好向全世界发布。当然，这样成本会很高。但马云认准的事情，十头牛也是拉不回的，他很快和那个网页设计者签了合约。几天后，马云带着一台当时最高端的 486 电脑和一个计划回到了杭州——帮助企业上网宣传寻找业务。

刚刚从西雅图回来，准备成立公司的时候，马云先是找了 24 位朋友到自己家里面，他们大多是马云在夜校教书时候认识的学生，其中还包括一个 82 岁的老太太。马云跟他们说：哎，我要做这么个东西，internet。接着便给他们大讲 internet 的好处。说实在的，马云对技术一窍不通，要讲一个根本不懂的东西就像痴人说梦一样。马云讲得糊涂，大家听得也糊涂。

朋友们都很吃惊：你好好的放着老师不当，去玩这个东西？脑袋是不是灌水了？当时他们24个人里面有23个人反对。23个人都说：这个事情是不能干的，决定是不行了，干了是要闯祸的。只剩下一个人对马云说：你要是真的想做的话，你倒是可以试试看。这个人现在在浙江省农业银行供职，马云永远忘不了这1/24的支持。

第二天早上，马云想了想：干了，不管怎样，我都干下去。当然，下决心干起来是重要的，尽管困难也是明摆着的。了解底细的朋友对马云说，你对计算机一窍不通怎么去搞这个东西呢？

1995年4月，马云去找了一个学自动化的搭档，加上他的妻子张英，一共三个人，用两三万块钱租了一个房间，交了租金以后，只剩下了200元钱，只好把家里的家具都搬到办公室里去，再借了点钱就开始他们的创业。海博网络，这就是马云的第一家互联网公司，也是中国为数不多的第一批网际网路公司之一。

实践证明，马云的选择是正确的。等到上海和杭州的互联网相继开通后，马云的中国黄页业务就逐渐变得火爆起来。那时，在国人的眼中，互联网仍然是个神秘的事物，而懂得网页制作的人更是凤毛麟角。因此，赚钱相对就比较容易，比如一个中英文对照的页面，2000个文字加上张照片，马云就收人家2万元。马云的中国黄页网站为上网的企业带来了客户，他的网站盈利了。在成功地发布了无锡小天鹅、北京国安足球俱乐部等中国第一批互联网主页后，中国黄页开始在圈子里小有名气。这样，在两年多的时间里，网站的营业额竟不可思议地做到了700万元，马云终于赢得了人生第一桶金，也创出了自己响当当的名气，夯实了创业的基础。

后来马云说，有人说我们很狂妄，但我的梦想实现了。互联网不是短期炒作的行业，创业者要时刻回忆起创业第一天的感觉，然后坚持去做。那时候别人都以为我是骗子。从那时候起我就被许多人骂过，有人骂我是骗子，有人骂我是疯子，但现在他们都称我为企业家。我觉得这都无所谓。我向来不管别人怎么评论我。那时候非常疯狂，非常执着。我常常对年轻人说，如果你们想要创业，就一定有要敢闯的精神。哪怕别人都骂你，都嘲笑你，都以为你不对。我是从那种阶段过来的。我甚至准备好，哪怕失败了，一无所有了，我也要坚持下去。所以，要记住，如果要实现自己的梦想，就要有敢闯敢拼的精神。今天很残酷，明天很残酷，后天很美好，绝大多数的人死在明天晚上。我们要永不放弃，才能见到后天的太阳！

小勇气可以闯出大成就

美国心理学家斯科特·派克说：不恐惧不等于有勇气；勇气使你尽管害怕，尽管痛苦，但还是继续向前走。在这个世界上，只要你真实地付出，就会发现许多门都是虚掩的！微小的勇气，能够闯出无限的成就。

有一个国王，他想委任一名官员担任一项重要的职务，就召集了许多威武有力和聪明过人的官员，想试试他们之中谁能胜任。

"聪明的人们，"国王说，"我有个问题，我想看看你们谁能在这种情况下解决它。不过我有个规定，假如你认为自己有能力做好它，那么就来试试，成功之后，我将重重有赏。但是，如果你不能确信自己可以完成就不要去试，因为不成功那是会杀头的。"国王领着这些人来到一座大门——一座谁也没见过的最大的门前。国王说："你们看到的这座门是我国最大最重的门。你们之中有谁能把它打开？"许多大臣见了这门都摇了摇头，其他一些比较聪明一点的，也只是走近看了看，没敢去开这扇门。这时一位大臣，走到大门处，用眼睛和手仔细检查了大门，用各种方法试着去打开它。最后，他抓住一条沉重的链子一拉，门竟然开了。其实大门并没有完全关死，而是留了一条窄缝，任何人只要仔细观察，再加上有胆量去开一下，都会把门打开的。国王说："你将要在朝廷中担任重要的职务，

并赏黄金万两，因为你不光限于你所见到的或所听到的，你还有勇气靠自己的力量冒险去试一试。"就这样，这位大臣身任重职，也确实做出了不小贡献。

史东是"美国联合保险公司"的主要股东和董事长，同时，也是另外两家公司的大股东和总裁。

然而，他能白手起家，创出如此巨大的事业却是经历了无数次磨难的结果，或者我们可以这样说，史东的发迹史也是他敢于闯荡的结果。

在史东还是个孩子时，就为了生计到处贩卖报纸。有家餐馆把他赶出来好多次，他却一再地溜进去，并且手里拿着更多的报纸。那里的客人为其勇气所感动，纷纷劝说餐馆老板不要再把他赶出去，并且都解囊买他的报纸。

史东一而再再而三地被踢出餐馆，屁股虽然被踢痛了，但他的口袋里却装满了钱。

史东常常陷入沉思："哪一点我做对了呢？""哪一点我又做错了呢？""下一次，我该这样做，或许不会挨踢。"就这样，他用自己的亲身经历总结出了引导自己达到成功的座右铭：

"如果你做了，没有损失，而可能有大收获，那就放手去闯。"

当史东16岁时，在一个夏天，在母亲的指导下，他走进了一座办公大楼，开始了推销保险的生涯。当他因胆怯而发抖时，他就用卖报纸时被踢后总结出来的座右铭来鼓舞自己。

就这样，他抱着"若被踢出来，就试着再进去"的念头推开了第一间办公室。

他没有被踢出来。那天只有两个人买了他的保险。从数量而言，他是个失败者。然而，这是个零的突破，他从此有了自信，不再害怕被拒绝，也不再因别人的拒绝而感到难堪。

第二天，史东卖出了4份保险。第三天，这一数字增加到了6份……

20岁时，史东设立了只有他一个人的保险经纪社。开业第一天，销出了54份保险单。有一天，他更创造了一个令人瞠目的纪录122份。以每天8小时计算，每4分钟就成交了一份。

在不到 30 岁时，他已建立了庞大的史东经纪社，成为令人叹服的"推销大王"。

推销员，可能是世界上最需要脸皮的职业之一。可以说，不经过千百次的被拒绝的折磨，就不可能成为一个优秀的推销员。史东有句名言，"决定在于推销员的态度，而不是顾客……"

闯荡，离不开勇气的支撑，因为太过谨慎而没有勇气去推一扇门，你可能与成功擦肩而过。当别人成功时，你不要羡慕人家的幸运，事实上，命运也给过你机会，可是你没有敢闯的勇气，没敢伸手去抓住它，要是拿出一份勇气去闯荡，你就会闯出很大的成功。

记住，敢闯才会成赢家

敢于第一个吃螃蟹的人，往往会得到成功的眷顾，成为离成功最近的人！所以，敢闯才会成赢家。成功总是偏爱那些最勇敢的人。勇于挑战"不可能"的人，往往能闯出一块崭新的天地来！石油巨子保罗·盖蒂就是一个敢闯敢干的人。

1932 年盖蒂继承经营着一家小型凿井企业，在同行中默默无闻。

平常都是大的石油公司收购兼并小的凿井企业，而盖蒂却敢冒天下之大不韪，决定要收购庞大的潮水公司！而潮水公司的实际控制权则在美国石油大鳄洛克菲勒财团手中！

这在旁人的眼里看来，简直就是自不量力，无疑是拿鸡蛋碰石头！

但盖蒂拥有狮子一样勇敢的性格，非要一碰到底！

1932 年 3 月盖蒂以每股 2.5 美元的价格买进潮水股份 1200 股，6 个

星期以后已经增加到 4.1 万股，盖蒂一路买进，一年以后已经拥有了 74.3 万股，成为公司董事，盖蒂提出了一些公司改革的方案，不过遭到大多数守旧派董事的反对。

为了能在公司董事会中站住脚，盖蒂继续收购市面上的闲散股票。

机会终于来了！

后来洛克菲勒决定出售部分潮水的股份，盖蒂毫不犹豫地吃进了 180 万美元的股份，到 1940 年，盖蒂已经拥有了超过潮水总股份 1/4 的股份，在公司的决策当中已经起到了重要的作用。到了 1951 年，董事会成员基本全都由盖蒂提名，盖蒂成功地控制了潮水公司！

人生最大的失败，就是因胆怯而站在原地，什么也不做！只要你勇敢地闯出第一步，就一定有机会成功！人生要是仅仅靠被动的等待，是不可能有成功送上门的，所以，我们在一些时候也需要具备为自己闯出新天地的的大勇气。

富兰克林一开始宣称闪电是天空中大规模的放电现象时，招致了人们的一致嘲笑。他决定冒险做一个实验来证明自己的论断。

在一个暴雨的天气，他来到郊外放风筝，风筝是特制的，放风筝的绳索里有一根细的金属导线，一端连接着高飞的风筝，一端连着一把铜钥匙，系在富兰克林的手腕上。

这是一场威胁生命的赌博！富兰克林毫不犹豫地选择了冒险！

一阵闪电划破天空，富兰克林胳膊上传来酸麻的感觉。

他兴奋地大喊："我抓住闪电了，我抓住闪电了！"然而他却丝毫没有注意到，死神刚刚与他擦肩而过！

很多人渴望成功，却又缺乏闯荡的精神，在工作中畏首畏尾，就像笼子里的兔子，一有危险，就蜷缩在角落里浑身抖个不停。会闯的人决不惧怕压力大、风险多，他们有非同常人的冒险精神！他们明白——人若失去了勇敢挑战的精神——那么，就什么都失去了！

其实，在成功的大道上，风险恰如拦在路中间的巨石，胆怯的人绕过去了，只有敢于闯荡的人才会奋力攀登，最后你就会发现，那块拦路的巨石恰恰就是通向成功的捷径！

第二辑

会闯不等于蛮干，运用策略成大事

　　有些人认为闯就是做事从不考虑方法和后果，单刀直入、横冲直撞……他们身上除了敢做的勇气之外，再没有哪一点可以值得称道。其实，这并不叫闯，而是在蛮干。

失败是冲动的惩罚

在闯世中，有些人会这样说："都说这是一次好机会，应该没错，再说凭我的能力，这点事还搞不定？不做一定会后悔，不要想那么多了，就让结果来证明一切吧！"明眼人一听就知道，说这话的是个眼高手低的人，他们往往不能够很好地控制自己的情绪，不假思索地将想法付诸于行动，其结果往往是伤人害己，令自己后悔不迭。闯在社会，人们提倡敢作敢为，但绝不是让人鲁莽行事。让你闯，绝不是让你蛮干，要是像蛮夫那样仅凭直觉做事，最终会得到失败的惩罚。

三国的时候，刘备在损失了关羽之后，就犯了急躁冲动的错误，轻率地进攻东吴，结果导致了蜀军的惨败。

蜀章武元年，刘备不顾诸葛亮、赵云等群臣的劝谏，毅然决意伐吴，命令驻守阆中的车骑将军张飞率军前往江州与主力会合，不幸张飞却被手下刺杀了。七月，刘备命令丞相诸葛亮留守成都，上将赵云在江州为后军都督，他亲自统率大军沿江东进。

蜀大军压境，孙权想和刘备讲和却遭到拒绝，于是他转而和曹魏结盟。曹魏也趁势离间孙、刘，八月，封孙权为吴王。孙权遂任命陆逊为大都督，统率朱然、韩当、徐盛、潘璋、孙桓等部5万人抗拒蜀军，又派平戎将军领兵万人镇守益阳，以防止武陵少数民族援助蜀军。

当蜀军4万人进攻巫峡、秭归时，陆逊采取主动后撤、诱敌深入、集中兵力、相机破敌的战略，令部将李异、刘珂退至夷陵、猇亭一带，把数百里峡谷山地让给刘备，以使蜀军战线抻长，露出破绽。

　　吴黄武元年正月，刘备求胜心切，派将军吴班陈式督率水军深入夷陵地区，封锁长江两岸。二月，亲率诸将自秭归经崎岖山道，进至夷陵一带，坐镇猇亭督师。蜀军从巫峡至夷陵沿路扎下了几十个大营，还命黄权为镇北将军，率江北诸军进抵夷陵以北，并监视魏军动向，以防袭击；命侍中马良部进驻武陵郡，策应反吴投蜀的少数民族首领沙摩柯部，威胁吴军侧翼。

　　不久，刘备派前部督张南率兵围攻驻守夷道的孙桓。吴军的将领们都请求陆逊派兵增援，陆逊让他们不要出战，坚守城池，以拖垮蜀军的气势。两军相持了半年之久，一直到进入夏季、酷热难当的时候，蜀军还是没有办法取胜，所有的士兵都很疲惫，意志也都松懈了。蜀水军又奉命移驻陆上，失去水陆两军相互策应的主动权。蜀军深入敌国腹地，延绵数百里山川连营结寨，因战线过长，运转补给发生困难。六月，陆逊决定适时转入反攻，先以火攻破了蜀军的一个营地，然后让所有的部队趁势发起进攻，迫使刘备西退。陆逊还命令水军封锁长江，孙桓扼守夷道，将蜀军分割于大江东西，实行各个击破的战略。吴军继续对蜀军施以火攻，火烧连营40多个，蜀军死伤惨重。陆逊继续追击，大败刘备。刘备收集败兵，退回白帝城，因为忧愤成疾，于第二年四月就病亡了。

　　这一仗，刘备没有采纳诸葛亮、赵云顾全大局之言，只因为一时的冲动愤怒而出战，没有仔细考虑当时的实际情况就轻率出兵，犯了急躁冒进的兵家大忌，最终使自己陷入被动，导致惨败。

　　其实做任何事情都和打仗一样，都需要稳扎稳打，不能犯冲动急躁的毛病。急躁就会完全打乱你做事情的计划，会使你像一只没头苍蝇一样，不知道该把精力用到哪些方面，这样做事哪里谈得上会成功呢？

　　为了逞一时之快，或者解一时之恨而冲动行事，极有可能断送自己的大好前程。鲁莽冲动之害，由此可见一斑！无须多言，太多的事实就摆在你面前，失败就是对冲动的惩罚。所以，我们闯在这个社会，要善于动脑筋，但千万不要蛮干。

有头脑才会闯得好

经营大师巴菲特曾说过这样的话："榨出我一克脑汁，再加上 16000 元，我就可以创造出 1000 万的价值。"成功始于智，成于智。对于那些期待闯出成功的人来说，聪明的头脑比千万的资金更加重要。

有智者，事竟成，闯得好的人永远是有头脑的。无智或是不肯动脑筋的人，成功与他就是永远也不可能相交的两条平行线。一个人如果没有技能，他可以拜师学艺；没有知识，他可以求学问道；没有金钱，他可以筹借贷款。但是如果没有头脑，那他就永远没有闯世的资本。

刘永行，1948 年生于四川新津。其父母是早年参加革命的知识分子，他于 1977 年考入成都师专数学系，1980 年毕业后回新津县电教室当教师。从此，他和自己的三个兄弟一样捧起了当时令人羡慕的"铁饭碗"。

1982 年 8 月，刘永行和兄弟们在自家的泥砖墙茅草顶的小院里，举行了决定自己命运的会议。三天三夜后，他们做出了一锤定音的决定，辞职回乡当专业户！于是手拿 1000 元钱，开始了四兄弟的创业历程。

1987 年，刘永行兄弟兴建了西南最具规模的"希望饲料研究所"，并开发出了"希望 1 号"乳猪饲料。从此，他和兄弟们由专业户变成了私营企业家。1992 年，在中国首届农业博览会上，刘永行兄弟的"希望 1 号"乳猪饲料获金奖；同年刘永行出任四川希望集团董事长，从此，这位当家人，正式走在了"希望"的田野上。

1993 年，在刘永行的带领下，"希望"打进上海滩，在嘉定成立了希望集团的分公司。中共中央政治局委员吴邦国为"希望"落户上海滩还亲

笔题写了"希望城"三个大字。

1997 年，刘家四兄弟分家后，刘永行由"东方希望"起步，致力开拓，形成了"永行企业"。1999 年 4 月，"希望"集团董事长刘永行在上海浦东又建立了集动物饲料、食品、生物制品等科研和生产于一体的全国性大型民营企业——"永行"企业，下辖"东方希望"集团、"强大"集团、"永行"企业三大集团，共 62 家公司，工厂遍及华北、华东、东北、中原、西南等地区。

2000 年 8 月，刘永行以 10 亿美元的资产总额荣登《福布斯》中国 50 富豪排行榜第二名。

每个成功者的背后都有许多条交错往复的路，能不能让自己闯入成功之途，关键在于自己有没有那个头脑。

享誉世界的经营奇才艾柯逊就是一个非常有头脑的商人。

1921 年的一天，艾柯逊在奥地利街头闲逛，忽然想要写点东西，于是信步走进一家文具商店准备买一支钢笔，但是一问价格，却令他大吃一惊，在美国同样的钢笔只要 3 英镑，在这里却被卖到了 26 英镑，之所以这么昂贵，是因为这些钢笔都是由德国进口的，而且数量有限。

若有所思的艾柯逊为自己的意外发现而惊喜，很快，他就对奥地利的市场进行了一番详细、周密的调查，结果更是令他兴奋不已。导致钢笔价格昂贵的根本原因是，当时全奥地利只有一家钢笔生产厂，由于战争的影响，生产能力有限，货源奇缺，物以稀为贵，钢笔价格自然居高不下。

艾柯逊当即决定，在奥地利投资办钢笔厂。他直接来到当时的维也纳政府，诚恳地游说："政府已经制定了政策，要求每个公民都得学会读书和写字，没有钢笔怎么能行？我想获得生产钢笔的执照。"他的要求很快得到批复。

艾柯逊立即开始筹划，焦急的他马上来到德国历史最悠久的钢笔名城，那里集中了许多著名的钢笔生产厂家，他们掌握着制作钢笔的秘密技术。艾柯逊花重金买通了一家工厂的一位技术骨干，还包括许诺新厂里的实际工作均由这位技术骨干主持。这位技术骨干又以到瑞典度假为名，召集了一批技术工人，悄悄来到奥地利。

各方面业务进展得如此顺利，连艾柯逊本人都不敢相信。在他办厂之初，奥方专家预测，他最起码要用 11 个月的时间建厂，次年才有可能正式投产，而且年产量最多不会超过 100 万支。但事实证明：这种预测对于艾柯逊而言是毫无道理的。因为他的工厂仅用 3 个月的时间就建成了，而且在投产后的 8 个月，数量就达到了 1 亿支。创造的利润在当年就达到了 100 万英镑。到了 1926 年，这个工厂生产的钢笔不仅满足了奥地利市场，而且先后出口到美国、中国、土耳其等十余个国家。

　　正是依靠小小的钢笔，依靠他敏锐的思维和高效率的行动，在奥地利的土地上，艾柯逊赚取了上百万英镑，而且还使他在世界商界声名鹊起。

　　"成功钟爱那些有头脑的人。"一位大师这样说。艾柯逊正是凭借他敏锐的头脑，才闯出了一条与众不同的路，在世界商界创造了一个又一个的奇迹。头脑就是希望，头脑就是动力。用智慧的头脑鞭策出的力量，就可以在人生的道路上发现成功的秘密，就可以在事业的征途中闯出成功。

正确的决策是闯出成功的保障

闯还要什么决策吗？太小题大做了吧！我一拍大腿说干就干了，那才叫闯呀！有人往往会这样认为。但是，要是这样的话，你永远闯不出成功。

正确的决策才是成功的保障。面对社会的高速发展，许多新问题、新生事物会随时出现在我们面前，这就要求我们审时度势、综观全局、权衡利弊，在千头万绪中找出关键所在，及时地做出有效可行的决策。决策，不仅是军国大事所需要的，普通人在日常生活与工作中也时时需要决策。人的所有目标是否能实现、效率如何、成功与否，都与决策息息相关。

在上世纪 90 年代，史玉柱也算是一位风云人物。1989 年，拿到深圳大学软科学硕士学位后，27 岁的史玉柱在深圳、上海，与合伙人推出桌面中文电脑软件 M－6401 汉卡，仅仅 4 个月，其营业收入即超过 100 万元人民币，随后又开发了 M－6402 汉卡。两年后，巨人公司在深圳成立，当年，M－6403 面世。1992 年，正是市场经济理论抛头露面的时候，史玉柱移师珠海，在珠海市香洲区成立珠海巨人高科技有限责任公司。这一年，M－6403 为巨人公司带来 3500 万元利润。

下海仅 3 年，史玉柱这个安徽小伙子就积累下了个人事业成功的第一桶金。1993 年，巨人在推出 M－6405 汉卡、中文笔记本电脑、中文手写电脑等多种产品后，又成功牵手世界顶级 PC 制造商 IBM。当年，仅中文手写电脑和软件两个产品就为巨人公司带来了 3．6 亿元的营业收入，同年，巨人成为列四通之后的中国第二大民营高科技企业。就在电脑和软件产品一路高歌猛进之时，美国王安电脑公司宣告破产，这无疑是给巨人泼了一盆冷水。史玉柱开始不得不去寻找新的产业支柱。

随后，看好房地产的史玉柱将1992年即已出台的18层巨人大厦推上了企业经济增长链。在珠海市少数政要的"鼓励"下，巨人大厦要建成该市的标志性建筑，18层一下改成38层，后来又窜至54层、64层，不久，受另一非经济因素的影响，巨人大厦涨高至70层，要刷新中国高层建筑纪录。这70层的大厦仅靠巨人的力量显然不足，预算显示大厦竣工需投入12亿元。

史玉柱被逼向民间及社会企业融资，预售楼花总金额逾亿元人民币。1994年，史玉柱首次介人保健品市场，脑黄金一炮走红，巨人大厦一期工程破土，计划1997年完成。

1995年，史玉柱推出12种保健品，并以1亿元广告轰炸市场。信心十足的史玉柱在巨人大厦资金匮乏时从保健品上大肆"抽血"。此时，巨人擅长的电脑和软件开发已让位于保健品和创纪录工程。

1996年，严重的资金危机令巨人大厦盖至第三层便爆发财务危机，巨人集团全面崩溃。

史玉柱自1997年起隐居反思。1999年，珠海市政府成立清产核资小组，并将巨人集团总部办公楼以2000万元底价意向转让用以抵债。

史玉柱狼狈逃离了他的创业之地珠海。

据史玉柱后来讲，因为决策不正确，注定巨人倒下是必然的。决策的正确与否，直接决定了一个企业的生存与发展，稍一失误，企业即可能损失惨重。同时，良好的决策也仰赖着人的智慧、灵悟和直觉，这中间似乎有着一定的神秘性；人也不可能一辈子都做出十全十美的决策而不发生失误，但任何决策都是有规律性的、有技巧可循的。科学决策，在很大程度上取决于在掌握信息的基础上如何善用信息。在对信息充分把握的基础上，决策者要通过对信息的分析、思考、判断、推理，然后进行选择、综合，才能把信息真正变成科学决策的源泉。

正确的决策决定人生的成功。诸葛亮作《隆中对》使刘备得三分天下；朱元璋采纳"广积粮、高筑墙、缓称王"的建议，创立了明王朝；孙膑为田忌赛马献策而胜齐威王。这些都是决策对了，才获得事业的成功。

权衡再行事

做事必先审其害，后计其利。这句话是说，做事情应该先考虑其害处，然后再考虑谋取利益。一般人做事情，往往只看到这样做的好处，却忽略了这样做会带来的害处，所以常常是费了半天力气，却得不到自己想要的结果。所以，在社会上闯，我们就需要进行全盘考虑，明确利弊，当利大于弊时就可以去做，如果是弊大于利，则应该及时停止，以趋利避害。

汉高祖刘邦在平息了梁王彭越的叛乱和杀死韩信后，曾为汉朝天下的建立做出重大贡献的淮南王英布兴兵反汉。刘邦向文武大臣询问对策，汝阳侯夏侯婴向刘邦推荐了自己的门客薛公。

汉高祖问薛公："英布曾是项羽手下大将，能征惯战，我想亲率大军去平叛，你看胜败会如何？"薛公答道："陛下必胜无疑。"汉高祖道："何以见得？"薛公道："英布兴兵反叛后，料到陛下肯定会去征讨他，当然不会坐以待毙，所以有三种情况可供他选择。第一种情况，英布东取吴，西取楚，北并齐鲁，将燕赵纳入自己的势力范围，然后固守自己的封地以待陛下。这样，陛下也奈何不了他，这是上策。"汉高祖急忙问："第二种情况会怎么样？""东取吴，西取楚，夺取韩、魏，保住敖仓的粮食，以重兵守卫成皋，断绝入关之路。如果是这样，谁胜谁负，只有天知道。"薛公侃侃而谈，"这是第二种情况，乃为中策。"汉高祖说："先生既认为朕能获胜，英布自然不会用此二策，那么，下策该是怎样？"薛公说："东取吴，西取下蔡，将重兵置于淮南。我料英布必用此策。陛下长驱直入，定能大获全胜。"汉高祖面现悦色，道："先生如何知道英布必用此下策呢？"薛公道："英布本是骊山的一个刑徒，虽有万夫不当之勇，但目光短浅，只知道为一时的利害谋划，所以我料到必出此下策！"汉高祖连连赞道："好！好！英布的为人朕也并非不知，先生的话可谓是一语中的！朕封你为千户侯！"

汉高祖不但封薛公为千户侯，还赏赐给他许多财物，于这一年的10月亲率12万大军征讨英布。正如薛公所分析的那样，英布在叛汉之后，首先兴兵击败受封于吴地的荆王刘贾，又打败了楚王刘争，然后把军队布防在淮南一带。

汉高祖戎马一生，南征北战，也深谙用兵之道。双方的军队在□西相遇后，汉高祖见英布的军队气势很盛，于是采取了坚守不战的策略，待英布的军队疲惫之后，金鼓齐鸣，挥师急进，杀得英布落荒而逃。英布逃到江南后，被长沙王吴芮的儿子设计杀死，其叛乱以失败告终。

可以说，汉高祖之所以能够平息吕布的叛乱，根本原因就在于他于战前听取了薛公的精确分析，采取了获利最大的那一种策略。与此相反，要是做事之前不考虑后果，盲目冲动，则会招致祸端。

诸葛恪是三国时吴国大臣诸葛谨的儿子，蜀国丞相诸葛亮的侄子。吴国重臣陆逊病故，孙权任命诸葛恪为大将军，掌握军事大权。7年后，孙权病故，遗诏诸葛恪辅国。这时，魏国利用吴主新丧，举国哀痛之机，兴兵伐吴。诸葛恪亲率大军迎击，魏深得人心，结果大败魏军。他因为这次功绩而声望扶摇直上。

沉浸在胜利中的诸葛恪认为魏国不堪一击，准备出兵伐魏。但是，这次出战，遭到了吴国大臣的一致反对。他们认为吴国军队疲劳，不能久战，且魏国强大，不能取胜。急于求成的诸葛恪认为凭他的才干，足以扫平中原，统一宇内，不顾众人反对，而下了全国总动员令。

骄兵必败。诸葛恪率20万大军包围魏的新城，两个月也没有攻下。这期间，士卒困乏，又值天气炎热，军中瘟疫流行，士兵多数病倒。部下天天报告士兵病倒的情况，但诸葛恪却认为是胡说八道，甚至将报告者斩首。以20万大军，攻一小城而不下，诸葛恪感到大伤体面，常常满面怒气

申斥部下，当然也挽救不了败局。在无计可施的情况下，只好下令撤退。撤退之时，伤兵东倒西歪地堵住道路，或倒在沟里，或给敌人当俘虏，到处是呻吟、哭救之声，惨不忍睹。而诸葛恪却衣冠整齐，仪仗威严，一副满不在乎的神气。随军众将，心中暗自愤恨。

这个战败的结局，使诸葛恪大失人心，并且处在朝廷内外的严厉批评声中。控制近卫军的武卫将军孙峻看到诸葛恪的失败，燃起了夺权的野心。他强迫皇帝孙亮设宴招待诸葛恪，暗中伏下刀斧手，在席间杀了诸葛恪，并灭其家族。

其实，凭借诸葛恪的才干，完全可以闯出一番大事业，但却因为自己做事情不知道权衡利弊，只是为了求功就冲动地采取行动以至于自毁前程，不得不让人觉得惋惜。

任何事情的结果都不可能完全都是好的而没有一丝一毫的害处，我们做事情的目的就是趋利避害，如果做事之前不懂得权衡利弊，不管不顾地就去做，其结果只能是弊大于利。闯在当下，要认识到事情的两面性，这样，才能闯出成功。

紧急的事，和缓地办

做人也好，办事也罢，难免会遇到一些棘手的情况，怎么办？在这个时候你千万不要慌乱不堪，不知所措。如果此时你能够表现出冷静自若，临危不乱，你就会正确处理好这些出乎预料的情况，取得的效果也会比别人好得多。

三国时期的卫瓘就能够在危急时刻依然保持从容镇定，进行周密考虑，结果不但保全了自己，而且最终还剿灭了意欲反叛朝廷的钟会。三国末年，魏国派钟会、邓艾为主将，卫瓘为监军兴兵伐蜀，大获全胜。钟会和邓艾因此立下大功，但是两个人互相猜忌，都认为对方有抢功之嫌。最后，钟会向曹魏朝廷告发邓艾有占据蜀中自立为王的野心。钟会的谋臣也劝他趁这个机会，搬倒邓艾，杀掉卫瓘，就可以安心地独占蜀中，成就一番乱世英雄的霸业。早就看邓艾很不顺眼的钟会，不禁心中蠢蠢欲动，开始紧锣密鼓地筹备反叛。其实，朝廷对钟会的反叛意图已经有所察觉，并且密令卫瓘对其进行监视。钟会盘算他如果向朝廷揭发，朝廷势必会暗中命令监军卫瓘进行调查。只要卫瓘杀了邓艾，他就可以再给卫瓘罗织罪名，直接除掉这个强大的对手。于是钟会就跑来见卫瓘。他旁敲侧击地告诉卫瓘，邓艾谋反早是事实，如果他卫瓘一味偏袒，就是对司马大将军的不忠，理应和反贼同罪。这时，刚才还对朝廷密令用意十分疑惑的卫瓘立即明白了这一切只是钟会设下的局。

对眼前局势心知肚明的卫瓘，虽然知道这时擒杀邓艾只会于己不利，但是，如果立时拒绝钟会的要求，肯定会遭毒手。倒不如先答应下来，以

保全性命向司马大将军告发钟会的种种劣行。于是，卫瓘就假装对钟会唯唯诺诺，表示会服从朝廷的命令，还和钟会约定第二天一早就捉拿邓艾父子，希望钟会出兵协助。第二天凌晨，卫瓘以司马大将军手谕号令全军，说邓艾谋反，凡悬崖勒马站在官军一边的，就可以加官晋爵，要是执迷不悟仍要和邓艾为伍的，就与邓艾同罪，诛三族。这样，邓艾的将士都纷纷离开邓艾的军营，与卫瓘合兵一处。而邓艾父子还在睡梦中就稀里糊涂地被抓了起来。钟会见邓艾父子已经被囚禁起来，就紧接着将他不信任的将领也全部关押起来，把兵权集中在自己手里。然后，他利刃相加，威逼卫瓘下手杀了邓艾父子和那些不听话的将领。卫瓘一面假意应承，借口这几天为邓艾的事情操劳过度，身体很差，实在需要休养几天，等他身体稍好立即着手办理，一面想办法通告那些尚有实权的将军们钟会即将造反的实情。但是，钟会对卫瓘监视严密，他根本没机会通知那些将军。为了放松钟会的警惕，卫瓘大喝盐水，吐得昏天黑地，他本来身体就虚弱，这样一来，更是精神涣散就像突发大病一样。钟会虽然疑心卫瓘只是在拖延时间，可是他派去的亲信和医生都认为卫瓘的确身体不适，没发现丝毫的破绽。钟会终于相信卫瓘真的是病了，于是就不在那么顾忌卫瓘，更加肆无忌惮起来了。

卫瓘一见时机成熟，就赶紧联络诸军，告知全军钟会谋反的消息，要求各军将领于次日清晨发兵围攻钟会。就这样，钟会还在为自己即将成为蜀中之王沾沾自喜的时候，就被卫瓘带兵剿灭了。

在闯荡的过程中，我们可能遇到许多无法预测的事情发生，当这些事情出现在我们的面前的时候，就是对我们的考验。卫瓘在遇到突发事件的时候，没有惊慌，而是很快冷静下来，思考对策，从而找到了解决问题的办法，化解了灾难。因此，当我们遇到类似事情的发生时，也应该沉着冷静，稳定情绪，保持一个清醒的头脑。这样的话，不仅不容易犯下错误，造成不必要的损失，还能让你找到解决问题的方式，让你闯出成功。

事事提前谋划好，闯到难处不慌张

俗话说："平时不烧香，急来抱佛脚。"是说平时不烧香拜佛，到了紧急危难的时候才想到要求佛祖保佑。其实，这是许多人都犯的错误。在平时，我们没有认真学习，努力工作，当机遇来临之际，由于自己的准备不充分，就让机会在自己的手心一划而过，只留下无尽的遗憾。所以，在社会上闯，平时就要做到未雨绸缪，事事提前谋划好。

康熙智除鳌拜的历史事件很多人都知道，对于年幼的康熙能有如此胆识也都是钦慕不已。在这场幼帝与权臣的较量中，康熙之所以能取得最终的胜利，关键一点就是在事先他已经做好了充分的准备。

康熙帝继位时年仅 8 岁，按照顺治帝遗诏，由四个满族大臣帮助他处理国事。四辅臣中，鳌拜功高震主，专横跋扈。他欺皇帝年幼，经常在康熙面前呵责朝臣，甚至大吼大叫地与幼帝争论不休，直到皇帝对他让步为止。公元 1667 年，康熙已经 14 岁了，按照祖制，他可以亲政了。苏克萨哈在康熙亲政的第六天，上疏请求隐退。苏克萨哈上疏的目的，一则表明鳌拜专横，自己不得不退；二则试图以自己的隐退迫使鳌拜、遏必隆也相应辞职，交权归政。鳌拜自然明白苏克萨哈的用意，他和同党一起，编造苏克萨哈"背负先帝"、"藐视幼主"等大罪 24 款，将其逮捕入狱，要处以极刑并诛灭全族。康熙得到奏报，坚持不允所请。鳌拜怎肯善罢甘休，他挥动拳头对皇帝无理，连续上奏好几天。康熙和他的祖母孝庄文皇后怕鳌拜因为这件事狗急跳墙，造成国家动乱，最后只能妥协，对苏克萨哈不得已采用绞刑，并且批准了其他的一切处置措施。

冤杀苏克萨哈后，鳌拜的气焰更加嚣张。朝廷大臣虽更加不满，但慑于他的淫威，人人以求自保，没有人敢于碰硬。

康熙皇帝年少有志，岂肯看到大权旁落，江山毁在自己的手里。他在祖母的指导下，开始了计除鳌拜的各种准备。

康熙先是采用"欲擒故纵"的麻痹战术。故意给鳌拜父子戴高帽，分别加封他们父子"一等公"、"二等公"的爵位，"太师"、"少师"的封号，使他们位极人臣，树大招风，更加孤立。

有一次，鳌拜称病在家，康熙前去探视。御前侍卫和托发现鳌拜神色反常，便迅速走到鳌拜床前，揭开席子发现一把匕首。鳌拜惊慌失措，康熙却"毫不在意"地说："刀不离身是满人的故俗，不足为怪！"当场稳住了鳌拜。但康熙心中更加明白，除掉这个恶魔，绝不可掉以轻心。

当时，皇宫的戍卫都被鳌拜控制了。于是，康熙特选一批忠实可靠的少年入宫，以摔跤为名，另外组成一只可靠的卫队——善扑营。这些少年都是贵族子弟，每天和少年皇帝在一起摔跤，武功越来越好，本领越来越大。鳌拜入宫，经常看到他们，以为是些小孩子把戏，久而久之，也就不以为然了。

有一次，康熙皇帝知道鳌拜要进宫奏事，便把善扑营的少年卫士集合起来，对他们说："鳌拜作为先皇托付给我的辅臣，不以国事为重，处处安插亲信排斥异己，滥杀大臣，甚至胆敢加害于我，你们都是清楚的，为了祖宗社稷，必除此大患。"他见小侍卫们群情激扬，又说："你们虽然年纪轻轻，可都是我的左膀右臂，我要靠你们除掉这个老家伙。但他武将出身，你们是怕他呢。还是听我的？"侍卫们一个个摩拳擦掌，齐声高呼："独畏皇上！"

康熙八年五月十六日，鳌拜像往常一样大摇大摆跨进内宫的门槛，行至康熙近前，还没站稳脚，小侍卫看到皇帝发出的暗号，一哄而上，拳打脚踢，连拉带拽，将他打翻在地。鳌拜什么阵势都见过，却没见过这种对付他的场面，起初还以为是这群小孩子跟他闹着玩呢。他见到小皇帝那冷峻的面孔，和"给我拿下"的威严指令，才明白过来，然而，已经晚了，他终于被擒拿归案了。

纷纷上表朝贡，为国家奠定了盟主地位。这算不算功劳？能不能受赐呢？"

晏婴立刻回奏景公说："田将军的功劳，确比公孙捷和古冶子两位将军大 10 倍，但可惜金桃已赐完了，可否先赐一杯酒，待金桃熟时再补赐吧！"

景公安慰田开疆说："田将军！你的功劳最大，可惜你说得太迟。"

田开疆再也听不下去了，忍不住气忿忿地按剑大声嚷了起来："斩龟打虎，有什么了不起？我为国家跋涉千里，血战功成，反被冷落，而且在两国君臣之间受此侮辱，为人耻笑，还有什么面子站在朝廷上呢？"立即拔剑自刎而死。

公孙捷大吃一惊，亦拔剑而出，说："我们功小而得到赏赐，田将军功大，反而吃不着金桃，于情于理，绝对说不过去！"手起剑落，也自杀了。古冶子跳了出来，激动得几乎发狂地说："我们三人是结拜兄弟，誓同生死，今两人已亡，我又岂可独生？"

话刚说完，人头已经落地，景公想制止也来不及了。从此以后，晏婴又把奸党逐个收拾，施展他的伟大抱负。齐国三位武夫，无论是打虎斩龟，还是作战确实称得上勇敢，但那只是匹夫之勇，所以在晏婴真正的大智大勇中败下阵来，被晏婴两个桃杀了三个武士。他们不能忍耐自己的骄悍之勇，才被晏婴利用了。

不好小勇，也就是说人不要逞强、逞能。闯在当下，应该量力而行，谨慎行事，给自己留有余地，这样才能进退有序。一个人恃勇行事，往往会过高地估计自己，轻视困难，轻视对手，使自己处于不利之地。有时明明是自己没有把握的事，却硬是要把胸脯拍得山响；有些事自己本来根本不会做，也从来没有做过，却仗着胆子夸下海口，立下军令状，这样做势必给自己带来痛苦和被动，甚而会掉脑袋。

既要会忍又要能勃发

要闯出事业者必须能屈能伸。当然，屈伸之度必须由自己把握好，什么时候"屈"，什么时候"伸"，这里面是有很大学问的。一味隐忍不知勃发，不求翻身出头反而滑进无底的深渊，那样，心高气不傲这种功夫就算白练了，这条通往成功的途径也算是荒废了。所以，何时勃然而发，以期达到"心高"的那个"高度"，也是一个十分重要的问题。

公元前 496 年，越王勾践即位，时值楚国联越制吴，吴、越冲突初起，而越国实力尚弱。吴王阖闾以为有机可乘，决定出兵攻越。伍子胥一再劝阻，但没有效果。句践统兵抗击来攻的吴军于槜李，"使死士挑战三行至吴阵呼而自刭"，以军中罪人成列自刎惊乱吴军而侥幸得胜，一举打败吴军。阖闾战败，身受重伤，在回国的路上就死了，导致吴、越矛盾激化。

吴王阖闾临终告诫儿子夫差："必毋忘越"。夫差接位后，遵照遗训，日夜勤兵，矢以报越。

公元前 494 年，勾践得知吴王夫差日夜练兵，欲攻越以报父仇，便打算先伐吴国，主张"先吴未发往伐之"。范蠡进谏曰："不可。臣闻兵者凶器也，战者逆德也，争者事之末也。阴谋逆德，好用凶器，试身于所末，上帝禁之，行者不利。"勾践不听大夫范蠡劝阻，发兵攻吴。战败，退守会稽山。夫差追而围之。勾践非常后悔没有听取范蠡的进谏，危急之际，采取范蠡委曲求全、以退为进之谋，卑辞厚礼，派文种向吴求和。

文种出主意，他让越王马上派人到王宫里选了 8 名美女，再加上许多碧玉和黄金，自己连夜送到吴国太宰伯嚭的军营内，请伯嚭帮助向吴王说情讲和。伯嚭是个贪财好色之徒，得了这么多礼物，就带文种去夫差处说情："越王愿意向大王称臣。越国的珍奇宝贝，愿意全部贡献给大王。只求大王保留他们的宗庙，不要灭掉他的国家。"

夫差开始不答应，说："我与越国有不共戴天之仇，怎么可以讲和!"伯嚭又说："勾践愿意带妻子来吴国赎罪，做您的臣仆，将来他的生死都操在大王的手里，实际上您已经得到越国了，同意讲和只是为大王留下个好名声罢了。为什么不答应呢!"伯嚭一向对夫差投其所好，百依百顺，因此，夫差十分相信他。见他这么说了，夫差也就点头同意了。

这时，伍子胥赶到中军帐里，听到说要与越国讲和，对夫差大叫："不能议和!"夫差却对伍子胥说："老相国不要着急，待越王送来了礼物，我一定分给你一份!"

伍子胥气得七窍生烟，恨恨地退出中军帐，对天长叹说："唉，等越王接受 10 年教训，10 年生聚，不过 20 年，吴国就要灭亡了!"

有人将伍子胥的话告诉了吴王夫差，夫差对他渐渐疏远起来。

就这样，吴国没有灭掉越国。越王委托文种和诸大夫治理国家，自己带着妻子及大臣范蠡到吴国给吴王服役。吴王命人在阖闾的墓地上造了一间小石屋，让勾践夫妇住在里面，让他们穿着奴仆的衣服给他养马。夫妻两人就整日蓬头垢面地锄草喂马，在马厩里挑水洗马粪。范蠡一直跟在勾践夫妇边上，为他们拾柴做饭。吴王不放心，夜间派人悄悄地去偷听，也没有听到任何怨言，甚至连叹息声也没有。吴王乘车外出时，有时要勾践给他牵马。勾践也就低着头，恭恭敬敬地牵着马在前面步行，十分尽心尽力。吴王因此就放松了对勾践的警惕，甚至慢慢地生出了同情之心。

一晃三年过去了。一天，夫差生病，勾践请求去探视。当着夫差的面，他用手指蘸着夫差的粪便放到嘴里去品尝，为夫差辨别病情。这次，夫差被大大地感动了。病好以后，他下决心释放勾践回国去。

勾践回到越国，一面仍按月不断地给夫差送礼物，一边兢兢业业地治理国家。他将都城迁至会稽，自己亲自到田间拉犁耕种，让夫人也动手自己织布，同时奖励生育，以增加人口；7 年不收赋税以发展生产。为了不忘报吴国之仇，他吃东西非常节省，穿衣服很朴素，晚上睡在柴堆上。他

还将苦胆吊在床头，每天吃饭前、睡觉起来，都要先尝一尝苦胆的味道，以激励自己不忘在吴国受苦的日子。这就是历史上著名的越王勾践卧薪尝胆的故事与成语的来历。

就这样，越国在勾践和文种的治理下，国力一天比一天强盛起来。越王还让范蠡秘密地在太湖中训练军队，准备复仇。

公元前478年，范蠡、文种乘吴国多年灾荒又遇大旱，仓廪虚，百姓饥饿，多就食于东海之滨的机会，建议勾践乘隙攻吴。这次战争，从根本上改变了吴、越力量对比。

公元前473，越王勾践终于一举灭吴雪耻。越国随后迁都琅琊，称霸中原，成为春秋霸主之一。

古今中外的隐忍皆有勃发成功的目的，但更明显的共同之处是等待成熟时机的到来。时机不成熟就贸然行动，不但会使隐忍的功夫和成果毁于一旦，更会使规划好的宏图大业暴露于敌人的火力之下。

人在闯世的过程中，往往会有两种境遇：一是逆境，二是顺境。在逆境中，困难和压力逼迫身心，这时节应懂得一个"屈"字，委曲求全，保存实力，以等待转机的降临。在顺境中，幸运和环境皆有利于我，这时节当懂得一个"伸"字，乘风万里，扶摇直上，以顺势应时更上一层楼。

欲先取之，必先予之

在闯荡过程中，有些人急功近利，为了眼前利益，可以不择手段。但急功只能近小利。闯在当下，必须立足现在，放眼未来，放长线钓大鱼。有时候欲先取之，必先予之，放鸭得凤，欲擒故纵，舍得孩子才能套住狼，这才是闯世的必胜之道。

商业中的"盈泽养鱼"办法很多，例如，守法讲信誉、让利优惠、广告造舆论等等。下面就向大家介绍一种独特的"养鱼"法。

美国有一家公司专门经销煤油及煤油炉。创立伊始，"池塘无鱼"，一个顾客也没有。于是大量刊登广告，极力宣扬煤油炉的好处。然而，收效依旧甚微，产品依旧无人问津，货物大量堆积，公司还未跨出摇篮便有了窒息的迹象。

有一天，老板突然宣布他要"培养顾客"，挥手招来手下职员，叫他们挨家挨户去给居民无偿赠送煤油炉。职员们大惑不解，以为老板因愁而发疯了。但令在必行，他们只得分头行动。

住户们无偿获赠煤油炉，自然大喜过望。街头巷尾，一时到处都是该公司的免费"宣传员"。公司有了名气，打电话到公司索要煤油炉的人也不断涌来。不多时日，所有的积压煤油炉便被索赠一空。

当时的炉具还未进入现代化，什么煤气、电饭锅、微波炉等都还没进入发明家的大脑。煤油炉在当时的木柴灶和煤炭灶中鹤立鸡群，其优越性更使那些家庭主妇们乐得以为一步登天了，她们简直一天也离不开它了。——老板的池塘里已经"鱼儿"成群，胖头肥脑了。

家庭主妇们很快便发现白赠的煤油炉中的煤油烧完了，于是赶快"送鱼上门"，跑到公司去买。煤油的价格不低，但因为烧煮方便，倒也乐意掏钱。再过一阵子，煤油炉也用旧了，于是她们又心甘情愿地成为公司的"鲜鱼"，购买新的煤油炉。

从此，这家公司的煤油和煤油炉都旺销不衰。

让别人获利，自己也会得利，让别人赚了钱，自己也就赚了钱。这正是吃亏学所说的"成人之美，方能惠己"。

当第二次世界大战的硝烟刚刚散尽时，以美、英、法为首的战胜国几经磋商后，决定在美国纽约成立一个协调处理世界事务的联合国。一切准备就绪之后，大家蓦然发现，这个全球上至高无上、最有权威的世界性组织竟然找不到自己的立足之地。

买一块地皮吧，刚刚成立的联合国机构还身无分文。让世界各国筹资吧，牌子刚刚挂起，就要向世界各国搞经济摊派，负面影响太大，况且刚刚经历了战争的浩劫，各国都是财库空虚，甚至许多国家财政赤字居高不下，在寸金寸土的纽约筹资买下一块地皮，并不是一件容易的事情。

听到这一消息后，美国著名的家族财团洛克菲勒家族经过紧急商议，果断出资 870 万美元，在纽约买下了一块地皮，将这块地皮无条件地赠送给了这个刚刚挂牌的国际性组织——联合国。

同时，洛克菲勒家族亦将毗邻这块地皮的大面积地皮全部买下。

对洛克菲勒家族的这一出人意料之举，美国许多的大财团都吃惊不已——870 万美元，对于战后经济萎靡的美国和全世界都是一笔不小的数目呀，而洛克菲勒家族却将它拱手相赠，并且什么条件也没有。

这条消息传出后，美国的许多财团和地产商都纷纷嘲笑说："这简直是蠢人之举。"并纷纷断言："这样经营不要 10 年，著名的洛克菲勒家族财团便会沦落为著名的洛克菲勒家族贫民集团。"

但出人意料的是，联合国大楼刚刚完工，与之毗邻的地价便立刻飙升，相当于捐赠款数十倍、近百倍的巨额财富源源不断地涌进了洛克菲勒家族。这种结局令那些曾经讥讽和嘲笑过洛克菲勒家族的商人们目瞪口呆。

两千多年前的老子清醒地认识到人类贪欲自私的弱点，告诫世人千万要注意，不要因争名逐利而丧身，要克制自己的欲望，"见素抱朴，少私寡欲"，顺应自然，知足知止。要知道"甚爱必大费，多藏必厚亡"的道理，物极必反，过分的爱惜会导致极大的耗费，过多的敛取必定导致重大的损失，盛极而衰是已被历史证明了的。所以，在名与利、得与失上，要时刻保持清醒的头脑和明智的选择，只有这样，才可以"知足不辱，知止不殆"，你的生命、名声、利益才可以长久。

　　其实，在闯世的时候，有舍有得，只有舍去，才能得到。精于算计，巧妙布局，欲先取之必先予之，弃子取势，不计一城一地之得失，这都是在成功路上用得着的智慧。

以柔克刚是做事的大智慧

　　老子说："天下之至柔，驰骋天下之至坚。"这句话其实并不难于理解：天上的风是最柔的，但是却能拔树倒屋；地下的水是最柔的，但它能滴穿金石。

　　为何柔能克刚呢？从物理的角度来看，刚性越大，物体的脆性就越大，抗打击的能力也就越低，钻石的确是自然界最硬的东西，但又有谁注意到，钻石甚至比玻璃更易碎呢？而硬度极差的铅，柔韧性却极好，你甚至可以用锤子把它砸得像纸一样薄，但仍然不能将它砸为两半。

　　有个成语叫："四两拨千斤。"讲的正是以柔克刚的道理。俗语说："百人百心，百人百性。"——有的人性格内向，有的人性格外向，有的人性格柔和，有的人则性格刚烈，各有特点，又各有利弊。然而纵观历史，

我们不难发现，往往刚烈之人容易被柔和之人征服利用。

冒顿是匈奴单于头曼的太子，头曼后来又喜爱别的妻子生的小儿子，想废掉冒顿而立小儿子为太子。冒顿便杀掉头曼，自立为单于。

当时东胡强盛，听说冒顿弑父自立，内部形势不稳定，便乘机挑衅，派使者到冒顿那里，索要头曼的一匹千里马。

冒顿问左右大臣，大臣们都说："千里马是匈奴的宝马，绝不能送给他。"

冒顿沉吟着说："东胡索要千里马不过是个借口，假如我们不给，他就有理由攻打我们，就要发生战争。"

左右大臣都攘臂愤慨地说："宁可和他们以死相拼，也绝不可示弱送马。"

冒顿说："打起仗来就要损失几千几万匹马了，人死得更要多，不值得为了一匹千里马付出如此大的代价。况且都是邻国，在乎一匹千里马也显得过于小气。"冒顿便派人把千里马送给东胡。

过了不久，东胡又派人来索要单于的一个阏氏（单于的妻子称为阏氏），冒顿又问左右大臣。左右大臣都义愤填膺，说："东胡太没有道义了，竟敢索要阏氏，是可忍，孰不可忍，请您下令发兵攻打它。"

冒顿说："为了一名女子和邻国大动干戈，损失人马牲畜无数，太不值得了。况且和人家邻国友好，何必吝惜一名女子。"便又把东胡索要的阏氏送了过去。

东胡王见所求辄获，意气骄横，根本瞧不起冒顿单于，又派使者见冒顿，说："你我两国边境之间有块空地，有一千多里，你匈奴也到不了那里，把这块地送给我吧。"

冒顿又问左右大臣该如何。左右大臣们说："这本来就是块无用的土地，给他也可以，不给也可以。"

冒顿闻言大怒，说道："土地是国家的根本，怎么能把土地送给别人？"

凡是说可以把地给东胡的大臣都被他斩首，然后下令国中，集中兵马，有敢迟到者一律斩首，然后亲率大军袭击东胡。东胡素来轻视匈奴，全然不加防备，冒顿一举消灭了东胡，把东胡的百姓和牲畜占为己有。

冒顿弑父自立，虽属自保，也显露出他凶猛残忍的天性，然而面对东胡的无理要求，却一忍再忍，而且忍常人所不能忍，这是因为他要成就常人所不能成就的事业。

当时东胡最为强大，东胡敢于提出无理至极的要求也是倚仗自己的实力，索要千里马和阏氏不过是想挑起事端，以便自己出师有名，假如此时冒顿不答应请求，正式开战，一定占不到上风。

冒顿偏偏都忍住了，要马给马，要人给人，就是不给你开战的理由。另外也以谦卑懦弱的姿态达到骄敌、愚敌、痹敌的目的，同时用所受到的耻辱来激发国内斗士的血性，"知耻近乎勇"，耻辱常常会增强斗志。

东胡见所求无不获，心满意足，既不把匈奴放在眼里，也不屑出兵攻打了，却不知"骄兵必败"，在表面的胜利中，已经输掉了最关键的战争要素。

冒顿战胜东胡的智慧，正是以老子"天下之至柔，驰骋天下之至坚，无有入无间"为指导思想才成功的，或者说是一种退一小步而进一大步的胜利。倘若东胡是一块巨石的话，那么冒顿就必须要让自己成为一堆棉花，而不是同样硬的岩石，因为棉花与巨石相碰，则会很轻松地将其包在里面。而如果巨石与巨石相碰，必然会两败俱伤。

以柔克刚的智慧并非让我们在面对强者时一味退缩、忍让，而是让我们适时地避开锋芒，与对手巧妙地周旋，最终达到制胜的目的。

做人不要执拗

年轻气盛的保罗抱着发财的想法，从原来的单位跳槽到一家私营企业。可很快，他就发现这是个错误的决定。不但新公司的环境不如以前的公司，而且完全不适合自己的发展。就在保罗非常痛苦的时候，原公司老板来找他，希望他能回去工作。说老实话，保罗恨不得马上回去，可他总觉得"好马不吃回头草"。思量了半天，他还是谢绝了原来老板的"邀请"。

那么，"好马"真的不吃"回头草"吗？当然不是。闯在社会，当进则进，当退则退。"回槽"不过是你的又一次全新的选择，是你事业发展的一个环节。所以，当你跳槽到外面转了一圈，发现还是原来的单位更有前途，更有利于自身的发展，那么就不要再因虚荣和面子而固执地"不吃回头草"。只要值得且适合，你大可以做"吃回头草"的选择。

陈嘉良，现任联邦快递中国区副总裁，跳槽两次，联邦快递——英之杰——联邦快递。

联邦快递是陈嘉良的第一份工作，香港大学历史系毕业的他以销售起家，而在最初的日子里，凭借良好的心态和感染力，他如鱼得水，随着联邦快递的业务蒸蒸日上，连续两年成为公司全球表现最佳奖项得主，紧接着被提升为操作部经理。成功游说香港海关和贸易发展局放松通关条例成功后，1994 年，他又被提拔为亚太区销售部总经理，成为第一位华人区域销售部总经理。而就在平步青云之时，陈嘉良却选择了离开。

"当时我在部门的职位上应该说很胜任了，但在销售这行里做了太久，该掌握该知道的都差不多了，从个人职业发展角度看，我需要机会实践综合、全局性的管理，适逢机会，所以就选择了跳槽。"陈嘉良说当时跳槽去英之杰货运，看中的不是优厚待遇和工作环境，而是职务带来的诱惑和个人锻炼的机会。

一年后，陈嘉良重新回到了熟悉的办公室，回任之际，联邦快递面临建立转运中心谈判的巨大挑战，被任命台湾区总经理的陈嘉良顶住各方压力，以独到的谈判技巧和英明决策，迅速推进了业务发展，一战成名，让同事和上司都对这匹吃回头草的"好马"再生钦佩。

"其实在离开联邦快递后，上司和我经常有联络，在离开前，他们也知道我的动机，但是上司再如何器重你，也不可能为你修改公司的规章制度。原先也没想到过回来，但1996年是联邦快递在中国发展最重要的一年，巨大的市场潜力让我预感到机会又来了，而且考虑到原公司的人际关系和工作环境相对不错，比较适合自己，所以就毫不犹豫地决定回头。"陈嘉良说，联邦快递是他第一个"东家"，对他的知遇和培养之恩很大程度上影响了他"回头"的决心。"能进入高层管理，回头没什么不可以。"

不过回任后，陈嘉良也坦言压力很大。但他没让压力束缚了手脚，而是将其转变成动力，放开手脚大干。而且他还承认，除来自上司的工作压力外，还有同事之间的人情压力。"当然我在心理上是做了准备的，人事关系到哪里都会遇到，宽容和真诚是我的原则，而且特别要强调的是，做到了这两点，即便是遇上了'小人'，他得要先识人头选目标，对你总会手下留情的。公司里有很多像我一样的员工，他们现在工作都很努力，给公司的发展带来很多活力，也创造了不俗的业绩。"

从陈嘉良的故事中不难看出，做人不要执拗。一般人总以为人生向前走，才是进步风光的，其实，退步的人是更向前，更风光的。古人说："以退为进"。又说："万事无如退步好"。在功名富贵之前退让一步，是何等的安然自在！在人我是非之前忍耐三分，是何等的悠然自得！这种谦恭中的忍让才是真正的进步，这种时时照顾脚下，脚踏实地地向前才至真至贵。人生不能只是往前直冲，有的时候，若能退一步思量，所谓"回头是岸"，往往就能闯出成功。

学会以变应变

在时势变化时，你必须要跟上时代的"步伐"，以变应变，寻找出路，不然你会处于被动地位。要善于变化，及时调整自己的行动方案，适应现实，这样才会闯出成功。

审时度势，顺势而变是我们学会学习、学以致用的一种重要表现。我们以曾国藩为例，虽然他并不处在我们这个时代，但从他的一生"三变"中，我们可以看到一个成大事者以变应变的人生策略。

曾国藩的处世之道，实际上是一种灵活辩证的处世态度和方法。因此，虽然他处世中勤于功名，以儒家思想为核心，恪守仁义的宗旨未改，但在做事为人的"形"上，却是一生三变。正是这"三变"蕴含了人们对他的褒贬。但不管怎样，没有这适时的"三变"便不会有他更大的成功。

有记载说：曾国藩"一生凡三变，书字初学柳宗元，中年学黄山谷，晚年学李北海，而参以刘石，故挺健之中，愈饶妩媚。"这是说习字的三变。"其学问初为翰林词赋，即与唐镜海太常游，究心先儒语录，后又为六书之学，博览乾嘉训诂诸书，而不以宋人注经为然。在京为官时以程朱为依归，至出而办理团练军务，又变而为申韩。尝自称欲著《挺经》，言其刚也。"这是说学问上的三变。

纵观曾国藩一生的思想倾向，他是以儒家为本，杂以百家为用。上述各家思想，几乎在他的每个时期都有体现。但是，随着形势、处境和地位的变化，各家学说在他思想中体现的强弱程度又有所不同，这些都反映了他深谙各家学说的"权变"之术。

曾国藩的同乡好友欧阳兆熊曾经认为，曾国藩的思想一生有三变。早年在京城时信奉儒家，治理湘军、镇压太平天国时采用法家，晚年功成名就后则转向了老庄的道家。这个说法大体上描绘了曾国藩一生三个时期的重要思想特点。

　　曾国藩扎实的儒学功底，是在做京官这个时期打下的。他用程朱理学敲开了做官的大门之后，并没有把它丢在一边，而是对它进行深入研讨。又由于受到唐鉴、倭仁等理学大师的指点，他在理学素养上更是有了巨大的飞跃。他不仅对理学正纲名教和封建统治秩序的一整套伦理哲学如性、命、理、诚、格、物、致、知等概念有深入的认识和理解，而且还进行了理学所重视的身心修养的系统训练。这种身心修养在儒家是一种"内圣"的功夫，通过这种克己的"内圣"功夫，最终达到治国平天下的目的。他还发挥了儒家的"外王"之道，主张经世致用。唐鉴曾对他说，经济即经世致用包括在义理之中，曾国藩完全赞成并大大地加以发挥。他非常重视对现实问题的考察，重视研究解决的办法，提出了不少改革措施。曾国藩对儒学尤其是程朱理学的深入研究，是他这个时期的重要思想特点，而对于这一套理论、方法的运用，则贯穿了他整个一生。

　　太平天国起义后，曾国藩返回故里，很快就组建了一支湘军。在对待起义军和管理湘军的问题上，他的一系列主张、措施表现为他对法家严刑峻法思想的极力推崇。他提出要"纯用重典"，认为非采取烈火般的手段不能为治。而且，他还向朝廷表示，即使由此而得残忍严酷之名，也在所不辞。他确实也是这样做的，他设立审案局，对所捕农民严刑拷打，任意杀戮。他还规定，不纳粮者，一经抓获，就地正法。在他看来，儒家的"中庸"之道，在这个时候是行不通的。

　　他在1852年2月《与魁联》的信中解释说："在公寓内设立了审案局，10天之内已处斩了5个人。世风不厚之后，人们各自都怀有不安分的心思，一些恶人造谣惑众，希望天下大乱而去作恶为害，稍微对他们宽大仁慈些，他们就更加嚣张放肆，光天化日之下竟敢在都市抢劫，将官府君长视同无物。不拿严厉的刑法处治他们，那么，坏人就会纷纷而起，酿成大祸就无法收拾了。因此，哪怕只能起一丁点的作用，也要用残酷的措施

来挽回这败坏已久的社会风气。读书人哪里喜欢大开杀戒,关键是被眼下的形势所逼迫的,不这样就无法铲除强暴,从而安抚我们软弱的人民。这一点,我与您的施政方针,恐怕比较吻合吧!"

曾国藩在为官方面,恪守的却是"清静无为"的老庄思想。他常表示,于名利之处,须存退让之心。太平天国败局已定,即将大功告成之时,这种思想愈加强烈,一种兔死狗烹的危机感时常萦绕在心头。他写信给弟弟说,自古以来,权高名重之人没有几个能有善终,而要将权力推让几成,才能保持晚节。攻陷天京之后,曾国藩便立即遣散湘军,并做功成身退的打算,以免除清政府的疑忌。

不同的时期有不同的思想倾向,说明曾国藩善于从诸子百家中吸取养分以适应不同的情况。容闳说,曾国藩是"旧教育中之典型人物"。无疑,在曾国藩身上,熔铸了中国传统文化的各种基因,正是这些基因,才使曾国藩成了中国古代社会的"三个不朽"人物之一和最后一个精神偶像。

世谓曾国藩以禹墨为体,老庄为用,实则曾国藩在 1858 年以前以禹墨为体,申韩为用。在 1858 年以后,始改而趋驯顺。如果我们将曾国藩的一生处世划分为三个阶段,我们能发现其中各有特点:第一阶段,为锐意进取奋发向上的时期,第二阶段,为擘画经营,功德圆满之时;第三阶段,为自慊自抑,持盈保泰,不在胜人处求强的平和时期。

由此可见,正是曾国藩一生"三变"才成全了他的大业!

通过以上的叙述,我们可以看出曾国藩之所以求变,是因为他深谋远虑和老练成熟。一个人的事业越大,所遭遇的种种人与人的冲突就会越多,一个人如果没有和人打交道的高超技巧,没有把各种情况都考虑周全的头脑,没有灵活应变的手段,就根本无法闯出大的局面,将很难成大事。

从阅历中提炼社会经验,恰恰是我们最缺少的东西,所以,当我们在闯进社会之后,尤其要强化对于社会经验的学习。一个人如果能看清自己的现状,心态就会平衡许多,就能以一种客观的眼光去看待和认识这个世界,并且相应地调整自己的行为。

当今社会是商业的社会,商场如战场,商场如人生。或赢或输,或胜或败，从纵横捭阖之间，折射出人的智慧和用心，若能多加学习，必有助于你开拓视野，闯出成功！

能忍才能成大事

人有七情六欲，喜怒哀乐是人与生俱来表达情感的方法，一个人在这世上，难免会遇到令人高兴或气愤的事。兴奋的事可以使人心情愉快，精神奋发，并使生活充满无限的希望。而令人气愤的事往往就会使人义愤填膺，怒火中烧，很可能使人丧失理智，做出不可收拾的不良举动。我们都知道，当一个人气上心头时，意气用事是在所难免的，因此，不论所说的话或所做的事，总是超出人所能想象的，在这个时候，即使平常说话非常谨慎的人，也会因丧失考虑而祸从口出。然而，尽管生气是人之常情，但一个人生活在世上，若能高高兴兴地过一生，那不是一件很美的事？所以，我们应尽量以愉快的心情，来处理生活上的各种问题。即使一旦发怒，最好能尽量忍在心里，不要爆发，用理智来抑制激情，才能使大事化小，小事化无。我们要善忍小节，培养自己成大事的良好习惯。能够忍耐小的过失和缺点，才有机会成就大的事业。

忍，往往能体现出一个人闯世的能力。能忍的人，才能够经过千折百转之后闯出一番大事业。

1076 年，德意志神圣罗马帝国皇帝亨利与教皇格里高利争权夺利，发展到了势不两立的地步。亨利早想摆脱罗马教廷的控制，获得更多的独立性；教皇则想加强控制，把亨利所有的自主权都剥夺殆尽。亨利召集德国境内各教区的主教们开了一个宗教会议，宣布废除格里高利的教皇职位；

而格里高利则在罗马的拉特兰诺宫召开了一个全基督教会的会议，宣布驱逐亨利出教。"开除出教"是一种最令人害怕的惩罚，它等于宣布剥夺了一个人的一切社会地位和社会关系，甚至生命。当时亨利四世的国内基础并不稳固，教皇的号召力非常之大，一时间德国内外反亨利力量声势震天，特别是德国境内的大大小小的封建主都兴兵造反，向亨利的王位发起了挑战。

亨利面对危局，被迫妥协。1077年1月，亨利身穿破衣，只带着两个随从，骑着毛驴，冒着严寒，翻山越岭，千里迢迢前往罗马，向教皇请罪忏悔。格里高利故意不予理睬，在亨利到达之前躲到了远离罗马的卡诺莎行宫。亨利没有办法，只好又前往卡诺莎拜见教皇。到了卡诺莎后，教皇紧闭城堡大门，不让亨利进入。当时大雪纷飞，天寒地冻，身为帝王之尊的亨利屈膝脱帽，一直在雪地上跪了三天三夜，教皇才开门相迎，饶恕了他。这就是历史上著名的"卡诺莎之行"。

表面上看，是教皇格里高利赢得了胜利，但实际上，恰恰是他自己救了摇摇欲坠的亨利四世。他使得众多追随者大为失望，而亨利恢复了教籍，保住帝位返回德国后，集中精力整治内部，然后派兵把封建主各个击破，并剥夺了他们的爵位和封邑，曾一度危及他王位的内部反抗势力被逐一消灭。

在阵脚稳固之后，亨利立即发兵进攻罗马，以报跪求之辱。格里高利再施"撒手锏"——开除教籍，但这回却完全失策了。原来的支持者已被除灭，中间派在"卡诺莎之行"后已不敢信任教皇，纷纷投靠亨利四世。亨利四世强兵压境，所向披靡，格里高利弃城而逃，最后客死他乡。

"小不忍则乱大谋"，这句话在民间极为流行，甚至成为一些人用以告诫自己的座右铭。的确，这句话包含有很高的智慧，有志向、有理想的人，不会斤斤计较个人得失，更不应在小事上纠缠不清，而应有广阔的胸襟，远大的抱负。

所以，一个人要想闯出成功，关键就在一个"忍"字。所谓"心字头上一把刀，遇事能忍祸自消。"所谓"忍得一时之气，免却百日之忧。"只有如此，才能成就大事，从而达到自己的目标。

力量不足可以借势成事

我们每一个人，都想闯出体面，活得潇洒。要想达到这样的目的，除了自身的不懈努力之外，更需要善于借势。正所谓天时，地利，人和，缺一不可，自身缺少某一样的时候，就要善于从他处借势。

善于借势是会闯的人最喜欢采用的方法之一，其绝佳效果在于借力发挥，占得主动，也就是说，它的直接效果是：花最小的力气，取得最大的收获。

20 世纪 70 年代，石油危机的乌云影响了全世界经济的发展，正在这时，美国西部却传来了一个让所有石油公司都为之振奋的消息：在德克萨斯州发现了一块储量丰富的油田！

接着，更让一些石油大亨们激动的消息传来：联邦政府将拍卖这块油田的开采权。

各石油公司闻风而动，纷纷筹措资金，准备在拍卖会上一争高低，因为这是明摆着的事：谁竞得了油田的开采权，谁就是找着了金矿，在此后的几十年里能获得源源不断的丰厚利润。

谟克石油公司老板道格拉斯也对这块"肥肉"垂涎欲滴，可是仅凭自己上百万元的资产，又怎么能竞争过拥有千万乃至上亿资本的石油大亨们呢？但眼睁睁地看着这块"肥肉"被别人夺走，道格拉斯又着实不甘心。

思谋良久，道格拉斯忽然有了主意，他想到：自己是美国花旗银行的老客户，所有的资金都存在该银行，能不能请银行总裁琼斯出面，替自己去参与竞拍呢？

琼斯是美国无人不知、无人不晓的银行大王，他要是出面，那些石油大亨们在拍卖会上想必会有所顾忌。想到这儿，道格拉斯兴奋不已，马上与琼斯通了电话，请求他的帮助。琼斯满口答应，很明显，道格拉斯挣的钱越多，他在银行的存款就越多，对花旗银行来说，有百利而无一害。更何况对琼斯来说，这不过是举手之劳。

"那么，你打算出多少钱呢？"琼斯问。

"最高不能超过100万元，你知道，我拿不出更多的钱了，这是我全部的家当。"道格拉斯在电话里说。"好吧，我会去的，成不成就要看天意了，道格拉斯先生。"听口气，琼斯好像满有把握。

一个星期后，拍卖会在德克萨斯州一家很有名的拍卖行举行。

参与竞拍的共有11家石油公司，除道格拉斯代表的谟克公司是唯一的一家小公司外，其他的全部是财力雄厚的大企业。

拍卖会快开始时，琼斯姗姗而来。他的到来顿时在会场引起了轩然大波：怎么回事？银行大王也要买油田？所有的竞标企业都慌了手脚，因为如果琼斯想买油田的话，恐怕没有人有能力与他竞争。

道格拉斯看到了这一幕，心里乐滋滋的，他坐在一个角落里，悠闲自在，作壁上观。拍卖会开始了，经纪人报出底价：50万元，每个拍卖档价格为5万元。也就是说，谁要是想报价，只需举一下牌子，价格就在原来的基础上加上5万元。

经纪人刚报出底价，琼斯就举起了牌子，大声喊道："我出一百万！"真是语惊四座，所有拍卖企业的代表都呆住了，谁还敢再叫价呢？

"100万，7号报价100万，还有没有报价的？"经纪人连喊三遍，会场里鸦雀无声。

最后，经纪人落槌宣布：拍卖会结束，油田开采权被7号谟克公司获得。整个拍卖会从起拍到结束只用了5分钟，结果，资金最少的企业——谟克石油公司获得了油田的开采权。这次拍卖会呢，也成了有史以来时间最短的拍卖会。

这是个非常典型的借用别人的优势达到自己目的的例子，谟克石油公司没有多少钱，但是他能把银行家搬来，吓跑了所有竞争者，道格拉斯的借势的计谋玩得实在高明。

1871 年，美国大资本家古尔德收购了除国库外的美国市场上所有的黄金，基本上控制了市场上的黄金价格。但是国库还有大量黄金，如果政府抛售黄金，金价势必会下降。为此，古尔德处心积虑，千方百计设法控制国库的黄金市场投放。

古尔德了解到当时的总统格兰特有一个妹妹嫁给了柯尔平上校，而柯尔平并不富裕。于是，他有了主意。

一天晚上，古尔德专程到柯尔平家拜访，十分客气地邀请他入股，投资黄金生意。柯尔平十分坦率地表示没有资本。古尔德忙说："不要紧，你用不着拿一分钱，只要表示一个愿望就行了。我很敬佩上校的为人与才能，十分想与你交朋友，这点小意思就算鄙人的一点诚意吧。"柯尔平看到有利可图，心想何乐而不为呢。于是两人签约：柯尔平在古尔德那里认购 200 万美元的黄金股，只要黄金价格上涨，每周可以领到这些黄金股的溢价差额，若黄金下跌，按规矩，他相应要做出赔偿。

为了防止金价下跌，柯尔平用不着古尔德示意，就自己主动地利用妻子的关系，劝总统不要抛售政府手中的黄金。通过这种方式，柯尔平着实也赚了不少钱。

市面上黄金渐少，金价自然飞速上升，引起全美国一片愤怒之声，总统格兰特迫于舆论压力，决定抛售国库黄金。柯尔平等劝说无效，马上把这一紧急情况告诉了古尔德，同时又设法劝使总统暂缓一天宣布。就在这一天内，古尔德抛售了他所有的黄金，一天净赚了 2000 万美元。

收购了美国市面上所有的黄金，这的确是古尔德一生中最大的杰作。一天之内净赚 2000 万美元，也是十分罕见的。古尔德使用的方法就是抓住关键人物，巧妙地借助官场势力来控制市场上的黄金保有量，以达到控制黄金价格投机取利的目的。

山外有山，人外有人。自然，借用别人的智慧，助己成功，是必不可少的成事之道。闯在社会中，借势是一种高智慧的谋略。借助势力，可以以少胜多，以弱胜强，以小搏大；借助势力解决自身的危机，是一种获得优势或转危为安，转弱为强的策略。

第三辑

激情是闯世的能量，人赢在一股心气

据最新的心理学研究表明：做事要有激情，这样才会让你有旺盛的精力。一般人认为，成功需要一个聪明的脑袋。但事实上，聪明并不是第一位的，更重要的是有激情，因为人赢就要赢在心气上。

心有多大，闯出的天地就有多大

有这样一个童话：燕雀看见高飞的鸿鹄，不解地问："这里有吃有喝的，为什么不停下来，还要辛苦地闯荡在狂风暴雨之中呢？"

鸿鹄坦然地一笑，回答说："你们安乐于蓬草之间，而我的目标却是在远方更为广阔的天地。安于享乐，没有高远的志向，只会让自己放弃远大的前程，失去追求的目标，狭促在蓬草之间，难道你们就不知道，心有多大舞台就有多大的道理吗？"

心有多大，舞台就有多大；志有多高，路就有多远！这就是一个成功者的至理明言。

微软的一位主管和微软总裁比尔·盖茨在主持面试的时候，同时有三个应征者脱颖而出。最后，主管问他们："进微软以后，你们有什么打算？"

第一个人说："能进这么伟大的企业工作是我的荣幸，我将尽全力做好自己的本职工作，争取把份内的一切事情做到最好。"主管赞许地点了点头。

第二个人说："不瞒您说，我感觉自己的压力很大，微软是一个优秀人才聚集的地方，如果我能有幸进入的话，我希望适应的这一段时期内不要犯什么错就好。"

第三个人则说："每个人都希望有发挥自己才能的舞台，而微软，正是一个发挥能力的好舞台，我希望能把任何一份工作都当成一个学习和积累的机会，最终成就一番大事业！"

比尔·盖茨笑着问："那么，您所说的事业，是指什么呢？先生？"

那位应试者说："和您一样，先生。"前两位面试者当中有一位是第三位面试者的朋友，他拼命地给第三个面试者使眼色。

没想到，比尔·盖茨说："好，心有多大，舞台就有多大，既然你有雄心，我愿意为你提供这个表现自己的大舞台。"

面试后，面试官不解地问比尔·盖茨："那个人要么是个空想家，要么是个狂妄自大的家伙，即使他真的有才能，从他说的话来看，他将来即使成功了，也不会再留在公司，为公司所用，为什么还要录取他呢？"

比尔·盖茨说："一个人能否取得成就，与他的志向有着直接的关系，一个没有大志向的人，即使再有才能，也不可能取得大的成绩，因为他的人生目标早已被他的鼠目寸光给羁绊住了。也许像你担心的那样，他将来有所成就的时候可能会离开微软，可是他为公司创造的利润将会比任何普通员工都大。这对我们而言，并没有失去什么。"

果然不出比尔·盖茨所料，微软在录取了这三个人之后，前两个工作都兢兢业业，成为合格的员工，而最后一个人则工作出色，很快就进入了公司的管理层，为微软的发展做出了很大贡献。后来，离开微软后成为一家著名企业的主管。

人生就好像爬山，最重要的是先给自己定一个高度。如果你只把自己的人生目标定在半山腰，那么你就绝对不可能爬上荣誉的顶峰。

美国国际贸易公司的经理詹姆斯，从业之初只是一个小职员，没有任何家庭或者社会背景。当他回忆的时候说："当时我只是一个穷小子，根本就没想过会成为一家国际企业的管理者，更没想到有一天自己会坐到今天这个位子上。我只是在想着如何能解决自己的温饱，直到那一次的偶然事件让我彻底改变了想法。"

那时候，詹姆斯还在一家名不见经传的公司里当推销员，一次他为了推销一种杀虫剂，敲开了一个老人的家门。老人一个人孤独地住在一套房子里，出于同情，詹姆斯经常过来和老人聊天，很快，两人就成了无话不谈的朋友。

原来，老人竟然是沉船打捞业内最著名的潜水员之———杰斯·瑞尔，老人谈起了自己以前的一些经历，其中有一段话让詹姆斯感受颇深。

老人说："海底打捞是一个看起来很渺茫的工作，你根本不了解你要去的地方是哪里，在那里你又会碰到什么，你也不知道你今天到底要潜到什么深度，这一切的一切都是未知的。"

詹姆斯问："那么您又是怎么坚持了这么多年呢？"

老人说："是志向，我的朋友。我的志向就是要把那些沉睡在海底的宝藏和无尽的秘密展示到众人的面前，一想到这个，我就会热血沸腾。广阔的海底世界，成了我一个人的舞台，其中的任何东西都成了我的道具，而我是真正的主演，正是这种颇有成就的自豪感，支撑着我一直从事这项事业，并取得了不少成功。"

老人拿出很多他以前打捞出来的沉船的照片给詹姆斯看，脸上洋溢着无限的幸福。

经过这件事情以后，詹姆斯彻底抛弃了以前只为满足温饱而工作的人生目的，把成为世界上最优秀的管理者作为自己人生的目标，他说，他也要拥有一个广阔的舞台——一个能展现自我的舞台！

后来，成功以后的詹姆斯在回答记者时，这样说："当我认定了自己要做一个什么样的人以后，以前一直困绕我的许多问题都迎刃而解了，原来压抑沉闷的心情也一扫而空，就好像在很远的地方亮起了一盏灯，原来你不知道自己该往哪儿走，而现在，虽然你离那盏灯还很远，可是至少你不会迷失方向了！"停顿了一下，詹姆斯继续自豪地说："这种感觉就好像是你原来站在漆黑的舞台上，根本就不敢动，然后所有的灯一下子全都打开了，你可以清楚地看到周围的一切，你可以尽你的才华进行表演了。"

会闯的人，都是从基层一步步走向成功金字塔的顶端的，他们的成功都有着一个共同的秘诀，那就是，让自己拥有一颗高远的心，在广阔的舞台上点亮自己理想的明灯，尽情地挥洒自己的才华，最终获得经久不息的的喝彩与掌声。

拒绝拖延，赢在立即行动

　　会闯的人是行动中的巨人，是快速处理问题的高手。在他们的眼里，工作起来拖拖拉拉是低效率的代名词，是阻碍自己成功的障碍。要想闯出成就，就要抓住转瞬即逝的机会，因为拖延要付出的代价，有时是不可想象的。

　　1923 年，艾尔弗雷德·斯隆任通用汽车公司总裁。斯隆虽然年纪轻轻，却有着过人的智慧。斯隆以敏锐的目光洞悉到，美国经过 20 世纪前 20 年的繁荣，消费者的眼光已经变了。

　　简单适用的"马车型"汽车，已经不能满足消费者的眼光，他们渴求漂亮、舒适、高性能的汽车。一些刚刚崛起的有文化的中产阶级，更是把追求汽车的文化品位当做自己的梦境。所以，在这样的大环境下，斯隆就任通用公司的总裁后，他就以此为目标，加快研制新型轿车。

　　当时与通用汽车公司同驻底特律的，还有美国最大的福特汽车公司，老福特的长子埃兹尔，也以年轻企业家的敏感，嗅到了斯隆的更新意识。于是，他和技术人员重新设计了一种 T 型车。当埃兹尔喜滋滋地把这种新车拿给老福特看时，不料被福特完全否定。

　　老款式的 T 型车，曾获得"廉价小汽车"的名声，广受美国民众的欢迎。T 型车不但价钱低，而且，质量与性能全国第一，一度还是美国的吉祥物。

　　对于老福特来说，T 型车是他的神话，是他的孩子，是他梦想得以实现的载体。在 T 型车里承载的是他的辉煌，他不许任何人向它挑战。

老福特愤怒地对儿子说："T 型车销售得很好，我不打算开发什么新车，拖一拖再说吧。"

但是福特可以愤怒地压制儿子，却无法阻止通用汽车公司的总裁斯隆。1925 年，通用公司推出了崭新的雪弗莱。新车问世的当年，就逼得福特汽车的市场占有率从 57% 下降到 45%，次年又滑落到 40% 以下。

总裁坎茨勒再不能看着公司的销售业绩继续下滑，而如果要上马研制开发新型汽车，必须先征得福特公司的董事长老福特的首肯，于是坎茨勒语气委婉地写了一份备忘录，呈送老福特，再次探讨车型问题。尽管备忘录充满对老福特敬意的话语，但老福特也看出了奉承词句后的极度不满。于是，趁埃兹尔赴欧洲考察和度假之机，老福特撤掉坎茨勒总裁的职位，将他轰出了公司。

福特公司研制开发新车型的计划被搁置起来，一拖再拖。

老福特再固执，也不能无视 T 型车销量的猛烈下滑。没有办法，他只好采用削价的方式来刺激消费者。然而，消费者的口味变了，削价已失去了往日的效力，没有挽住 T 型车销量下滑的总趋势。

不能再拖了，老福特也不得不承认这一点，于是他又重新组织技术人员研制开发新款汽车。直到 1927 年 10 月，一辆新 A 型车，从福特的装配线上开下来，加入了汽车行业的新竞争。

可惜，晚了！通用汽车公司凭借新款雪弗莱，抢占了大部分本应属于福特公司的市场，通用汽车公司对福特公司打了一场漂亮的时间差。

而这一次老福特拖拉不绝的决策，是他辉煌一生的一次严重失误，等于他自己拱手让出了得来不易的市场份额，等于自己亲自给通用汽车公司的崛起添砖加瓦。至于老福特自己怎样想的，只有他自己心里最明白吧！

拖拉导致的后果，只有用懊悔去偿还吧！

许多人都有不同程度的拖延习惯。这种看似不大的毛病，常常引起出门误车，上班迟到，工作散漫等后果，给老板和同事留下消极的印象。

能拖就拖的人心情总不愉快，总感觉疲乏，因为未做完的工作不断给他压迫感。拖延者心头不空，总感觉有做不完的事，因而常感时间不够用。

拖延并不能省下时间和精力，刚好相反，它使你心力交瘁，疲于奔命。不仅于事无补，反而白白浪费了宝贵时间。

克服拖拉的最佳办法就是：让它逐渐消失在你的生活中。要实现这一点，首先要权衡事情的轻重缓急，有些事要先做，有些事要后做，有些事要采用完全不同的方法去做，你的任务是把许多方法结合起来，然后快速地完成手里的事情。争取时间，有时就意味着成功与胜利。

1974 年 12 月的一天，微软公司的总裁比尔·盖茨还是一名大学生，他在一家报摊上发现了一份令他振奋的杂志——《通讯机械学》，它的封面是革新的新微电脑装备 MITS 阿尔塔 8080。

盖茨买下了那份杂志，然后马上掉头去找他的朋友艾伦，认为两人应该为那台小机器，开发一种程序语言。于是盖茨和艾伦就打电话给 MITS 创办人埃德·罗伯茨，希望能为阿尔塔提供一套可使用的程序。

埃德·罗伯茨的答复是："我们每天收到大约 10 封信。我告诉来信的人：'不论是谁，先写完程序的人就得到这份工作。"盖茨和艾伦大受鼓舞，他们不敢有丝毫的拖延，赶紧用哈佛的电脑改写 BASIC 语言程序。

由于他们自己没有阿尔塔 8080 电脑，只能从杂志的描述上判断它如何运行，然后在哈佛的大型电脑上模拟。这两个年轻人为抢在其他的对手前完成程序，在盖茨的寝室里从 1975 年 2 月工作到 3 月，发疯似的编写程序。

程序编写好后，为尽快送到埃德·罗伯茨手里，由艾伦搭机前往新墨西哥州向罗伯茨展示。因为赶时间，艾伦发现这个尚未修饰过的软件，少设计了一个启动提示，于是加了进去。当艾伦屏气凝神地把程序输入阿尔塔后，程序果真管用，居然一举成功。

盖茨后来说："那是我写过的最酷的程序。"

微软的这两大巨头当初因为害怕得不到希望中的工作，因为要与未曾某面的对手竞争，不敢有丝毫的拖延，丝毫的懈怠。因此他们打败竞争对手，既赢得了那份工作，也为日后事业的成功，奠定了必胜的心理因素。

会闯的人往往反应机敏，他们大都能高效地把事情办好，更不可能有拖拖拉拉的习惯。他们将"拖延"当作最可怕的敌人，因为它在不知不觉中窃取了你的时间、品格、能力、财富，使你成为它的奴隶。做一个反应机敏的闯将吧！在你果敢的决策和当机立断的执行面前，每一个人都会为你干练、说干就干的魅力折服。那么，还有什么不能做到，还有什么目标不能达到呢？

热情是成功的原动力

热情是一种待人接物的良好态度，是一种激发自身潜能的巨大力量，是闯在当下不可缺少的情怀。如果没有一颗热情之心，那么无论做什么事情都不会顺利地完成。如果你以一颗热情的心态去闯荡，那么你的人生往往会出现意想不到的奇迹。热情可以使失败的人成为一个成功的人，悲观的人成为乐观的人，懒惰的人变成勤奋的人。

美国最成功的女性玫琳·凯，在 1963 年下半年，开办了自己的公司——玫琳·凯化妆品公司，现在年零售额为上亿美元。玫琳·凯是美国最成功的商界女强人之一。"玫琳·凯热情"已经成为一个代名词，这为她的成功蒙上了一层神秘的面纱。但玫琳·凯却道破了这个秘密："有人说我是天生的销售人员，因为我十分热爱销售工作。其实同我在一起的销售人员比我更有才能，但我的销售额却比他们多，这是因为我比他们具有更多的热情。"

爱德华·亚皮尔顿是一位物理学家，曾协助发明雷达和无线电报，获得过诺贝尔奖。《时代》杂志曾经引用他的一句话："我认为，一个人想在科学研究上取得成就，热情的态度远比专门知识更重要。"

热情意味着，你知道自己应该做什么，并掌握了做的方法，而不是为

了逃脱职责寻找借口。你会觉得在生活中做件小事也是很幸福的，每天晚上，你总会从一天的平凡小事中发现乐趣，并且总是兴致勃勃地计划着明天的事。你会发现你学到的东西越多，你想学的东西也越多。面对大自然勃勃生机，你会从心灵深处发出一种强烈而炽热的感受，并为此而欢欣雀跃，恨不得把周围的世界变成天国；对于人际间的交往，你不会对别人妄加评论，你会愿意帮助别人，从中感到愉快和充实。

更重要的是，热情的人不仅仅是指拥有高度热忱、满腔抱负的人，他们更会以更宽阔的胸怀去面对生活的压力，在压力面前，他们不会紧张，不会退缩。这就是一个人面对生活和追求应有的态度。当你充满热情时，你会发觉很容易摆脱"我不行"、"没意思"、"一切都无所谓"等消极的观念。当困惑、忧愁、焦躁、悲悒占据你的心灵时，如果一个人能保持一颗热忱之心，那么很多事都会迎刃而解。

夏善灵小姐从秘书学校毕业出来，想找一份医药秘书的工作。由于她缺少这方面的工作经验，面试了好几次都没有成功．她就开始运用热忱原则。在她去面试的途中，她给自己来段精神讲话，"我要得到这个工作，"她说，"我懂得这个工作。我是一个勤快而自律的人，我能够做好这个工作。医生将会视我为不可缺少的人。"在走到办公室的途中她一再对自己重复这些话。她充满信心地走进办公室，并且热情地回答问题，最后医生雇用了她。几个月后医生告诉她，当他看到她的申请表上列着没有任何经验的时候、他决定不用她，只是给她一次礼貌的谈话机会而已。但是她的热情使他觉得应该试用她看看。夏善灵还把热情带进之后的工作，而成为了一位很出色的医药秘书。

如果你能拥有一个热情的心态，那么，无论你从事哪种工作，你都会认为自己的工作是快乐的，并对它怀着浓厚的兴趣。无论工作有多么困难，需要多少努力，你都会不急不躁地去进行，并做好想做的每一件事情。热情对于每一个人来说，它可能是你生命运转中最伟大的力量，使你获得许多你想要的东西。只要我们确立的目标是合理的，并且努力去做个热情积极的人，那么我们做任何事都会有所收获。

有一颗直追目标的心

　　在社会上闯荡，就好比是在大海中航行，放眼四望，都是茫茫海水，无边无际，这时候，如果只是一味地用桨来扑打海水，看似在努力划船，实际却连自己要到什么地方都不清楚。这时候，最需要的就是一个罗盘，指明正确的方向，这样，努力划船才会越来越靠近陆地，就像志在高远的鸿鹄，目标明确。

　　巴西国家工业总公司主席里斯特劳有一条著名的"伐木法则"：一群伐木工人到丛林中去砍柴，大家都砍了一些小树就休息了，而一名伐木工却找到一颗参天大树砍了起来，大家都嘲笑他傻，等到晚上回去的时候他还在拼命地砍树，最后他终于砍倒了这棵树，卖了个好价钱。

　　这个故事听起来简单，实际上很有道理，就是人在做某件事情的时候一定要有明确的目标。有了明确的人生目标，就更容易成功。里斯特劳把这一法则成功地用在了企业管理上，他要求每一个员工都要有自己明确的工作目标，这样工作起来就会更有效率。

　　他曾经做了两个著名的实验。一个是让两个妇女去购物，他让这两个妇女在不同时间去同一家商店里买同一条裙子，他要求第一个人必须把价格砍到50元，否则就不要买。而对另外一个人则没有具体要求，只是要她尽全力砍价。结果第一名妇女成功地以50元买到了衣服，而第二个则花了70元，并且说她再也不可能砍下去一分钱了。

　　第二个实验中，他找来一名车床工人，他问："你一上午最多能车多少这种零件？"工人回答："大约70个吧。"然后里斯特劳继续问："那么

你有可能做出 100 个吗?"工人喊到:"那是不可能的,杀了我也干不了那么多。"

于是里斯特劳对工人说:"那么你现在开始干,今天争取做出 75 个。"经过半天时间,果然做出了 75 个。第二天里斯特劳说:"那么今天你继续加油,看看能不能做到 80 个"工人又做到了。就这样,到了第六天,奇迹发生了,工人一上午时间真地做出了 100 个零件。

可见,这就是目标明确的力量!

在里斯特劳的公司里,这样具体用数字描述的目标随处可见,员工们已经把这种方法成功地运用到了工作的各个方面。正因为如此,巴西国家工业总公司才成为全巴西工作效率最高的企业之一。

在闯荡的过程中,要不时地问一下自己:"我的人生目标是什么?我想成为一个什么样的人?"有了明确的人生目标,有了远大的理想与规划,在工作和学习的过程中就更有针对性。闯在社会,有了明确的方向,就不会做无用功,就会少走很多的弯路。

1985 年,在法国布鲁塞尔的一所学校里,一群年轻人刚刚毕业,因为当时国家的经济不景气,想找到一份好的工作并不容易,所以大家都把绝大多数精力用在找一份既薪水稳定又可观的的工作上。

一家国际知名的化妆品公司看上了他们当中的丹妮·亚塞尔,因为她在学校里成绩优秀,擅长交际,而且人长得也很漂亮,他们希望丹妮能够到他们的市场部工作,并许诺了优厚的薪水。正当大家都想为丹妮庆祝的时候,丹妮却经过慎重考虑婉拒了这份工作。

她的好朋友问她:"你是不是疯了,大家做梦都在想要的好工作就在你的手里,你只要签个字就可以得到了,你为什么还要拒绝?"

丹妮回答说:"是的,他们给了我相当优厚的条件,可是我的人生目标是做一名管理者,他们提供的工作和我的人生目标并不相符啊。"

在大家的不解中,丹妮最终到了一家名不见经传的化妆品公司做了一名小主管,其他的同学也陆续找到了合适的工作。五年以后,在一次同学会上,大家又谈起了各自的工作,大多数人都在自己的工作岗位上默默无闻地工作,并没有什么建树,而丹妮却已经成了一名出色的管理者,一家实力雄厚的化妆品公司的 CEO。

朋友们都佩服丹妮的眼光："丹妮你真是有眼光，当时我们还都认为你一时头脑发热才选择那家小公司呢。"

丹妮说："我哪有什么眼光，我只是觉得，自己应该有一个明确的人生目标，并为之奋斗，其它的，并没有多想。"

是的，正是这种对自己理想的明确信念，才成就了丹妮最后的成功。

拿破仑说过："不想当将军的士兵，不是好士兵。"一名战士，如果没有成为英雄、成为叱咤风云的将军的崇高理想，那么他在战斗当中就不可能奋勇杀敌。闯在社会上，即使再有能力，要是没有明确的工作目标也一样会一事无成。

我们生活在这个世界上，总要有些目标，这些目标是人生发展的动力！会闯的人，他们做任何事情都有明确的目标。什么该做，什么不该做，做这件事情我要获得哪些收获，得到一个什么样的结果，他们都会了然于胸，惟有这样，才可能成为最后的赢家。

带着使命闯天下

一个人要想闯出成功，有热情、勇气和一颗执着的心，这似乎还不够，他还需要一种使命感。因为使命感是人们对于自己理想的忠诚、执着、热爱和传道狂般的狂热，和把理想的信条贯穿于自己生命全部的信念！使命感给你的理想装上了翅膀和轮子，给你生命的战车装上了盔甲和武器，它们让理想走得更快，让生命的战车战无不胜，攻无不克！很多人之所以闯出成就，靠的就是那随时"待命"的使命感！

一次，松下集团为了选拔一位南美区的总负责人，在全世界的各个部门内寻找最优秀的人选。经过激烈的竞争和层层选拔，最后剩下两位最优秀的松下中层主管被送往总部接受总裁的面试。

两位主管，一位是来自美国松下公司客服部的经理马克·戴维；另一位是来自马来西亚松下公司产品开发部的负责人日籍马来西亚人阿巴蒂姆。两人都在松下公司任职多年，并且各自都有过辉煌的业绩。这次在众多的松下员工中，他们能脱颖而出，也充分显示了他们不俗的实力。

两人都满怀信心、兴高采烈地来到日本松下总部。进总部之前，他们都思索着总裁会给自己出什么样的题目，我该如何回答。但是，他们并不怎么担心，一路过关斩将地到了这里，对他们来说什么样的难题都已经经历过了。

他们接到通知："总裁松下幸之助先生让你们去东京帝国酒店，在那里你们将会得到面试。"

东京帝国酒店？那可是全日本最好的酒店，他俩兴冲冲地赶到了帝国酒店。酒店经理听了他们的来意之后，笑容可掬地对他们说道："松下先生让你们在我这儿做一个星期的服务生，这就是他给你们的面试题。"

"服务生？"戴维和蒂姆一脸的惊愕，酒店经理看了看他俩僵硬的表情，依然笑容可掬地继续道："从现在开始你们已经是我的员工了，根据酒店的安排你们可以去洗厕所了。"

"洗厕所？"戴维和蒂姆简直有些不敢相信自己的耳朵，酒店经理拍了拍惊呆了的他们的肩膀，喊道："干吧！必须把马桶洗得光洁如新，记住是光洁如新！"

洗厕所，说实话没人爱干，何况他俩都是松下的精英，年薪过百万的高级职员。别说干了，就是想也没想过自己有一天会去洗厕所。那种视觉上、嗅觉上以及体力上的折磨都会令他们难以承受，心理暗示的作用更是让他们忍受不了。

经理那句重点强调的"光洁如新"更是让他们犹如挨了一记闷棍，打得他们措手不及。做还是不做？已经让他们没有多少考虑的时间了，既然来了他们谁也没有想过要放弃。

当马克·戴维的手拿着抹布伸向马桶时，胃里立刻有如翻江倒海，恶心得想呕吐却又吐不出来，"太难受了！"他甩下抹布，冲出了卫生间对酒店经理说："上帝，我干不了这个！"

酒店经理微笑着对戴维说："你去看看阿巴蒂姆是怎么做的吧！"

马克·戴维来到阿巴蒂姆要擦洗的那个卫生间，只见阿巴蒂姆高高地挽起他那洁白的衬衣衣袖，拿着抹布一遍遍地认真的抹洗着马桶，直到抹洗得光洁如新。然后从马桶里盛了一杯水，毫不犹豫地喝了下去。

阿巴蒂姆拿着空杯子微笑着对皱着眉头的戴维说："'光洁如新'，要点就在于那个'新'字上。'新'则不脏，因为不会有人认为新马桶是脏的。反过来讲，只有马桶中的水达到可以喝的洁净程度，才算是把马桶抹洗得'光洁如新'了，而这一点已被证明是可以办到的！"

戴维听了他的话，目瞪口呆，惊讶地问道："你是如何让自己做到这一点的？"

阿巴蒂姆严肃地说："使命感，当你在工作时带上使命感，对于任何

的工作你都会觉得是必须认真去完成的，就好比是带着使命高飞的鸿鹄，它们是不会惧怕任何风雨的，甚至丢了性命也在所不惜，更何况是擦洗马桶这一点点小事！"

戴维不解地问道："那么你的使命感从哪里来？"

阿巴蒂姆说："使命感来自高远的志向。我不想安于目前的状况，虽然相比之下，我们的成就已经不小了，但我想成为像松下先生那样的人物，既然他让咱们到这里洗厕所，自然会有他的道理，因此我必须保有一颗虔诚的心来对待这份工作，自然而然地也就产生了无比强烈的使命感，对洗马桶也就感觉不到恶心了！"

戴维恍然大悟地说："愿来你是志如高远的鸿鹄，为了能成为像松下先生那样的企业管理者，你一直让你的使命感与你同行，难怪你会做得如此的出色。就算让我这辈子都洗厕所，我也要做一名最出色的洗厕所人，只有带着这样的使命感，你才会永远跑在别人的前面啊！"戴维说完，敬佩地握了握蒂姆的手，回到自己的那个卫生间，也将马桶擦洗得"光洁如新"。

当然，最终阿巴蒂姆成了南美地区的总负责人。马克·戴维在离开东京前握住阿巴蒂姆的手说："这次你赢了。不过，下一次胜出的将是我，因为我已经找到我这一生的使命是什么——那就是成为一名出色的人！"

在一种强烈的使命感陪伴下，戴维和阿巴蒂姆最终都成为了优秀的高级企业管理者，戴维还创建了自己的公司并一直心怀使命感的经营着，成就了非凡的业绩。

拥有使命感，你的内心就会主动地召唤你去做一些事，即使是再艰苦劳累的工作，对你来说，也是快乐的和必须的！当你拥有使命地想成为一名成功者时，那么成功的光环也就朝着你闪耀了。一个没有使命感的人，他会被一点点困境轻易地打败。即使是他心中有着长远的目标，他也无法去完成它，就像鸿鹄失去了它远飞的使命感，它就只能望着高远的天空感叹，在蓬草之间与燕雀争夺狭窄的、可怜的一点点生存空间。

在闯的过程中，一定要带上你的使命感与你同行，任何伟大的目标只要拥有它，就会让你走向成功的彼岸！

相信自己能闯出成功

一位哲人说得好：谁拥有了自信，谁就已经成功了一半。居里夫人有句名言："我们应该有恒心，尤其要有自信心！"高尔基也指出："只有满怀自信的人，才能在任何地方都把自信沉浸在生活中，并实现自己的意愿。"人生中的坚忍、进取、勇敢、耐心、恒心等许多美德都源于自信。只有非常的自信，才能闯出非常的事业。

露皮塔从小智力很差，先是降级，被列入反应迟钝者之列，后来又不得不眼泪汪汪地退学了。她16岁就出嫁，婚后生了两男一女。后来，她的两个孩子也被列为低能者，这使她难以承受。她决心自己帮助孩子，从自己求学做起！

露皮塔去求人帮忙，人家答复她："你的履历表明你反应迟钝、智力低下，我不能推荐你上学。"她在雨中泪流满面地走回家，哭着对自己说："别泄气！"她又去找孩子们的校长商讨办法。校长建议她到两年制的得克萨斯南方学院去试试。南方学院的登记员为她的强烈愿望所感动，答应她先试一年，不过，"丑话说在前头，如果你考试不及格就得走。"就这样，她上学了，还兼顾家务，每天两头忙。全家都赞许她新的追求，但又以为要不了多久她就会离开学校重新安心做家族主妇的。

到第一学期末，她惊奇地意识到：自己的能力不比别人差，自己应该有一个大学学位。这大大增强了她的自信心和主动意识，使她相信自己一定可以取得成功。于是，她除了继续在南方学院学习，又进了约113公里远的潘·美洲大学学习，每天清晨4时起床，不怕苦和累。3年后，她取

得了初级学院学位，还以优异的成绩取得了潘·美洲大学的管理学士学位。

孩子们发现他们的母亲与众不同。一般美籍墨西哥母亲都不上大学。孩子们对母亲的爱又增添了新内容。在母亲的鼓励下，孩子们各方面的能力有所发展，两个儿子的学习成绩一天天地提高，自信心也随着增强。他们转到了正常班级里。

1971年，露皮塔被授予文学硕士学位，又当上了豪斯登大学发起的墨西哥美国文化研究会的理事。新的工作又促使她去攻读行政管理的博士学位，并在学习和工作之余在大学任教，每周还给基督教女青年在夜校上两次课。但她从未忘掉孩子们，她总是挤出时间赶回家参加所有孩子们的体育比赛。1977年，她取得博士学位，接受了颇具威望的美国教育委员会的会员资格。她是有史以来第一个获得该委员会奖的拉丁美洲妇女。1981年，她又被提升为拥有3.1万名学生的豪斯登大学的教务长助理。

后来，露皮塔为缓和种族关系而积极努力，为成千上万的警察和消防人员讲授西班牙语课和种族关系课，并获得政府有关部门的赞誉。随后，里根总统任命她到全美司法顾问委员会研究所工作。接着，她又获得了各类荣誉：豪斯登大学授予她杰出教学奖，一家西班牙语地方报纸设立了以她姓名命名的奖赏基金，墨西哥瓜达拉哈拉自治大学授予她杰出教育家奖。

这些荣誉对露皮塔来说当然是十分重要的，但在她心底里，没有什么比对孩子的爱更深了。后来，她的长子马里欧是内科医生，次子维克多是位律师，女儿玛莎在攻读法律。马里欧说："假如说我们有所作为，那是因为我们的母亲给了我们爱抚、自信和支持，使我们能够有所作为。我觉得上帝一直抚摸着我们，而我们的母亲便是上帝的手。"

古往今来，成功人士虽然从事不同的职业，具有不同的经历，但有一点是共同的：他们对自己都充满自信，由此激励自己自爱、自强、自主、自立。可以说，自信是人生中一柄最锋利的利器，是获得成功的重要基石。一个能自信地生活和工作的人，一定是坚定而愉快的。喜剧大师卓别林说过：人必须有自信，这是成功的秘密。无论要面对什么样的未来我们都需要对自己充满信心，只有这样才能让人不断地发挥出自己的聪明才智。在对本身有了信心之后，才能创造出美好的未来。所以，在社会上闯，必须有坚定不移的信心，因为这是闯出成功的唯一法宝。

不满足是实现自我的动力

不满足于现状是一种极为难得的进取美德，它能促使一个人在不被吩咐应该去做什么事之前，就能主动地去做应该做的事。

一个会闯的人总是凭借"与自己较劲"的性格，以期达到永不满足。这种永不满足的性格能够激励一个人不断去闯荡，直至取得成功。激励一个人从弱者变成强者，从贫穷走向富裕，从失败走向成功。

有一位名叫汤姆的人，毕业后去了纽约，找了一份好工作，又娶了一位好太太，生活非常美满。一次他的大学同学到纽约出差，顺便去看他。他带着同学到大饭店去用餐。他的同学对他说："都是老同学了，随便找个地方吃点就行了。"他看出来老同学的意思，怕这里消费不起，便说道："我不是打肿脸充胖子，到这个地方来对你我都有好处。你只有到这个地方来，才能知道自己的包里钱少，你才能知道什么是有钱人来的地方，你才会努力改变自己的现状。如果你只是去中等饭店，永远也不会有这种想法。我相信只要努力，总有一天，我会成为这里的常客。"

这些话有一定的道理。人只有不满足自己的进展，才会产生出动力，去改变自己。如果满足自己现如今取得的进展，那就注定你将不会有所成就了。

美国某铁路公司总经理，年轻时是一个三等列车上的工人，周薪只有

12 美元。有一个老工人对他说："你不要以为做了管理制机的工人，就觉得了不起。告诉你，你想当车长，还得好几年呢。到那时，你才可以趾高气扬，享受一周一百美元的待遇。"没想到这位年轻人满不在乎地说："你以为我做了车长就满足了吗？我还准备做公司的总经理呢！"正因为这位年轻人不满足于现状，最终就实现了他的愿望。

社会竞争日趋剧烈，情形日益复杂，所以你必须要充分地思考自己的闯荡方式，接受充分的工作训练以作为你的技能，来应对社会的变化。如果你满足现状，不思进取，那么，你不仅不能使自己的命运向更好的方向发展，而且可能会使你在不远的将来无法生存。在今天，任何人都不敢满足现状，每个人都必须勤奋努力，惟有这样才能适应社会要求，才能够最终实现自己的宏伟目标。

大多数人的问题，就在一心希望在顷刻之间成就大事。其实事情是要渐渐成就的。这些人应该不断地去努力去思考工作，更应该不断地充实自己的知识宝库，渐渐地推广我们知识的地平线，提升做事业的态度，最终就能够改变自己的命运。

不满足于现状，不为眼前的成功而沾沾自喜，这就是进取心。只有不满足才能继续奋斗，只有不骄傲才能看清方向。做到了这两点，人生的成功就不难实现。只要你留意，你就会发现，每一个成功者都有着勇往直前，不满足于现状的进取心。可以说，没有人对自己取得的成就沾沾自喜，大多数人都表示要继续努力。这就是一种进取心，是推动人们进行创造的动力。

不满足现状的进取心，是你实现目标不可少的要素，它会使你进步，使你受到注意而且会给你带来不断成功的机会，是一种极为难得的美德，它能驱使一个人在不被吩咐应该去做什么事之前，就能主动地去做应该做的事。对于一个有进取心的人来说，即使屡遭失败但仍旧十分努力。因为，只有能克服不可思议的障碍及巨大的失望的人才能获得巨大的成功。

不满足是闯荡的动力，有了这个动力，你就能够克服所有的困难，不断提升自己，不断改变自己，实现自我价值。因此，不满足的性格正是闯出成功的保证。

多一分热忱，多一分收获

热忱是一种源自内心的感觉，这是一个非常关键性的观念，绝不应该与喧闹的亢奋混为一谈。热忱的威力是不容低估的。爱默生曾经说过："每一个伟大的时刻，都是热忱凯旋的时候。"一个缺乏热忱的人是没有控制能力的人，他会任由情绪的摆布，随波逐流，这样的人是不会闯出成功的。

真正的热忱是由两个部分构成的：热切与自信。情感智商高的人必定是一名对自己的事业深怀热忱的人。热忱是一个人对所做事情的感觉和兴趣。没有热忱，肯定对自己所做的事情不会尽心尽责，不会精益求精。有些人正是因为过于冷漠，对工作缺乏认真，干到哪儿算到哪儿，因此不能赢得尊重，更谈不上让自己的事业蒸蒸日上。一个渴望成功的人需要的不是冷漠，而是热忱。多一分热忱，就会多一分收获。

伦敦有一位著名的建筑师，在伦敦，我们可以看到刻有他名字的纪念碑，上面写着："本教堂和本城的建造者，克利斯托夫·雷恩长眠于此。去世时他已年过九十，这么漫长的一生，他并非为了自己，而是为了公众利益而活着。"

这些纪念碑所纪念的这位建筑天才，他一生从来没有接受过任何正规的教育，却为这个城市建造了 55 座教堂、35 座大厅。一次，他为了修复伦敦的圣彼得大教堂，特意去法国观摩巴黎的建筑。在卢浮宫前，他感慨道："要是能够设计出这样宏伟的建筑，即使粉身碎骨也心甘情愿。"他所设计的汉普顿宫、肯星顿宫、德鲁里兰剧院、皇家交易所和大纪念碑等建

筑物，都展现了他举世无双的才华。他把格林威治宫改造成了海员的休憩之地，并在牛津设计建造了许多教堂和学院。在伦敦大火之后，他又为城市重新提出了新的规划方案，而他最重要的一件作品就是圣彼得大教堂，他为这件工作倾注了 35 年的心血。

克利斯托夫·雷恩晚年身体仍然非常健康，其实他幼年时却体弱多病，一直让父母很不放心。这样的身体条件却能拥有那样不可思议的力量，正是由于他那无与伦比的热忱。

美国著名社会活动家贺拉斯·格里利曾经说过，只有那些具有极高心智并对自己的工作有真正热忱的工作者，才有可能创造出人类最优秀的成果。

萨尔维尼也曾经说："热忱是最有效的工作方式。如果你能够让人们相信，你所说的确实是你自己真实感觉到的，那么即便你有很多缺点，别人也会原谅。最重要的是，要学习、学习、再学习，你一定要努力，否则，再有才华也会一事无成。"

美国最著名、最受人敬仰的总统之一西奥多·罗斯福很早即有一个梦想，希望美国的船只能够直接从太平洋开到大西洋，而无须远远绕到南美洲顶端的合恩角去。要实现这个愿望，有许多困难需要克服。首先，他遇到了国人的反对，这些人没有预见到开挖运河所能带来的经济繁荣的巨大前景。他还遇到了世界上其他国家领导人的反对，他们不希望主持这一大型工程的权力落到美国人手里；南美洲的国家首脑则由于他们国家的主权受到侵犯而提出反对意见。罗斯福总统没有被这些反对意见所吓倒。他对这个理想抱着热忱，同哥伦比亚和巴拿马两国政府进行谈判，终于取得了从大西洋岸边的科隆岛至太平洋岸边的巴拿马城开凿一条运河的权力。

问题并没有全部解决，由于中美洲的蚊子和黄热病，计划几乎全盘搁浅。罗斯福总统以其特有的风格解决了这两个困难。为了对付黄热病，医药发明出来了；为了对付蚊子，又生产出了杀蚊剂。他开凿运河不光为了通航，还要把这个地区变成旅游胜地。他意识到，要是健康得不到保障，人们就不会来观光游览。当运河开凿完成时，巴拿马城早已成为了世界级的卫生样板。这正是罗斯福总统的热忱与决心所得到的报偿。

有一个词语叫作"满腔热忱"，意思是我们要对自己所做的事情充满激情，而激情的实质是要发泄或者说显示自我。热忱是可以激发的，又是可以控制的，它可以从一个人身上传递到另一个人身上。热忱的能量与无线电信号相似，可以传遍全世界。热忱可以发送，可以接收，当一个人群拥有了某种热忱，便形成一股强大的力量。

付出热情，一切都会随之而来

露西在快要毕业的时候参观了一个图书展览会。对于图书她向来怀有极大的热情，也正是这个原因，她一直都想转换行业，在出版行业找一份自己喜欢的工作。

可是因为缺少这方面的工作经验，几次面试都没成功，"我们需要熟悉编辑和印刷流程的员工，你现在还不太符合我们的条件，以后有机会我们再合作吧……"她得到的总是诸如此类的回答。

是的，她的确没有什么经验，只是出于一种爱好。她怀着极大的兴趣，倾听那些富有经验的书籍制作者介绍封面的工艺和选题的创意。一位年近五十岁的出版人正在和前来订书的批发商侃侃而谈。他的脸上洋溢着激动和热情的光彩，讲述起那些书的制作过程，就像一个慈祥而伟大的母亲谈论自己骄傲的孩子。

露西在心中惊叹道："我从来没有见过这么热情的人，而且是一个五十多岁的老人！"

露西无法挤到那些批发商人的前面，只好在一旁专注地踮着脚倾听。书商们陆陆续续地走了。

"你好，请问你是？"突然，老人对露西说道，"我注意到了，你一直都在旁边听！"

"是的，我从来没有见过像你这么热情的人！你讲得太精彩了！"露西欣喜地说。

"看得出来你也很热情，而且你身上有一股闯劲。"

当老人了解到露西的基本情况后，他热情地说："我需要的就是你这样的人！到我的公司来做事吧。"

"可是我没有经验。"

"只要有热情一切都会有。"

露西就这样在无意中找到了一份工作。后来，她对待工作充满了热情，做得很好。

因为老人的热情，在他身边聚集了一大群批销商；露西也因为热情得到了老人的认可，成功地找到了自己想要的工作。热情就是能产生这样一种神奇的力量，只要你拥有它，即使你有一些不足，也会得到原谅，因为"有热情一切都会有"。你一定要热情，否则，再有才华也会一事无成。

热情是发自内心的兴奋，并扩充到整个身体，从一定程度来说，热情控制着你的思维和情感。在构词上，热情是由两个希腊词根"内"和"神"组成的，"热情"就是内心深处的神。在卡耐基的办公桌上裱糊着一句话；无独有偶，麦克阿瑟将军在南太平洋指挥盟军作战的时候，这句话也同样出现在他办公室的墙上。这句话就是：没有了热情，就会伤及灵魂。

热情能唤起内心深处神奇的力量，让人散发出一种炽热、神性的光辉，那就是吸引人和感染人的魅力。

热情的人会很自然地把他内心的感情表现出来。一个充满热情的人，他的志向、兴趣、为人和性情都能从他的走姿、眼神和活力中看出来。

比如你的热情表现出你对这次见面、这次交谈、这次活动或这个人发自内心的喜欢。你的热情会使人们把谈论的中心转移到你最感兴趣的事情上。与此同时，把热情传递给你身边的人，他们也会因此觉得和你在一起很快乐。而缺乏热情的人，他们谈话生硬而没有趣味，做起事来拖沓，没有规划，让人看不到希望。

一旦缺乏热情，军队将无法克敌制胜；艺术品也将失去光芒和灵魂；震撼人心的音乐也不会出现；更不可能有无私的奉献精神来美化这个世界。热情可以鼓舞人心，这鼓舞类似于"热传递"，它会直接把你的热情输送给别人，这比任何商讨、说服、威吓或责骂都要奏效得多。

热情和大声讲话或叫喊是两回事。热情是一种热情的精神特质，它深深地根植于人的内心，是一种由你的眼睛、你的面孔、你的灵魂、你的整体辐射出来的兴奋，你的精神将因之振奋，而这振奋也会鼓舞别人。值得注意的是，虚情假意是骗不了人的。过分的热心、刻意地迎合，这些都可以被识别出来，不会让人相信。

热情并非与生俱来，而是后天的特质。你在别人身上付出的热情越多，你得到的人心也就越多，因为你的热情影响了别人的灵魂。

优柔寡断后患无穷

凡事不想一想就行动，那叫莽撞，往往会导致后患。但想得太多，翻来覆去，瞻前顾后，则容易陷入犹豫不决的狐疑之中，导致优柔寡断。因此，做事情需要坚决果断。

做人要果敢，也就是面对选择、挑战的时候要坚决，面对困难的时候要勇敢，不临阵脱逃。因为人生都是捉摸不定的，好机会往往稍纵即逝。如果不及时地下决心，错过之后就会后悔莫及。机不可失，失不再来，这是一个浅显的道理。

但古人还有另一句话："三思而后行，谋定而后动。"这句名言是克服冲动的最佳良药。这句警言不但应该让那些冲动的人熟记，而且也应该让

所有的人深刻领会。

为什么要"三思而后行"呢？因为问题的发生是由许多因素造成的，单凭直觉或只是简单地思考一下，很难得出结论，往往需要一段时间的分析、归纳、总结或者调查研究，才能理出头绪。有的时候，还有被人制造假象，提供虚假线索的可能，不小心就有误入歧途的危险。所以，这要求我们思维要精细缜密。思考一遍还不够，还需要再检查一遍，然后再做，以确保行动的万无一失。

但是，"三思而后行"不能作为优柔寡断的借口，因为在闯荡的时候，有些事情是必须果断处理的，正所谓当断不断，反受其乱。

三国时期的袁绍集团，曾经谋士如云，战将如雨。谋士如云对于袁绍来说是一个极好的条件，但当事情一旦决策时，众谋士就各抒己见，而袁绍就失去了主心骨，不知取舍，难做决定。在白马之战中，袁绍听说有一个使用大刀、红脸、长着长胡子的人斩了自己的大将颜良后，非常生气。这时，谋士沮授趁机建议他及时除去刘备。袁绍就指着刘备说："你的兄弟杀死了我的大将，你一定和他是同谋，我不能留你了。"

刘备从容说："天下长着同样相貌的人太多了，难道红脸、长须、使大刀的人就一定是关羽吗？"

袁绍听后，马上改变了主意，反而还责怪沮授："我误听了你的谗言，险些把好人杀了。"

接着，关羽又杀了袁绍的大将文丑。郭图马上对袁绍说："现在，关羽又杀了我们的大将，可刘备却假装不知道。这不合情理。"

袁绍听后大骂："胆大的狗贼，竟敢屡次欺骗于我，速将刘备推出去斩了。"

刘备又反驳说："曹操素来嫉妒我的才能，现在他知道我在你这里，害怕我会帮助你，就故意让关羽诛杀你两员大将，目的就是想激怒你杀了我。"

袁绍听后，反过来责备郭图："玄德分析得很正确。你们差点让我害了有德之士。"

本来袁绍有两次机会可以除去刘备，但刘备都化险为夷。从中可以看出刘备的机敏和袁绍的多谋少决、谋而不断。

正是由于"多谋少决"，最终的官渡之战，袁绍败于曹操之手。

俗话说得好："机不可失，失不再来。"面对良机，应当当机立断，果敢地、及时地做出有利于自我的决策。

德国伟大的诗人歌德曾经说过："长久地迟疑不决的人，常常找不到最好的答案。"

在丛林中，有一只老虎正在觅食。茂密的松林遮蔽了老虎的视线，它不知道此时猎人布置的陷阱就在附近。这时，老虎看到前方有猎物出现，于是奋力追赶。忽然老虎的脚掌被一个铁夹子夹住了。老虎想挣脱束缚，但是铁夹子把它牢牢地固定在了原地。这时，手拿猎枪的猎人出现了，他一步步向老虎逼近，老虎似乎感觉到了死亡的预兆。眼看着就要端起猎枪的猎人，老虎不再犹豫，它用尽全身的力气，猛地挣脱了固定铁夹子的铁链。但是，老虎的脚掌却留在了铁夹子上。老虎忍痛离开了这个危机四伏的危险地带。

老虎断了一只脚自然是很痛苦的，但是因此而保存了性命，就是聪明的选择，所谓"断尾求生"正是如此。当我们面临艰难的抉择时，也应该像求生的老虎一样，果断地做出取舍，不要犹豫不决，惟有这样才能把握住机会。

但是，在现实生活中做事果敢的人并不是很多。相反的，只要你认真观察周围的人，就会发现，有很多人都是在关键时刻左顾右盼，进退两难，最终错过了时机。在个人成长过程中面对选择与取舍时，要学会在思考后当机立断。因为只有这样，才可以做到不拖延时间，做到与机遇迎面相逢。

先哲曾说过这样一句名言："犹豫不决是以无知为基础的。"也就是说，之所以犹豫不决是因为缺乏对全局的理解和判断，不能审时度势，不能抓住问题的要害。所以，英国大文学家莎士比亚说得好："智虑是勇敢的最大要素。"

犹豫不决，是效率的敌人，也是成功的障碍。在患得患失之后你会发现机会已经溜走了，那么再埋怨和懊恼又有什么用呢？有勇气、有智慧、有胆略的人是不会犹豫不决的，他们懂得把握机会、速战速决。只有牢牢把握住效率的先机，才会闯出成功。

让目标成为你奋进的旗帜

帅可夺而志不可夺，士可杀而不可辱。这种宁死不屈的烈士事迹，可歌可泣，在历史上不胜枚举。相反，一个人如果没有气节，志向不坚定，则很可能在关键时刻受不住诱惑或经不住高压而屈膝变节，成为人们所鄙视的叛徒。所以，志向的确立和坚守是非常重要的，是儒家修身的基本内容之一。

有一位父亲带着三个孩子，到森林中去打猎。他们到达目的地后，父亲问老大："你看到了什么？"

老大回答："我看到了猎枪、猎物，还有无边的林木。"

父亲摇摇头说："不对。"

父亲以相同的问题问老二。

老二回答："我看到了爸爸、大哥、弟弟，猎枪、猎物还有无边的林木。"

父亲又摇摇头说："不对。"

父亲又以相同的问题问老三。

老三回答："我只看到了猎物。"

父亲高兴地点点头说："答对了。"

一个人做事若想成功，首先要有明确的目标。选定了目标，也就找到了心的方向。目标就像你手中的金钥匙，当你置身于人生的迷宫时，它能够帮助你摘取皇冠上的明珠。无论何时都不要对自己的梦想绝望，同时，更不要嘲笑别人的梦想，因为有梦想的人是值得尊敬的。

有位哲学家一次漫步于田野中，发现水田当中新插的秧苗，竟排列得如此整齐，犹如用尺量过一般。他不禁好奇地问田中工作的老农是如何办到的。

老农忙着插秧，头也不抬地回答，要他自己取一把秧苗插插看。哲学家卷起裤管，兴冲冲地插完一排秧苗，结果竟是参差不齐，杂乱无章。

他再次请教老农如何能插一排笔直的秧苗，老农告诉他，在弯腰插秧的同时，目光要盯住一样东西，并朝着那个目标前进，即能插出一列漂亮的秧苗。

哲学家依言而行。不料这次插好的秧苗，竟成了一道弯曲的弧形。

他又请教老农，农夫不耐烦地问他："你的眼光是否盯住一样东西？"

哲学家答道："有啊，我盯住那边吃草的水牛，那可是一个大目标！"

老农说："水牛边走边吃草，而你插的秧苗就跟着移动。你想，这道弧形是怎么来的？"

哲学家恍然大悟。这次，他选定远处的一棵大树。

没有目标的人或是目标不断飘移的人，亦如无舵之舟，无缰之马，在茫茫的人海中，漂荡奔波，随波逐流，就像哲学家所插的秧苗一样，最终将一无所成。

目标是力量的源泉，有了目标，你才知道要往哪里去。只有明确了人生方向，才能知道自己的道路，才能有动力沿着自己选定的路走下去。所以，不管你活成什么样子，或者成功，或者失败，或者贫穷，或者富有，你都应该有自己的目标，都应该有自己的梦想。

在前进的道路上，我们通常都会不时改变自己的目标。一个人有几个目标是很平常的事。在这些目标里，总有一个是你最想实现的。那么这个目标对你来说才是最有价值的。人的精力是有限的，不可能面面俱到。目标有很多，但是你一个也实现不了，这就相当于你没有目标，那么你做的所有的事都是毫无意义的。找出自己的主要目标，放弃其他的辅助目标，把所有的精力都放在实现主要目标上，排除一切阻碍你实现这个目标的阻力，那么你实现这个目标的可能性就大了许多。

时刻记住："最有价值的目标只有一个！"

一场罕见的洪水袭击了一个小村落，许多人被无情的洪水夺去了生命。一个三口之家也是这场灾难的受害者，丈夫在洪水中救起了自己的妻子，而他们十岁的儿子却被淹死了。

对于这个家庭的不幸遭遇，许多人都深表同情。但事情渐渐出现了变化，另外一些人对那个男人的选择产生了疑问。有的说他做错了，因为妻子可以另娶一个，孩子却不能死而复活。

一个报社的记者路过此地，听说了这个故事。对于争论，他不想了解，他只是很想知道当时他是怎么想的。于是他专门去采访了那个丈夫。

农民悲伤地答道："我什么也没想。洪水袭来，妻子在我身边，我抓住她就往附近的山坡游。当我返回时，孩子已经被洪水冲走了。"

"请不要过于悲伤，毕竟你从洪水中救回了妻子。"记者最后说道。

抓住离你最近的目标，你才有可能体现效率的价值。主人公的选择是正确的，救活一个，胜过失去两个。面对洪水，他可以做到的就是紧紧抓住离自己最近的妻子，这是最为现实和明智的，同时也是最为有效的。如果他放弃妻子去救孩子，可能最后一个人也救不了。太高的奢望和不切实际的目标，对我们而言是没有价值的。只有把握好最近的目标，付出才可能有回报。

做自己力所能及的事情，是简单有效的选择。在生活与工作中，要制定一个切实可行的计划，认真去做好身边的每一件事情，那么你的工作才可称得上是有效率的。要尽可能地避免为追求高目标而不从实际出发，希冀快速地达到目标，好高骛远，盲目地制订计划。将眼光盯在虚妄的目标上，却忽视眼前的事情，只会让人疲于应付，缺乏效率。

目标就像航标灯，在浩瀚的人海中，指引着人们的航向。有着明确目标的人，总能穿越艰难的岁月，因为目标在前，他就不会放弃。相反，如果目标倒下了，人的精神也就垮了下来。而那些从来不曾有过目标的人就更加迷茫，他不知道他活着究竟是为了什么，奋斗为了什么，所以他什么都不去奋斗。因为没有目标，他没有方向感。拿破仑说过："有方向感的目标，令我们每一个意念都充满力量。"让我们牢记这句话。

第四辑

挤开人生的夹缝，就能闯进桃花源

　　人生总要面临各种挫折和失败的挑战，不要在这些困境面前浑身发抖。会闯的人能把这些困境变为成功的有力跳板，他们明白，只要挤过夹缝，就能进入属于自己的"桃花源"。

付出努力才能闯出窘境

　　会闯的人，就像一头拓荒牛，它在田野里挥汗如雨，贡献出所有的力气，却从不抱怨辛苦劳累；它吃的是低廉的草料，却奉献出高价值的牛奶。

　　人人都想闯出一番事业，但没有奉献精神的人往往很难闯出一片天地；而那些肯默默奉献自己，又有雄心壮志的人，将能在社会中闯出成功。

　　由洛克菲勒创办并经营的美国标准石油公司是当时世界上最大的石油生产、经销商，那时每桶石油的售价是 4 美元，公司的宣传口号就是：每桶 4 美元的标准石油。

　　作为众多销售员之一的阿基勃特，仅是公司里的一个名不见经传的小职员，身份低微，但他无论外出、购物、吃饭、付账，甚至是给朋友写信，只要有签名的机会，他都不忘写上"每桶 4 美元的标准石油"。

　　有时，阿基勃特甚至不写自己的名字，而只写这句话代替自己的签名。时间久了，同事们都开玩笑叫他"每桶 4 美元"。尽管受到各种嘲笑，但阿基勃特从不为之所动。

　　4 年后的一天，公司董事长洛克菲勒无意中听说了此事，非常欣喜地说："竟有职员如此努力宣扬公司的声誉，我要见见他。"于是邀请了阿基勃特共进晚餐。

　　饭间，洛克菲勒问阿基勃特为什么这么做，阿基勃特说："这不是公司的宣传口号吗？"洛克菲勒说："你觉得工作之外的时间里，还有义务为

公司做宣传吗?"阿基勃特反问道:"为什么不呢?难道工作之外的时间里,我就不是这个公司的一员了吗?我每多写一次不就可能多一个人知道吗?"

洛克菲勒大为赞叹,认为阿基勃特之所以能有这种举动,正是因为他时刻心系着公司的利益与发展,他的头脑中有一种强烈的奉献与付出的意识。

5年后洛克菲勒卸职,阿基勃特继任美国标准石油公司第二任董事长。对阿基勃特的任命,可能出乎所有人的意料,包括阿基勃特自己。

其实洛克菲勒对阿基勃特的任命,不应该出乎人们的意料。把自己的名字都用公司的宣传口号来代替的人,怎么可能不把他的一切奉献给公司呢?把自己的一切都奉献给公司,这其中包含着多少对工作的热情对公司的热爱啊!

这样的人是用全身心来工作的,他在乎的是公司的长远发展,而不会计较自己付出多少,得到多少;他做的是人生的事业,而不是为了拿工资糊口度日。他奉献给公司他的所有的时间和精力,而不是每个月发薪的日子和拿薪水的快乐。

这样把公司的命运时刻放在自己心里的人,怎么能不得到老板的信赖呢?这样有一分热,便发一分光的人,怎么能不让老板把公司放心地交给他呢?

当今的经济发展得越发快了,市场竞争也更加激烈了,闯荡在社会之中,就要随时保持一份像阿基勃特那样的奉献意识。

然而,现实中,有些人总是先从自己的角度出发,以自身利益作为衡量工作投入多少的标尺。

他们只在意自己的薪水是不是很多,自己的工作条件是不是很优越。

他们喜欢谈个人权益,喜欢说哪些是他们应该得到的,哪些是他们的权利。

而在工作中需要付出的时候,他们则像守财奴一样,紧紧地保护自己的气力,生怕别人拿去一分一厘。

其实,要想闯出成功,千万别去计较工作的繁重与得到的酬劳是否成比例，千万不要因眼前的小小的委屈，而失去更多的机遇。

微软在设计视窗 98 时，《华尔街日报》的一位记者曾前去采访。

首先，记者分别问微软的两个程序员，他们现在在做什么？

第一个程序员很无奈地说："我每天都在枯燥地编写这些破程序，烦恼透了。但这是工作，我必须得完成它。"

第二个程序员说："我的工作很重要，我要把视窗 98 弄得好好的，而且我敢保证，它肯定会超过视窗 95，视窗 98 的强大功能会让使用者更加得心应手。"

然后，记者又问两个程序员，他们一天要工作多久？对自己的薪水是不是满意？

第一个程序员更没情绪地说："这里的程序员很多，大家拿的都差不多，虽然我希望能拿得更多一些，但是这很不容易达到。至于工作时间，我当然和大家一样，上班来，下班走，不迟到，不早退就行了。我还是很称职的，但是那种枯燥的东西又有谁愿意总去面对呢？"

第二个程序员说："这里的程序员很多，大家的薪水都差不多。我希望能拿得更多一些，不过这很不容易达到，但是我一定会努力。我会做得更加出色的。至于工作时间，我可能要工作的长一些，因为工作很重要，想让新产品超越原有的，就必须做得更精细，功能更强大。我一般喜欢下班后再做几个小时，因为弄出新的东西总是让我很兴奋。"

说实话，两个程序员在公司的表现都不错。但不久之后，第一个程序员因为工作上没有付出足够的热情而毫无进展，遭到了微软末位淘汰制的惩罚——微软人事部劝其自动辞职；而第二个程序员则凭其忘我的工作状态和杰出的成绩，荣升为微软程序设计组组长。

第二个程序员和第一个程序员他们所要遵守的制度是一样的，拿的薪水也差不多，显而易见的差别就在于对工作的热情上。热情的态度又决定了他们奉献的程度。能够奉献更多的时间、更多的精力和热情的人，工作效率自然也会大不相同。

我们要时刻在内心告诫自己：能闯出一片天地的人，都是把自己的所有都奉献出来，兢兢业业地做好每一样工作，从奉献之中发展自我，给自

己的事业打下坚实的基础，一步一步走向成功的人！

用执着闯破人生的堡垒

世界上没有不通的路。条条道路通罗马，无论你往东走，还是往西行，只要坚持走下去，都可以达到目的。相信自己能够闯出成功，往往就能成功。成功的决心往往就是成功本身。

但是，很多人会问："走到悬崖绝壁怎么办？"其实，即使走到悬崖绝壁，也没有什么了不起。既然有崖，必定有谷，悬崖绝壁挡住了路，迂回一下总还是可以过去的。许多人干事，起初都能够付诸行动。但是，随着时间的推移，难度的增加以及气力的耗费，便从思想上开始产生松劲和畏难情绪，接着便停滞不前以至退避三舍，最后放弃了努力。

一个人想闯出自己的事业，就要坚持下去，这样才能取得成功。人天生就有一种难以摆脱的惰性，所以在干什么事时常常会浅尝辄止、半途而废。当他在前进的道路上遇到障碍和挫折时，便会灰心丧气和畏缩不前。这也和走路行进一样，大多数人都愿意走平坦的下坡路，而不喜欢艰难的上坡路。这也是人之所以常常见了困难绕着走的深层原因。

许多人之所以没有收获，主要原因就是在最需要下大力气，花大工夫，毫不懈怠地坚持下去时，他却停止了努力，千里之行，弃于脚下，成功从此与他无缘了。

亨利·毕克斯·特恩出生在威斯特麦兰郡的克拜伦德尔地区，他的父亲是一个小有名气的外科医生。亨利一开始对自己的职业并没有什么新的打算，只是准备继承父业。在爱丁堡求学期间，他对医学研究专心致志，从不动摇，周围的人都很佩服他的坚韧刻苦。他回到家乡，积极从事实践活动。

随着时间的变化，他对这门职业渐渐地失去了兴趣，对眼前小镇的闭塞与落后也日益不满。这时，他对生理学发生了兴趣，并有了自己的思考，十分渴望进一步提高自己。

父亲完全赞成亨利本人的愿望，于是把他送到了剑桥大学，让他在这个世界闻名的大学里进一步深造。不幸的是，过分地用功严重地损害了他的身体。为了恢复健康，作为一个医生，他接受了一项职务——去活德奥克斯福德当一位旅行医生。在此期间，他掌握了意大利语，并对意大利文学产生了浓厚的兴趣，对医学的兴趣反而越来越淡。很快，他就坚决地放弃了医学，决心攻读其他学科的学位。经过一段时间的努力，他成为了当年剑桥大学数学学位考试一等及格者。

毕业之后，他未能如愿进入军界，只得进入律师界。但作为一位刚刚毕业的学生，他进了内殿法学协会，拿出以往学习的劲头，刻苦地钻研法律。他在给他父亲的信中写道："每一个人都对我说：'你一定会成功——以你这非凡的毅力。'尽管我不明白将来会是什么样子，但有一点我敢相信：只要我用心去干一件事，我是决不会失败的。"

28岁那年，他被招聘进入律师界，但生活的道路要靠自己去开辟。这时他经济十分拮据，主要靠朋友们的捐赠过日子。他潜心研究和等待了多年，但还是没有生意。日子一天比一天难熬，他不得不在各方面省吃俭用，不要说娱乐，就是连最必需的衣服、食物他都已紧缩到不能再紧缩的地步。他写信给家里，承认他自己也不知道他能再坚持多久，他自己都怀疑能否等到开业的机会。

3年时间一晃而过，他苦苦地等待着仍然没有结果。"律师这碗饭不是那么好吃的"，他写信告诉自己的朋友们，他再也不能成为别人的负担了。他想放弃这里的一切回到剑桥去，在那里他相信自己能找到谋生的办法。家人和朋友给他寄来了一小笔款子，鼓励他不要灰心。亨利又挺了一段日子，生意终于慢慢来了。他在办一些小案子时表现很好，很守信用，于是他的工作渐渐有了起色。人们开始把一些大宗案子交给他办。

亨利是一个从不放过任何机会的人，当然，他也从不放过任何一个提高自己的机会。他数年的孜孜追求终于迎来了丰收的一天。几年之后，他不仅不需要家里的帮助，而且还可以还一些旧债。最后乌云终于散去，好运光临头顶。亨利·毕克斯特恩的大名意味着荣誉、财富和才华。他终于成了一位声名显赫的主事官，以蓝格德尔贵族的身份坐在上议院之中。

人会不会闯世，关键就是看在困难面前能不能坚持，坚持下去就是胜利，半途而废则前功尽弃。那些具有非凡毅力、顽强意志的人，凭着自己不屈不挠的执着追求，一定会闯出属于自己的成功之路。

先闯进磨难，后闯出成功

会闯的人，往往敢于应对挑战，他们个个都是解决问题、排除困难的高手。因为他们明白：困难可以把你击垮，也可以让你重新振作。当你没有勇气面对困难时，它们是不可逾越的高山；当你借助勇气、凭借毅力去克服那些困难后，回头再看时，它们不过是一只只纸老虎罢了。

阿迪·达斯勒被公认为现代体育工业的始祖，他凭着不断的创新精神和克服困难的勇气，终身致力于为运动员制造最好的产品，最终建立了与体育运动同步发展的庞大体育用品制造公司。

阿迪·达斯勒的父亲从早到晚靠祖传的制鞋手艺来养活一家四口人，阿迪·达斯勒兄弟两个有时也可以帮助父亲做一些零活。一个偶然的机会，一家店主将店房转让给了阿迪·达斯勒兄弟，并答应他们可以分期付款。

兄弟俩欣喜若狂，但是资金仍是个大问题，他们从父亲作坊搬来几台旧机器，又买来了一些旧的必要工具，鲁道夫和阿迪正式挂出了"达斯勒制鞋厂"的牌子。

建厂之初，他们以制作一些拖鞋为主。由于设备陈旧、规模太小，再加上兄弟俩刚刚开始从事制鞋行业，经验不足，对市场又不是很了解，款式上是模仿别人的老式样，种种原因导致生产出来的鞋，没有引起消费者的注意，销售情况不是很好。

出师不利的困境没有让两个年轻人打退堂鼓，意想不到的困难，更没有使他们退缩。他们想方设法找出矛盾的根源所在，努力走出失败的困扰。

聪明的阿迪通过学习了解到：那些企业家的成功之道在于牢牢抓住市场，并且创造人们喜爱的产品。只有推陈出新才能赢得市场。而他们生产的款式已远远落后于当时的需求。

为了尽快走出困境，解决问题，了解当地人的喜好，他们挨家挨户地调查人们穿鞋的爱好和对鞋的要求，并到大街上观察人们穿鞋的式样、颜色，从而预测即将到来的流行趋势。

然后，兄弟俩面对调查所得资料，进行全面的综合分析。他们认为：从鞋厂自身的现状看，自己的生产规模不具备生产高档皮鞋的条件。并且，上流社会的人们不会把他们这个小厂放在眼里。

他们应该立足于普通的消费者，只能把消费的主要对象选在大众身上，因为普通大众大多数是体力劳动者，他们最需要的是既合脚，还必须耐穿的鞋。

再加上阿迪是一个体育运动迷，并且深信随着人们生活的提高，健康将越来越会成为人们的第一需要，而锻炼身体就更离不开运动鞋。

兄弟俩确定好目标后，就勇敢地开始转型。大胆的他们把自己的家也搬到了厂里，在厂里一呆就是一个多月，终于生产出几种式样新颖、颜色独特的跑鞋。

然而，任何一种新产品推到市场，都有一个被消费者认识的过程。当阿迪兄弟俩带着新鞋上街推销时，人们首先对鞋的构造和样式大感新奇，争相一睹为快。

可看过之后，真正掏钱买的人很少，人们看着两个小伙子年轻、陌生的脸孔，带着满脸的不信任离开了。

一连许多天，都没有卖出一双鞋。兄弟俩四处奔波，向人们推荐自己精心制作的新款鞋，但都受到了同样的冷遇。两个人都有些灰心了。

阿迪兄弟本以为做过大量的市场调查之后生产出的鞋子，一定会畅销，但市场又一次无情地打击了阿迪兄弟。他们不知道问题出在哪里。无法解决的困难又一次让两个年轻人陷入绝境。

可阿迪·达斯勒的字典里没有"困难"这个词，只有胆气陪伴着他们，去闯过一个个难关。

经过冥思苦想，弟弟阿迪的脑海中突然冒出一个想法：人们不愿买自己的鞋，不是因为我们的鞋子质量的问题，也不是款式的原因，而是因为自己的小厂刚刚起步，尚未建立起信誉，人们还不了解自己，担心质量没有保障。想到这里，弟弟阿迪对哥哥说："为何我们不想想办法，先建立起人们对达斯勒制鞋厂所制造的鞋子的信心呢？"

在困难面前，阿迪兄弟俩没有消沉，没有退让，没有弃之不管，放任了之，而是迎着困难上，在仔细分析当时的市场形势和自己工厂的现状后，勇敢地从中找出了解决的办法。

兄弟俩商量后决定：把鞋子送往几个居民点，让用户们免费试穿，觉得满意后再向鞋厂付款。

第二天，阿迪兄弟俩分头行动，将几种款式的几十双新鞋送到了小厂附近两个居民点的几十户居民手中。然后，兄弟俩便忐忑不安地守在制鞋厂里，满怀期待地等候佳音。

一个星期过去了，用户们毫无音讯。两个星期过去了，还是没有消息。兄弟俩心中都有些焦躁，有一些坐不住了。

在耐心的等候中，又一个星期过去，他们现在唯一的办法也只有等待了。一天，第一个试穿的顾客终于上门了。他非常满意地告诉阿迪兄弟俩，鞋子穿起来感觉好极了，价钱也很公道。在交了试穿的鞋钱之后，又订购了好几双同型号的鞋。

随后不久，其余的试穿客户也都陆续上门。一时之间，小小的厂房竟然人来人往，络绎不绝。鞋子的销路就此打开，小厂的影响也渐渐扩大了。

阿迪兄弟俩没有被初次创业所遭受的种种困难所吓倒，面对资金不足、经验不足、信誉缺乏等困难，他们都凭着自己的信心和勇气一一攻克。这些行为都为日后家族现代体育工业帝国的建立，打下了坚实的基础。

只要是在社会上闯，任何时候，任何事情，都存在各种各样的困难。这些困难，在会闯者的眼里是不足为惧的；而在那些怯于闯荡者的心目中，困难总是不可逾越的，他们习惯也愿意把困难垒高，从而给自己的无能披上一件遮羞布，为自己的懒惰搭一张温床。而所有那些把困难垒高的人，无一例外地都把自己划分到了失败者的行列中。

行动起来吧！不要人为地把困难放大，不要把困难挂在嘴边，更不要面对一点困难，就如一只过街的老鼠，只给自己留下个四处逃避的份儿！那些闯出成功的人告诉我们：没有不可解决的困难，只有无法逾越的心灵堡垒。

不畏挫折才能成功

俗语说："人生的磨难本身就是一笔财富。"过去的失败是很宝贵的经验，因为它能教育我们，让我们知道错在哪里，并且去纠正这些错误。只要我们努力了，这种努力的本身就已经能迫使我们向前进。坦然地面对失败，即使我们错过太阳、月亮，可是还是有机会抓住满天繁星。

人的成长总要遇到各式各样的挫折，生存的挫折、情感的挫折、创业的挫折、商务的挫折、意外事故的挫折等不计其数，挫折就像影子一样伴随我们左右，防不胜防。面对这样的挫折是选择逃避？还是坦然面对？如果你处处逃避，我想你就不适合在这个世上生存，因为这个世界上存在着无数你不愿意看到的事实。如果你经历了挫折，并且战胜了挫折，那么你得到的不仅是战胜挫折本身，而且还学到了战胜挫折的本领，如此发展，挫折也会远你而去。

能闯出成功只有一个条件，那就是不畏挫折。了解了这一点，你就不应该自卑和逃避，不应该跪下来仰视那些闯出成功的人，这是因为他们也曾失败过、沮丧过、自卑过。你与他们一样，一生下来就被赋予同等的机遇。日常生活中，我们常会看到这样一些人，尽管面对似乎不可能战胜的挫折，却还愿意努力去克服。这些人在前进过程中，技术日渐提高，力量不断壮大，能力不断上升，最终取得了突破性的收获。而另一些人却在诸如雪崩似的一系列变化面前倒了下去。挫折不会产生不可逾越的障碍，每一个困难都是一次挑战。每次挑战都是一次机遇，战胜困难就等于抓住了机遇。

1924 年，美国家具商尼科尔斯的家突然起火，大火把家里的一切烧得精光；也把他准备出售的家具烧光。看着一片狼藉，他把双手死死地插在头发里，心情坏极了。突然，这烧焦松木独特的形状和漂亮的木纹把他的目光吸引住了，他竟然从这些焦松木上找到了转机。

正是这场意外的大火，烧出了尼科尔斯的灵气与希望。他小心翼翼地用碎玻璃片削去沉灰，再用沙纸打磨光滑，然后再涂上一层油漆，一种温暖的光泽和红松般清晰的纹路呈现眼前。尼科尔斯惊喜地狂叫起来，马上制作出仿纹家具，就这样，仿纹家具从此诞生了。大家都来争相购买他制作的家具，生意十分兴隆。有人评论说："尼科尔斯独具特色的家具像一只在火灰里死而复生的不死鸟一样蓬勃兴起。"一场大火给他带来灾难，同时也带来了新产品和金钱。现在尼科尔斯创造的第一套仿纹家具就收藏在纽约州博物馆。

上面的例子给了我们深刻的启示。困难与挫折像一块石头，对于弱者来说它是绊脚石，让你寸步难行，但对于强者来说，它却是垫脚石，让你站得更稳、更高。天下有哪个人能说自己没走过弯路，又有哪个人能不走弯路，哪个人没遇到过困难，没尝过跌倒的滋味，但是不管怎样，你都要去面对困难，拿出你作为一个人的全部勇气和力量去拼搏。拼搏会使你潇洒地甩掉困难，会使你创造出新的自我，会使你的人生灿烂辉煌，会使你走向成功。

我们每一个人都渴望成功，渴望拥抱鲜花和掌声，但是却又都害怕挫折与失败的感觉，甚至极力逃避它们。既想成功又逃避挫折，这实在挺矛盾的。挫折是登上成功必经的阶梯，在经历成功之前，人们大都得经历许多磨难。迈向成功的路几乎完全是由一次又一次的挫折铺出来的。这种对挫折的恐惧与其他的恐惧是相伴相生的。殊不知，逃避挫折就是逃避成功。

每当你遭受挫折时便放弃，不再努力了，那么你就绝不会胜利。失败者总是说："你要是尝试失败的话，就退却、停止、放弃、逃跑吧！你不过是个无名小辈。"成功者对此从来都不加理会，他们在失败时总会再去尝试。他们会对自己说："这是一条难以成功的道路，现在让我再从另外

一条路尝试吧！"

林肯是一个能够坦然面对挫折的人，他一直没有因挫折而放弃自己的追求，他一直在做自己生活的主宰。林肯幼年只接受了一年的学校教育。到了 1832 年，年轻的林肯遭到了人生中的大挫折，他失业了。这使他很伤心，但他没有被压倒，而是下决心要当政治家，当州议员，但是他竞选失败了。在一年里遭受两次打击，这对他来说无疑是痛苦的。虽然面对多次的失败，但林肯仍然不气馁，不放弃。3 年之后，他又参加竞选国会议员，最后终于当选了。两年任期很快过去了，林肯决定要争取连任但结果很遗憾，落选了。林肯没有服输。6 年后，他竞选参议员，又失败了。到了 1856 年，林肯竞选美国副总统提名，结果被对手击败。又过了两年，他再一次竞选参议员，还是失败了。直到 1860 年，林肯再次出山竞选总统，这次他成功了，并且成为美国历史的伟大总统之一。

就这样，这位伟人不断地遭到失败与挫折，又不断地努力向上。我们从中可以悟出这样一个真理：不畏挫折，才能够成功。

林肯面对困难没有退却、没有逃跑，他坚持着、奋斗着。他压根就没有想过要放弃尝试，他不愿放弃努力。就像你我一样，林肯也有自由选择权。他可以畏缩不前，不过他没有退却。你我也可以同样在困难面前不退却，你我也有机会像林肯一样取得成功。生活本来就是一条曲折而漫长的征途，路途中有成功，有失败，有困难，有挫折，就看你我是否坚强。

在闯世的过程中，出现挫折并不可怕，只要不绝望，坚定信心，就完全可以把挫折当作走向成功的转机。不论在什么时候，什么地方闯荡，你都要记住：厄运与幸运往往是交替出现的。当幸运来临时，固然要把握它，利用它；而当事情开始向坏的方面转化时，或者当所谓厄运当头的时候，也要当机立断地采取行动，将厄运的影响降低到最小，并努力摆脱它所带来的阴影，让生命闯出新的征程。

逆境是闯出成功的起点

塞内加曾经说过："顺境的好处是人们所希望的，但逆境的好处则是令人惊叹的。"的确，顺境并不是没有恐惧和烦恼，逆境也并不是没有安慰和希望。闯在人生路上，遇到了失败，你不要泄气，应该坚持闯下去，并把它作为人生的转折点，选择目标或探求方法，把失败作为成功的新起点。

乔治经营一家农场，当他因中风而瘫痪时，亲戚们确信他已经没有希望了。但他没有消沉悲观下去，而是要求他的亲戚们在农场中种植谷物，以此作为饲料来养猪，猪肉用来制香肠。几年后，乔治的香肠就被陈列在全美各商店出售。结果，乔治和他的亲戚们都成了拥有巨额财富的富翁。

出现这样美好结果的原因在于：乔治没有在逆境中退却，而是从逆境中获得了前进的动力，学会了在逆境中坚持，他的不幸迫使他运用从来没有真正运用过思想，确立明确目标，制定计划，并以坚定的信心去实现这一计划。

逆境，也就是不顺利的环境。人生在世不论干事业，还是过日子，都盼望着一帆风顺，遇到一个顺心可意的环境。然而，从长远看，这却是不大可能也不太现实的事。因为，事实上逆境经常像影子一样追随着大家，并不时顽强地显露出来给人们以困扰。无数的事实证明，一个人一辈子一帆风顺的事似乎是没有的。

从某种意义上说，逆境也是机遇。说逆境是磨刀石，它可以砥砺人们的品格、才气和胆识，可以激发人们奋发向上的毅力和勇气。有位哲人说

过："人们最出色的工作，往往是在处于逆境的情况下才能做出。思想上的压力，甚至肉体上的痛苦，都会成为精神上的兴奋剂。"比如事业，我们常说并坚信"前途是光明的，道路是曲折的"，这"曲折"已从根本上明白无误地告诉人们，到达光明前途的道路充满着困难、挫折和坎坷，身处逆境是经常发生的事。但是有些时候，只要在你面对逆境时，坚持下去，那么生命中最大的危机常常会成为最大的转机。

有一个年轻的电台播音员，在崭露头角的时候，突然被电台解雇。他当然懊恼万分，可是他回家时，却兴高采烈地对他的妻子宣布："亲爱的，这下子我有机会开创自己的事业了。"年轻的电台播音员一开始就有正确的心态，而他也的确开始了他个人的事业。他自己做了一个节目，后来证明是一个成功的出击，终于他变成美国家喻户晓的电视红星——亚特·林克勒特。

逆境虽非好事，但锻炼了人才，也蕴含着摆脱困扰而再前进的机遇。对一个人来说，逆境就是"清醒剂"，总要有些逆境的遭遇才好，否则极易陷入消沉麻木的境地而失却了激进的锐气。然而，逆境并不保证你会得到完全绽放的胜利花朵，它只提供胜利的种子，你必须找出这颗种子，并以明确的目标，给它养分，并栽培它；否则，它不可能开花结果。成功正冷眼旁观那些企图不劳而获的人。因此，当你遇到挫折时，切勿浪费时间去想你受了多少损失，而应看你从挫折中可以得到多少收获和资产。你会发现，你所得到的比你所失去的要多得多。

很多有目标有理想的人，他们工作，他们奋斗，他们用心去想……但是由于困境过多，他们越来越倦怠、泄气，最终半途而废。怎样才能培养不放弃，打不败的心态？办法之一就是要坚持，因为如果你产生放弃的念头，你可能会说服自己去接受失败。在逆境中，我们会经受各种考验与锤炼，百炼成钢，成就我们非凡的意志、品质和能力。学会在逆境中坚持，它会使你走出黎明前的黑暗，以无限的热情去迎接曙光。

阿利克斯·哈利一直梦想成为一名自由作家，为此，他离开了工作了20年的海岸卫队，来到了纽约。他租了一间储藏室居住，这间小屋又阴又冷，而且没有浴室，但他并不在乎这些。他就在这里开始了他的写作生涯。大约过了一年，哈利在写作上仍然没有什么突破，他有些怀疑自己的能力了。推销一篇作品是那么的难，挣的钱勉强能够糊口，但哈利仍然坚持他多年的梦想，继续为之奋斗，即使前面的路充满失败与坎坷。于是在总结经验后，哈利渐渐开始出售一些文章。哈利写了些当时大家所关注的问题，例如民权、美国黑人等。哈利的思绪也回到了他的童年，在他那间静静的小屋里，哈利仿佛又听见了长辈们讲述其家族和奴隶制度的故事，但是这些故事都是美国黑人忌讳谈及的，哈利向来只把它们埋在心底。有一天在和一些编辑们吃午饭时，哈利告诉他们，他想写一部家族史，从他的家族中被贩运到美国的第一代人写起。就这样，午饭后他拿到了一份合同，他们保证给哈利9年的生活费用，让哈利专门从事研究与写作。坚持终于让他获得了成功，他的作品《根》发表了。一瞬间，哈利便获得了几乎是空前的声誉。

我们常可以看到，在缝纫和刺绣时，在阴沉昏暗的底上安排一种明快的花，比在鲜艳的底上安排一种阴沉幽暗的花更令人悦目。眼睛尚且如此，心灵更是可想而知了。你应把挫折当作是使你发现自己思想的特质，以及你的思想和明确目标之间的测试机会。果真如此，它就能调控你对逆境的反应，并能使你继续为目标而努力。

逆境的改变，往往产生于再坚持一下的努力之后。在闯的过程中，我们常常会遇到各种危险情景，却又无能为力，唯一的办法就是咬紧牙关，相信一切都会好起来。

挺住就能转败为胜

　　"幸运固然令人羡慕，但战胜逆境则令人敬佩。"这是塞涅卡模仿斯多葛派哲学讲的一句名言。无数的事实证明，成功，往往来自于对逆境的征服。

　　挫折是人生的一种历练，没有人会不劳而获，在闯荡的过程中，你要付出汗水，还要勇敢面对挫折与失败。当我们观察成功人士时，会发现他们的背景各不相同，那些大公司的经理、政府的高级官员以及每一行业的知名人士都可能来自贫寒家庭、破碎家庭、偏僻的乡村甚至于贫民窟。这些人都是社会上会闯的人，他们都经历过艰难困苦的阶段。

　　当失败来临时，有的人就无法爬起来了，他只会躺在地上骂个没完，或者会跪在地上，准备伺机逃跑，以免再次受到打击。但是，会闯的人却大不相同。他被打倒时，会立即反弹起来，同时会汲取这个宝贵的教训，继续往前冲刺。

　　几年前，教授把毕业班的一个学生的成绩打了个不及格，这件事对那个学生打击很大。因为他早已做好毕业后的各种计划，现在不得不取消，真的很难堪。他只有两条路可走：第一是重修，下年度毕业时才能拿到学位。第二是不要学位，一走了之。在知道自己不及格时，他非常失望，并找这位教授要求通融一下。在知道不能更改后，他向教授大发脾气。这位教授等待他平静下来后，对他说："你说的大部分都很对，确实有许多知名人物几乎不知道这一科的内容。你将来很可能不用这门知识就获得成功，你也可能一辈子都用不到这门课程里的知识，但是你对这门课的态度却对你大有影响。"

"你是什么意思？"这个学生问道。教授回答说："我能不能给你一个建议呢？我知道你相当失望，我了解你的感觉，我也不会怪你。但是请你用积极的态度来面对这件事吧。这一课非常非常重要，如果不由衷地培养积极的心态，根本做不成任何事情。请你记住这个教训，5年以后就会知道，它是使你收获最大的一个教训。"后来这个学生又重修了这门功课，而且成绩非常优异。不久，他特地向这位教授致谢，并非常感激那场争论。"这次不及格真的使我受益无穷。"他说，"看起来可能有点奇怪，我甚至庆幸那次没有通过。因为我经历了挫折，并尝到了成功的滋味。"

我们每一个人都可以化失败为胜利。从挫折中汲取教训，好好利用，就可以对失败泰然处之。千万不要把失败的责任推给你的命运，要仔细研究失败的实例。如果你失败了，那么就继续学习吧！这可能是你的修养或火候还不够好的缘故。世界上有无数人，一辈子浑浑噩噩，碌碌无为，他们对自己的平庸总会有这样或那样的解释。这些人仍然像小孩那样幼稚与不成熟。他们只想得到别人的同情，简直没有一点主见。由于他们一直想不通这一点，才一直找不到使他们变得更伟大、更坚强的机会。这也正是成功人士与失败者的最大区别。

懂得人生的人往往不喜欢平稳庸碌的生活，而多半有胆量去尝试一些困难的、冒险的但却充满生气而有意义的生活。因为他们知道，只有克服了困难，穿过了险境，他们才会尝到人生的真味，才会懂得人生的苦是怎样的苦法，乐又是怎样的乐法，而他们最大的收获往往是通向成功的彼岸。

美国人希拉斯·菲尔德先生退休的时候已经积攒了一大笔钱，足够过上富裕的日子。然而这时他又突发奇想，想在大西洋的海底铺设一条连接欧洲和美国的电缆。随后，他就全身心地开始推动这项事业。菲尔德先生首先做了一些前期基础性的工作，包括建造一条1000英里长，从纽约到纽芬兰圣约翰的电报线路。纽芬兰400英里长的电报线路要从人迹罕至的森林穿过，所以，要完成这项工作不仅包括建一条电报线路，还包括建同样长的一条公路。此外，还包括穿越布雷顿全岛共440英里长的线路，再加

上铺设跨越圣劳伦斯海峡的电缆，整个工程十分浩大。菲尔德使尽全身解数，总算从英国得到了资助。随后，菲尔德的铺设工作就开始了。电缆一头搁在停泊于塞巴斯托波尔港的英国旗舰"阿伽门农"号上，另一头放在美国海军新造的豪华护卫舰"尼亚加拉"号上。不过，就在电缆铺设到五英里的时候，它突然卷到了机器里面，被弄断了。

菲尔德不甘心，进行了第二次试验。试验中，在铺好200英里长的时候，电流中断了，船上的人们在甲板上焦急地踱来踱去，好像死神就要降临一样。就在菲尔德先生即将命令割断电缆、放弃这次试验时，电流又神奇地出现，一如它神奇地消失一样。夜间，船以每小时四英里的速度缓缓航行，电缆的铺设也以每小时四英里的速度进行。这时，轮船突然发生了一次严重倾斜，制动闸紧急制动，不巧又割断了电缆。但菲尔德并不是一个在挫折面前低头的人。他又购买了700英里的电缆，而且还聘请了一个专家，请他设计一台更好的机器。后来，在英美两国的机械师联手下才把机器赶制出来。最终，两艘军舰在大西洋上会合了，电缆也接上了头。随后，两艘船继续航行，一艘驶向爱尔兰，另一艘驶向纽芬兰，在此期间，又发生了许多次电缆割断和电流中断的情况，两艘船最后不得不返回爱尔兰海岸。

在不断的挫折面前，参与此事的很多人一个个都泄了气，公众舆论也对此流露出怀疑的态度，投资者也对这一项目没有了信心，不愿再投资。这时候，又是菲尔德先生，又是他百折不挠的精神和他天才的说服力，使这一项目得以继续。菲尔德为此日夜操劳，甚至到了废寝忘食的地步。他决不甘心失败。于是，尝试又开始了，这次总算一切顺利，全部电缆成功地铺设完毕而没有任何中断，几条消息也通过这条漫长的海底电缆发送了出去，一切似乎就要大功告成了，但就在举杯庆贺时，突然电流又中断了。这时候，除了菲尔德和一两个朋友外，几乎没有人不感到绝望的。但菲尔德始终抱有信心。正是这种毫不动摇的信心，使他们最终又找到了投资人，开始了新的一次尝试。这次终于取得了成功。正是菲尔德这种不畏挫折的精神，不断地战胜挫折，并最终创造了一项辉煌的历史。

希拉斯·菲尔德先生的经历是充满挫折的，但他的精神是可贵的，取得的成绩是辉煌的。在我们一生中都会遇到很多或大或小的挫折，这一点谁都无法避免。在挫折面前，我们不要被吓倒，应该直面挫折，把它当作是成功对我们的考验，坚强地继续走下去，那么，挫折就会成为一笔可贵的财富，成为你闯向成功的垫脚石。

人生的光荣在于屡败屡闯

一个人要闯有所成，有大成，就必须忍受失败的折磨，在失败中锻炼自己，丰富自己，完善自己，使自己更强大，更稳健。这样，才可以水到渠成地走向成功。

世界上的事不能尽如己意。人有意外的失败，这是很正常的。如果遇到意外事件就悲观，这是对自己十分不利的想法。能闯出成功的人，不会整天忧心忡忡，随时被前进路上的障碍所阻，他们能够心平气和地做自己应该做的事情。

有这样一个故事：一位砍柴为生的樵夫常年住在山里，他每天都不辞辛苦的劳作，为的就是建一座能为他挡风遮雨的房子。在他不懈的努力下，房子终于建好了。

可天有不测风云，一日他挑了砍好的木柴到城里交货，当他黄昏回家时，却发现房子燃起了大火。左邻右舍都来帮忙救火，但是因为傍晚的风势过于强大，人们尽了最大的努力还是没有办法将火扑灭，所有的人只能哀声叹息，眼睁睁地看着炽烈的火焰吞噬了整栋木屋。

大火终于灭了，人们的目光都集中在樵夫身上，目光里满是同情。所有人都以为樵夫会伤心地哭泣，可是他们却发现樵夫手里拿了一根棍子，

跑进倒塌的屋里不停地翻找着。围观的人以为他正在翻找藏在屋里的珍贵宝物，所以也都好奇地在一旁注视着他的举动。

过了半晌，樵夫终于兴奋地叫着："我找到了！我找到了！"邻人纷纷向前探个究竟，才发现樵夫手里捧着的是一柄斧头，根本不是什么值钱的宝物。只见樵夫兴奋地将木棍嵌进斧头里，充满自信地说："只要有这柄斧头，我就可以再建造一个更坚固耐用的家。"

是呀，只要决心和毅力不倒，跌倒了又怎样呢？爬起来，一切都可以重来。拿破仑说过："人生的光荣不在永不失败，而在于能够屡败屡战。"成功的人不是从未被击倒过，而是在被击倒后，还能够积极地往成功之路不断迈进的人。跌倒了再爬起来，这才是能够实现自我的人生态度！

英国史学家卡莱尔经过多年的艰辛耕耘，终于完成了《法国大革命史》的全部文稿。他将这本巨著的底稿全部托付给自己最信赖的朋友米尔，请米尔提出宝贵的意见，以求文稿的进一步完善。但是隔了几天，米尔脸色苍白、上气不接下气地跑来，万般无奈地向卡莱尔说出了一个悲惨的消息：《法国大革命史》的底稿，除了少数的几张散页外，已经全部被他家的女佣当作废纸，丢进火炉里烧为灰烬了。卡莱尔在突如其来的打击面前异常的沮丧。当初他每写完一章，便顺手把原来的笔记、草稿撕得粉碎。他呕心沥血撰写的这部《法国大革命史》，竟没有留下任何可以挽回的记录。但是，卡莱尔还是重新振作起来。他平静地说："这一切就像我把笔记本交给小学老师批改时，老师对我说：'不行，孩子，你一定要写得更好些！'"于是，他又买了一大批稿纸，从新开始了又一次呕心沥血的写作。我们现在读到的《法国大革命史》，便是卡莱尔第二次写作的结果。

卡莱尔的精神让人感动。就英雄本色而论，许多杰出的人物，许多名垂青史的成功者，他人生的成功，并不是得益于旗开得胜的顺畅，马到成功的得意，反而是失败造就了他们。这就正如孟老夫子所说的"天将降大任于斯人也，必先苦其心志，劳其筋骨，饿其体肤，空乏其身，行拂乱其所为，所以动心忍性，曾益其所不能。"在失败面前，不要气馁，把它转变成对自己有利的经验及能力，这样就会协助自己创造更大的成绩。

世界上没有所谓的失败，除非你自己如此认定。那种经常被视为是失败的事实际上也只不过是暂时性的挫折而已。暂时性的失败实际上并不可怕，相反如果你心态积极，倒完全可以把它看作是吸取了一种经验——日前的做法不可行，然后转变方向，向着不同的但更美好的方向前进。有了这种想法，那么，你就会闯出成功。

磨难的尽头是成功

能闯出成功的人，就是比别人能坚持的人。希望渺茫之际，很可能就是柳暗花明之时。在磨难的尽头，就是你要获得的成功。

法国作家凡尔纳年轻时写的第一本书，是一本题目为《气球上的五星期》的科学幻想小说。

当他满怀憧憬地将自己的处女作送给一家出版社时，总编辑翻了书稿后，感到书中说的尽是不切实际的幻想，而且写作手法离经叛道，便拒绝出版。

在一连被15家出版社拒之门外之后，凡尔纳开始灰心丧气。他坐在火炉旁撕手稿，一张一张地往火炉里扔。幸亏他的妻子发现，才阻止了他的焚书行动，并劝他再试一次。凡尔纳第二天又将书稿整理好送到第16家出版社。出乎意料，这家出版社独具慧眼，不仅立即给予出版，而且与凡尔纳签订了为期20年的约稿合同，要凡尔纳把今后写的全部科幻小说交给他们出版。

《气球上的五星期》出版后，立即轰动文坛，凡尔纳一举成名。

所以说，成功往往就在磨难的尽头。试想，凡尔纳如果不跑到这第16家出版社，还会有这部不朽的传世名作吗？还会有大作家凡尔纳吗？

会闯才会赢

　　美国华盛顿山的一块岩石上，立下了一个标牌，告诉后来的登山者，那里曾经是一个女登山者躺下死去的地方。她当时正在寻觅的庇护所"登山小屋"只距她一百步而已，如果她能多撑一百步，她就能活下去。

　　这个事例提醒闯在当下的人们，倒下之前再撑一会儿。胜利者，往往是能比别人多坚持一分钟的人。即使精力已耗尽，人们仍然有一点点能源残留着，用到那一点点能源的人就是最后的成功者。

　　有一个年轻人一直想去一家公司工作，但是人事主管告诉他暂时不需要新员工。于是年轻人每天都给那家公司写信，信里面只有一句话：请给我一份工作。就这样，坚持了250多天后，那家公司的人事主管回信告诉他：明天到公司来报到。对于这件事情，人事主管是这样解释的："一个能坚持不懈写250封信的人，我相信他能做好任何工作。"

　　往往，再多一点努力和坚持便会收获意想不到的成功。以前做出的种种努力，付出的艰辛便不会白费。令人感到遗憾和悲哀的是，面对一而再、再而三的失败，多数人选择了放弃，没有再给自己一次机会。

　　查德威尔是第一个成功横渡英吉利海峡的女性，她没有满足，决定从卡塔林岛游到加利福尼亚。行程十分艰苦，刺骨的海水冻得查德威尔嘴唇发紫。她快坚持不住了，可目的地还不知道有多远，连海岸线都看不到。越想越累，渐渐地她感到自己的四肢有千斤那么沉重，一点劲都使不上了，于是对陪伴的船上工作人员说："我快不行了，拉我上船吧！""还有一海里就到了啊，再坚持一下吧。""我不信，怎么连海岸线都看不到啊！快拉我上去！"看她那么坚持，工作人员就把她拉上去了。快艇飞快地往前开去，不到一分钟，加里福尼亚海岸线就出现在眼前了，因为大雾，只能在半海里范围内看得见。查德威尔后悔莫及，居然离横渡成功只有一海里！为什么不听别人的话，再坚持一下呢？

　　拿破仑曾经说过：闯出成功有两个途径——势力与毅力。势力只有少数人所有，而毅力则属于那些坚韧不拔的人，他的力量会随着时间的发展而强大以至无可抵抗。无论何时，我们都应该信心百倍地去全力争取人生的幸福和成功，并永远激励自己：离成功我只有一海里，只要再多一分钟的坚持！

用 1% 的成功战胜 99% 的失败

"许多人希望闯出成功，对我来说，成功只有在多次失败后和对失败进行反省才能取得。事实上，成功只代表着你的工作的 1%，而 99% 意味着失败。"这是本田宗一郎 1974 在密执安获得博士学位时的一段演讲词。他还曾把这段话归纳为一个简洁而富有哲理的忠告送给那些渴望闯出成功的人，他说："做大事必须善于瞄准不可能的目标和拥有失败的自由。"

本田宗一郎于 1906 年 11 月出生在日本荒僻的兵库县的一个贫穷家庭。他家离索尼公司创始人盛田昭夫的家不远。盛田出生在一个拥有一个网球场的优裕家庭，而本田却是一个在路边修理自行车的穷铁匠的儿子。这种早期环境证明在本田最初试制摩托车的日子里，他父亲对他解决机械问题的培养起到了很大作用。

由于家庭贫穷，9 个孩子中有 5 个因营养不良而早夭。

本田是个穷学生，经常逃课，他憎恶正规的教育。但他偏爱试验，总是运用富有启发性的试验方法学得最好。他一直喜欢机器和机械装置，当儿时第一次看到汽车时，他陶醉了，正如他自传中的一段所展示的那样：

"忘掉了一切，我跟在车后跑，……我很激动，……我认为正是那时，虽然我只是个孩子，总有一天我将自己制造汽车的思想产生了。"

那时，他并不知道自己将不仅仅拥有这样一部机器，而且将成为生产它们的工业巨头之一。本田注定比其他人更能改变摩托车和汽车工业。

在 50 年代早期，本田公司终于挤进了拥挤的摩托车行业。在五年内打败了 250 个竞争对手，使他实现了儿时的制造更先进的汽车的幻想。

本田承认他犯有错误，正如他在密歇根技术大学接受博士学位的演讲中表明的那样："回首我的工作，我感到我除了错误，一系列失败、一系列后悔外什么也没有做。但是有一点使我很自豪，虽然我接二连三地犯错误，但这些错误和失败都不是同一原因造成的。"

本田宗一郎的事迹告诉我们：凡是经得起考验的人，都会因为他的毅力而获得丰厚的报酬。

只有少数人能从经验中得知坚忍不拔精神的正确性。这些人承认失败只是暂时的，他们依靠永不退色的愿望而使失败转化为胜利。我们站在人生的轨道上，目击绝大多数的人在失败中倒下去，永远不能再爬起来。对此，我们只能总结说，一个人没有毅力，那他在任何一行中都不会得到成就。

亨利·福特说："失败能提供你以更聪明的方式获取再次出发的机会。"其实，伟大的牛顿、爱迪生，尚且还有失败的时候，何况平凡的你我。况且，从某种意义来说，人没有失败，就没有成功，甚至于个人要是没有大失败，就没有大成功。你去问问成功的人，他们可以肯定地告诉你，他们经历的失败比你想象得还要多得多。他们之所以现在成功，就是因为以前积累了太多太多的失败。只是他们不怕失败，耐心而又细致地研究失败的原因，然后，一步一步地把它们解决，最后才取得了胜利。

总之，失败并不可怕，对它要保持积极的心态，看到自己具有足够的力量。一位学者指出，对失败保持健康的心态应当把握以下三条原则：

每个人都会面临困难。挣扎奋斗的人，遇着失败的危险，努力拼搏，有烦恼；取得成功的人，固然有喜悦，但经验证明，抵达终点的人，往往比那些正在奋斗的人，反而有更多的烦恼。因此，人人都有烦恼。一种没有烦恼的生活，根本是一种幻想和自欺欺人的说法。追求这种没有烦恼的生活，只有徒耗生命而已。

每个难题都会对你产生影响。你能够控制自己的反应，你却不能够控制潮流的趋势和避免厄运的光临。但是，你能够决定自己的态度。你的反应能够使你遭遇的痛苦更加剧烈。也能使它立刻减轻，这是在当你控制了问题对你的影响的时候。你的反应是关键所在，你的反应使你可以变得更坚强或更软弱。

每个难题都有转机，任何问题都隐含着创造的可能。问题的产生是成功的发端和动力。问题的产生总是为某一些人创造机会。一个人的困难或许就是另一个人的机会。要抓住时代，促成转机。

古希腊哲学家苏格拉底说过："逆境是磨炼人的最高学府"。巴尔扎克也说过："困难对天才是块垫脚石，对能干的人是财富，对弱者才是万丈深渊。"逆境有两重性，既可毁人，又可炼人。它能使弱者消沉而自毁，也能使强者升华而自强。其实，在社会上闯，就是在进行一场马拉松赛。人生这场马拉松赛，漫长、坎坷和艰难，需要忍耐、坚持和奋斗。能闯出成功的人，都是在挫折和困难面前永不放弃，坚持到底的人。它们之所以在漫漫人生路上取得成就，靠的是以恒心去挺、去忍、去拼搏。

成功总在最后时刻出现

谁也不敢说成功和坚持无关，成功就偏爱那些勇于坚持的闯世者。假如说机遇是一颗颗明亮耀眼的珍珠，那么，毅力便是将它们制成项链的金线！

任何人要想闯出成功，坚持到底、永不放弃的精神是绝对不能缺少的。

你是负责销售的吗？市场疲软会时刻困扰着你，有时甚至就像蛇一样紧紧地把你缠住，令你窒息；急速下滑的业绩会令你惶惑不安。面对如此糟糕的局面，你该怎么办？

你是负责管理的主管吗？面对组织里素质不太高的员工，面对严峻的

生产任务，面对低下的效率，你又该怎么办？

你是负责研发的吗？是不是正在面临难以逾越的技术难关？还是没有找到创新的突破口？更要命的是，你的老板正在紧催着你"交卷"？

……

闯在这个社会，几乎每时每刻都充满危机，压力就像空气一样无处不在、无孔不入！不管你是从事哪个方面的，你都无法逃避，尤其闯在当下的人们。

但是，不管你面临的是什么样的困难，也不管你面临的困难有多大，你要相信，假如有不可能战胜的，那么，那就是你的问题了。因为那样的困难在这个世界上根本就不存在！

所谓的困难，在很大程度上是我们自己在心中把它垒高了，是我们的心理作用让它变得不可逾越，在我们还没有正式和它交锋之前，就已经败下阵来，乖乖地竖起了白旗。

然而，战胜它们的诀窍又在哪里呢？

她是一位不幸的女人——1963 年 8 月 3 日，凯瑟琳·格雷厄姆在楼上突然听到一声枪响，当她慌张地跑下楼来时，发现自己的丈夫已经引弹自尽了。

在震惊和悲痛之余，凯瑟琳·格雷厄姆还必须得面对丈夫留下来的《华盛顿邮报》这个大得吓人的大摊子。

此时的她丝毫没有管理经验，而且，《华盛顿邮报》还是一家毫无特色的地方报纸。怎么办？许多亲朋好友劝她卖掉算了。

凯瑟琳·格雷厄姆考虑很久，然后毅然决然地做出决定，她向董事会宣布："公司决不会出售，而且还要把《华盛顿邮报》办大，并让它成为一家能向最著名的《纽约时报》叫板的报纸！"

这个决定标志凯瑟琳·格雷厄姆必须有足够的毅力坚持下去，而一切都在她的苦心经营下运行着。

到了 1971 年，又一次决定她和《华盛顿邮报》命运的时刻摆在这个女人面前——当时她面前摆着一份五角大楼的报告，这个报告证明美国政府在越南战争问题上撒了谎。对于如此重大的新闻，敢不敢把它捅出去？

先前，《时代周刊》已经因为刊登报告的部分内容而收到了法院的传票。如果《华盛顿邮报》敢刊登这份报告，那么就得冒依《间谍法》被起诉的风险。由此而引发的后果可能会危及公司的股票发行和有利可图的电视经营。

　　凯瑟琳·格雷厄姆在后来的回忆录里这样描述："在这个决定上我是拿整个公司冒险。但我最终认为，为生存而违背原则，比不能生存更糟糕。既然选择了新闻行业，那么，就应该不顾一切地、踏实稳重地走下去，要凭毅力去争取或许才有一线生机。"

　　经过审慎权衡，凯瑟琳·格雷厄姆决定在《华盛顿邮报》刊登。

　　随之而来的是轩然大波，舆论哗然不算，最高法院也开始出面调查。但凯瑟琳·格雷厄姆的这一决定意义非凡，她也承受了巨大的压力和内心的焦虑与不安。这种焦虑与不安，在随后的《华盛顿邮报》两位记者揭露"水门事件"时更是达到了顶峰。

　　然而，谁也无法否认，确实是由于凯瑟琳·格雷厄姆的英明决定，才使得《华盛顿邮报》有了今天的地位——成为世界上大报纸之一。而且，她所领导的公司，也成为过去 20 年里美国 50 家最佳上市公司之一。

　　付出总有回报，耕耘就会迎来收获。果敢的毅力而又不违背原则的工作作风，也为凯瑟琳·格雷厄姆自己赢得了极大的声誉——她排名为美国历史上最杰出的 CEO 中的第八位！

　　拿出你的毅力去坚持，才是取得一切胜利的终极法宝！毅力和坚持精神，是每一个会闯的人必须具备的优秀品质，也只有拥有这种品质的人，才可能从众多的人群中脱颖而出，闯出自己的天下！

不怕失败就会成功

闯在当下，万一真的失败了，也不必怨恨，慢慢图谋东山再起的机会，只要一息尚存，仍有做最后决战的本钱。

在日常生活中，往往会有失败的事情发生。有的人会被吓怕了，从此一蹶不振；而另外一部分人则经住了考验，最终闯向成功的彼岸。

人生在世，谁都有过失败，有过挫折，古今中外，有哪位成功人士不是从失败中走出来的？没有失败，就没有成功。为了理想而奋斗，就不要害怕失败。要勇敢地去尝试。即使失败，也不后悔。一次失败，并不意味着不能成功。我们不要因为失败而痛苦、自卑，怀疑自己的能力，认定自己不行，不想坚持下去，而应积极地从往日的失败中吸取经验教训，为明日成功做好铺垫。一个人经历的失败越多，经验就越丰富，从而能力就越强，只要他能保持积极乐观的态度和顽强的上进心，成功必将属于他。

在闯荡的过程中，失败是在所难免的。有人把失败看做是成功路上的拦路虎，仿佛失败了就不会再取得成功了。没有失败，自然不会知道如何处理，这样在遭到失败的打击时就会手足无措，或许会因此而犯更大的错误也未可知。看一看成功者的经历，你会发现他们没有不经历挫折和失败的。而正是从这些挫折与失败中，他们才汲取了成功的营养，从而走向成功之路的。

每一位闯出成功的人，他们遇到困难时，总会冷静、理智地看待问题，然后从客观的角度去分析问题，从不会因此而丧失信心。他们往往会将失败看作是一种经验的积累，一种对事业认知的提升机会，使他能够提高自己的洞察能力，以便将来遇到类似情况时，不会出现同样的错误。

　　1950 年夏天，李嘉诚以自己多年的积蓄和向亲友筹借的 5 万港元在筲箕湾租了一间厂房，创办了"长江塑胶厂"，专门生产塑胶玩具和简单日用品。在创业伊始，他凭着自己的苦干，以"待人以诚，执事以信"的商业准则发了几笔小财。但不久之后，一段惨淡经营期来临了。几次小小的成功，使得年轻且经验不足的李嘉诚忽略了商场变幻莫测的特点。几次"丰收"以后，他就急切地去扩大那资金不足、设备简陋的塑胶企业，于是资金开始周转不灵，工厂亏损愈来愈重。过快的扩张，承接订单过多，加之简陋的设备和人手不足，极大影响了塑胶产品的质量，迫在眉睫的交货期迫使他无时间考虑愈来愈严重的次品现象。于是，仓库开始堆满了由于各种原因而退回来的产品，塑胶原料商开始上门催缴原料费，客户也纷纷上门寻找一切借口索赔。这险些断送了他的基业。

　　面对这次严重的失败和摆在他面前的重重困难，李嘉诚并没有灰心，并没有气馁。他更加清醒地认识到：失败其实并不是重要的，最重要的是失败之后是否仍有信心，能否继续保持或者拥有清醒的头脑。经过这次严重的挫折后，他开始冷静分析经济形势变化，分析市场走向。

　　在种类繁多的塑胶产品中，李嘉诚公司所生产的塑胶玩具在国际市场上已经趋于饱和状态了，似乎已经没有足够的生存能力。这就意味着必须重新选择一种能救活企业、在国际市场中具有竞争力的产品，从而实现他塑胶厂的"转轨"。后来李嘉诚从意大利引进了塑胶花生产的技术，才使企业转亏为盈。

　　实践证明，失败并不可怕，只要汲取教训，同样可以闯出成功。总之，心若在，梦就在，天地之间自有安排；论成败，人生豪迈，只不过是从头再来。

逆境之中不低头

　　逆境常常能锻炼人们的意志，一旦具备了像钢铁一般的意志，成功也就是理所当然的事情了。事实上，每一位能闯出成功的人，他们的道路都不是一帆风顺的。正是他们善于在艰难困苦中向生活学习，磨砺意志，才在最险峭的山崖上扎根成长为最伟岸挺拔的大树，昂首向天。

　　一位伟人说过：并不是每一次不幸都是灾难，早年的逆境通常是一种幸运。与困难作斗争不仅磨砺了我们的人生，也为日后更为激烈的竞争准备了丰富的经验。

　　大约在两个半世纪以前，在法国里昂的一个盛大宴会上，来宾们就一幅绘画到底是表现了古希腊神话中的某些场景，还是描绘了古希腊真实的历史画面，彼此间展开了激烈的争论。看到来宾们一个个面红耳赤，吵得不可开交，气氛越来越紧张，主人灵机一动，转身请旁边的一个侍者来解释一下画面的意境。

　　这是一位地位卑微的侍者，他甚至根本就没有发言的权利，来宾们对主人的建议感到不可思议。结果却大大出乎人们的意料，这位侍者的解释令所有在座的客人都大为震惊，因为他对整个画面所表现的主题做了非常细致入微的描述。他的思路显得非常清晰，理解非常深刻，而且观点几乎无可辩驳。因而，这位侍者的解释立刻就解决了争端，所有在场的人无不心悦诚服。

　　大家对侍者一下子产生了兴趣。

　　"请问您是在哪所学校接受教育的，先生？"在座的一位客人带着极其尊敬的口吻询问这位侍者。

"我在许多学校接受过教育，阁下，"年轻的侍者回答说，"但是，我在其中学习时间最长，并且学到东西最多的那所学校叫做'逆境'。"

这个侍者的名字叫做让·雅克·卢梭。他的一生确实都是在逆境中度过的。早年贫寒交迫的生活，使得卢梭有机会成为一个对整个社会的方方面面有着深刻认识的人，尽管他那时只是一个地位卑微的侍者。然而，他却是那个时代整个法国最伟大的天才，他的思想甚至对今天的生活仍有着重要的影响。让·雅克·卢梭的名字，和他那闪烁人类智慧火花的著作，就像暗夜里的闪电一样照亮了整个欧洲。

这一切伟大成就的取得，莫不得益于那所叫"逆境"的学校。

"逆境"是最为严厉最为崇高的老师，用最严格的方式教育出最杰出的人物。人要获得深邃的思想，或者要取得巨大的成功，就要善于从艰难穷困中摒弃浅薄。不要害怕苦难，不要鄙夷不幸。往往不幸的生活造就的人才会深刻、严谨、坚忍并且执著。

很多年轻人也许都心存愤懑，也许都在抱怨命运的不公平，抱怨环境对自己的不利影响，那么，读一读英国著名作家威廉姆·科贝特当年如何学习的事，一定能让你停止这类的抱怨。

科贝特回忆说："当我还只是一个每天薪俸仅为 6 便士的士兵时，我就开始学语法了。我铺位的边上，或者是专门为军人提供的临时床铺的边上，成了我学习的地方。我的背包也就是我的书包。把一块木板往膝盖上一放，就成了我简易的写字台。在将近一年的时间里，我没有为学习而买过任何专门的用具，我也没有钱来买蜡烛或者是灯油。在寒风凛冽的冬夜，除了火堆发出的微弱光线之外，我几乎没有任何光源。而且，即便是就着火堆的亮光看书的机会，也只有在轮到我值班时才能得到。为了买一支钢笔或者是一叠纸，我不得不节衣缩食，从牙缝里省钱，所以我经常处于半饥半饱的状态。"

"我没有任何可以自由支配的用来安静学习的时间，我不得不在室友和战友的高谈阔论、粗鲁的玩笑、尖利的口哨声、大声的叫骂等等各种各样的喧嚣声中，努力静下心来读书写字。要知道，他们中至少有一半以上

的人是属于最没有思想和教养、最粗鲁野蛮、最没有文化的人。你们能够想象吗?"

"为了一支笔、一瓶墨水或几张纸我要付出相当大的代价。每次,揣在我手里的用来买笔、买墨水或买纸张的那枚小铜币似乎都有千斤之重。要知道,在我当时看来,那可是一笔大数目啊!当时我的个子已经长得像现在这般高了,我的身体很健壮,体力充沛,运动量很大。除了食宿免费之外,我们每个人每周还可以得到两个便士的零花钱。我至今仍然清楚地记得这样一个场面,回想起来简直就是恍如昨日。有一次,在市场上买了所有的必需品之后,我居然还剩下了半个便士,于是,我决定在第二天早上去买一条鲱鱼。当天晚上,我饥肠辘辘地上床了,肚子在不停地咕咕作响,我觉得自己快饿得晕过去了。但是,不幸的事情还在后头,当我脱下衣服时,我竟然发现那宝贵的半个便士不知道在什么时候已经不翼而飞了!我一下子如五雷轰顶,绝望地把头埋进发霉的床单和毛毯里,就像一个孩子般伤心地嚎啕大哭起来。"

但是,即便是在这样贫困窘迫的不利环境下,科贝特还是坦然乐观地面对生活,在逆境中卧薪尝胆、积蓄力量,坚持不懈地追求着卓越和成功。最后成为了一名著名的作家。

艰难的环境不但没有消磨科贝特的意志,反而成为他不断前进的动力。他说:"如果说我在这样贫苦的现实中尚且能够征服艰难、出人头地的话,那么,在这世界上还有哪个年轻人可以为自己的庸庸碌碌、无所作为找到开脱的借口呢?"

第五辑

成功需要冒险，大胜常在险中求

　　海伦·凯勒信奉这样的座右铭："人生要是不能大胆地冒险，便一无所获。"英国小说家 W·M·萨克雷则认为："只要你勇敢，世界就会让步。如果有时它战胜你，你就要不断地勇敢再勇敢，世界总会向你屈服。"只有充满胆略的冒险，才能为我们带来通常难以企及的成功。

为你的人生选择冒险

越是敢于冒险的人，越是能紧紧把握住机会，也就越容易成功。真正的成功人生必定是由一个个的冒险堆垒成的一座高山。这座高山永无顶峰，只要你不停下来，永远都可以提升它的高度。

世上每一个有荣誉和利益的地方，都存在着风险。风险和利益并存。改变的结局只有两种：成功或者失败。倘若成功，我们得到的是梦寐以求的东西和欣慰；而失败则不过是孤注一掷后的无奈，外加上撞倒南墙再回头的经验教训。但只要你为你的目标敢于放手一搏，无论结果如何，你都是有收获的。

1965 年，美国波音公司准备斥巨资研制波音 747 宽体客机。在决策会上，一位董事说："一旦发现情况不妙，我们还可以放弃这项计划。"董事长威廉·艾伦强硬地说："放弃？如果波音公司说我们将制造这种飞机，那么我们就得制造这种飞机，哪怕把整个公司的资金都耗尽。"研制过程中，一位来访者问艾伦："如果研制出来的第一架飞机刚起飞就坠毁了，你该怎么办呢？"艾伦沉思了一会儿，幽默地说："我宁愿谈点儿令人高兴的事，比如发生一场核战争。"

艾伦的话意味深长：自己投入几乎全部财力研制的飞机刚起飞就坠毁的可能性是存在的，就像发生核战争的可能性存在一样。难道因为有发生核战争的可能而终日生活在恐惧中吗？不为可能的风险而恐惧，正是成功人士挑战风险的秘诀。他们无一例外地具备这种敢于冒险的性格，正如爱迪生所说："不要试图用语言证明你是什么样的人，一个人是否有成就关

键在于你是否有行动的习惯。其中有一种就是畏首畏尾，它决定了你永远没有成功的机会；而另一种则是敢拼敢闯，它注定你脚下的路必然通向罗马。"

1998 年，在温布尔登举行的网球锦标赛女子组半决赛中，16 岁的前南斯拉夫女选手塞莱丝与美国女选手津娜·加里森对垒。随着比赛的进行，人们越来越清楚地发现，塞莱丝的最大对手并非加里森，而是她自己。赛后，塞莱丝垂头丧气地说道："这场比赛中双方的实力太接近了，因此，我总是稳扎稳打，只敢打安全球，而不敢轻易向对方进攻，甚至在津娜第二次发球时，我还是不敢扣球求胜。"而加里森却恰恰相反，她并不只打安全球。"我暗下决心，鼓励自己要敢于险中求胜。"津娜·加里森赛后谈道，"即使失了球，我至少也知道自己是尽了力的。"结果，加里森在比赛中先是领先，继而胜了第一局，后来又胜了一盘，最终赢得了全场比赛。

闯在当下，畏首畏尾不能帮你解决任何问题，它只能白白地消耗你的时间和精力，让机会从你手中错失。而机会对于一个人来说是最有价值的财富，况且，它们一旦白白地被消耗掉，便无法补救。因此，你若想成功，就要有一个明确的思路，敢拼敢闯，敢于放手一搏，这样才能让你稳稳地执掌你的人生之舟，乘风破浪，勇往直前，顺利地驶过暗礁和险滩，抵达胜利的彼岸。

有一个叫汤姆的人，能力非常强，常喜欢与人比较做事的成功率。但他性格中的弱点也是显而易见的，他总喜欢考虑再三，等到十拿九稳之后再行动，结果他的成功率是 95%，每年能赚到 100 万美元。但他的好朋友克鲁斯则是一个敢于冒险的人，只要看准的事情，就敢于主动出击，去争取最大的胜率。结果他的成功率是 70%，但他却能每年赚得 150 万美元。

这个例子说明了，成功永远属于冒险者。尽管在某个单位时间内，冒险者可能获得的失败次数多一些，但是在整个追求成功的过程中，他总能处于不败之地，微笑到最后。在社会上闯，假如你能在每一天都冒一点险，那么成功就会离你越来越近。

在普通人眼里，冒险就是不祥的瘟疫。成功者却不这样认为，他们甚至渴望冒险。成功者冒险时有一种征服的快乐。他们作出了明确的决定，赢得最终的胜利。当你带着沉重的风险意识，敢于怀疑，敢于打破以往的秩序，通过冒险取得胜利后，你将享受到人生最大的喜悦。去冒险，不仅是完成一项活动，更是一种精神的体现。冒险意味着勇气的呈现，意味着自信，意味着永不重复别人的老路，意味回归人性更高、更快、更强的本质。

只要值得，就去闯一闯

在我们的人生路上，总是经历无数的选择，在每一个决定人生去向的转折点，都有着很大的风险。虽然眼前可能有几条路，可选择哪一条都是一种冒险，一种尝试。如果选择原地不动，那就等于放弃，等于失败。只有走出去，才会有收获，才会进步，

很多人都有贪图安逸、原地不动的习惯，殊不知这是成功路上最大的绊脚石。养成了这种习惯，意味着你主观上对成功的放弃，要么你半途而废，一事无成；要么你小有成就而自沾自喜，终究成就不了大业，只能选择一条平庸之路走到人生的尽头。与此相反，就是勇于冒险，一个有冒险勇气的人，并不是说他没有恐惧，而是指他有克服恐惧的力量。只有具有这种力量的人才能成就一切。

一次，有人问一个农夫他是不是种了麦子。

农夫回答："没有，我担心天不下雨。"

那个人又问："那你种棉花了吗？"

农夫说："没有，我担心虫子吃了棉花。"

于是那个人又问："那你种了什么？"

农夫说："什么都没种。我要确保自己和全家人不受任何风险。"

一个不愿冒任何风险的人，只有什么也不做。就像那个农夫一样，到头来，什么也没有，什么也不是。他们逃避受苦和悲伤，因而也就无法学习、改变、感受、成长、爱或生活。他们被自己的态度所捆绑，是丧失了自由的奴隶。

鸵鸟在遇到危险的时候常常行掩耳盗铃之举——把自己的头藏于沙土中获得心灵上的解脱。尽管我们意识到许多事情都无法躲避，需要坚强地面对，但是，许多人在内心深处依然留存着那种逃避和找寻安慰的想法。

其实，困难和风险也是欺软怕硬的，你强他就弱，你弱他就强。不愿意冒风险的人，不敢轻易做决定，因为他们怕冒显得愚蠢的风险；他们不敢向他人伸出援助之手，因为要冒被牵连的风险；他们不敢希望，因为要冒失望的风险；他们不敢尝试，因为要冒失败的风险……

事实上，能在事业上闯出成就的人都是具有冒险精神的人。

当你喝着可口可乐时，你可知道，这个巨大的饮料帝国的财富和影响力，乃是由一个年轻店员——阿萨·坎德勒冒险而来的。

许多年以前，一位年迈的乡下医师驾车来到美国某镇上。他拴好了马，便悄悄从药房的后门进入里面，开始与一位年轻的店员谈生意。

在配方柜台的后面，这位老医师与那位年轻店员低声谈了一个多小时，然后走了出去，到他的马车上取出一把老式的大壶及一块木质的板子（用来在壶里搅拌的），把它们放在药店后面。店员检查了大壶之后，便从自己的店里拿出全部积蓄。

那医师于是又递过一小卷纸，上面写的是一个秘密公式。这个小纸卷上的公式和文字，现在看来价值应高达当时一个皇帝的赎金，那里面记载着令人难以置信的财富。

老医师很高兴地把那一套物品卖了 500 美元，年轻店员则冒了很大的风险，他把毕生的储蓄都花在这一小卷纸和一把旧壶上了。

当年轻店员把一种新成分与秘密公式的配方混合以后，逐渐形成了一个庞大的帝国。它雇用了与陆军同样多的职员，影响波及世界各地，而这个帝国的所有人就是阿萨·坎德勒。

当然，这里说的冒险并不是像赌徒那样，完全把宝押在"运气"上。冒险不是靠碰运气，而是靠理智。倘若一点可能性也没有，就冒失轻率地干起来，这就不是冒险，而是盲动，有时简直近于自杀。冒险要建立在科学分析、理智思考和周密准备的基础之上。

敢于冒险，就要坚决摒弃甘居平庸的心理。人生，应当如大海的波涛，既有高高的波峰，又有深深的波谷，在连绵不断的起伏跌宕中谱写激昂的人生之歌。没有风浪，平静如一潭死水的生活，又有多少荡人心魄的力量，有多少可以引起自豪的成分呢。对于会闯的人来说，"无险不足以言勇"。因此，一个真正的强者，厌恶平淡无奇的生活，他们渴望冒险，希望在生活中掀起巨浪，喜欢充满传奇色彩的浪漫生活。从这个意义上说，敢不敢冒险，正是区别强者和弱者的标志之一。

会闯的人都清楚地认识到人生道路上的风险是在所难免的，但他们仍充满信心地在风险中争取事业的成功。闯在社会，只要你能谨记："冒险会使我的生活丰富多彩"，就随时都可以挑战风险，随时能从平凡的生活中焕发出不平凡的光彩。事实证明，在事业上，不怕冒险才能闯出成功。

总"靠岸边停"，你就闯不出去

在斯考沃茨先生学生时代，有位教授合作经济的老师邀请了一家小银行的负责人来演讲。这场演讲拖沓冗长，斯考沃茨一点也记不起内容是什么了，但那位银行家对全班所做的总结，他却记得非常清晰。银行家说："年轻人，让我给你们一个建议，我希望你们将来能将它用于你们的商业生涯中，这就是：靠岸边停。"

那位银行家的话可以解释成"不要冒险"或"只要你一切小心行事，就不必担心了"、"不要去尝试任何新事物，否则你会失败"和"最好量力而行"等等。

"靠岸边停！"你还能想出比这项建议对年轻人更无益的建议吗？假如享利·福特认为"我要万无一失地做事，只要给底特律市场造好几辆汽车就行了。为全世界制造大量的汽车是愚蠢的想法，也许根本就不会有铺设道路，并且几乎没有什么加油站"。

只有那些敢于远离岸边冒险的人，才可能在社会上闯出最大成功。在凡·布劳恩博士还是个少年时，他就将他的目光盯上了那遥远月球，最终他使人类完成了登上月球的梦想。吉米·卡特和罗那德·里根两人都生于美国内陆，但他们都离开了岸边，扑进人生的海洋中搏击风浪，并且成为美国总统。在当今的美国，有80%的大富翁都出身于贫困的家庭或小康家庭，它们有一个共同点就是，敢于远离岸边去冒险。

如果哥伦布当时仅仅"靠岸边停"的话，可能再过一个世纪美洲也不会被发现。那种"靠岸边停"的保险办法，永远也不能产生百万富翁、成功的事业或真正感到满足的人。

现在，你在社交场合认识的大多数人，或在工作中认识的人，他们大多接受"靠岸边停"的想法。他们的生活都是在平静的恐惧中捱过的。他们认为，如果能将他们那种"不要摆动船"的方法兜售给你，对于那些自己可怜自己的生存者来说，也许会觉得舒服些。大多数跟你较亲近的人会告诉你："那项投资风险太大了，我绝不去冒那个风险。"或"如果你想从圣路易搬到杰克逊维尔，你必须考虑到各种各样令人头痛的问题"，如"得另交新朋友、得适应另一种完全不同的气候、得另外找栋房子，还得为孩子们另找一所学校等等。"另外，"你的新工作没有保障"或"你有十几年的退休金可拿，如果换了工作，那么你以前所付出的一切就全都白费了。"

你不要听那些为了自己安逸不敢冒险的人的话，你应该将你的注意力放在那些能促进你事业成功的人身上。这些现代的探险者依然保持着孩童似的热情，他们是少数的人，他们选择了远离岸边，远离保证、可靠、安全，并不认为远离岸边有什么不好。因为，所有的成功都是在海洋的浪涛上获得的。

别让过慎捆住了手脚

冒险的背后意味着什么，许多人都很清楚。一半的成功和一半的失败是两种完全不同的结局。成功之后，鲜花、掌声、名誉地位……都会随之而来；而失败之后，屈辱、损失，甚至生命的陨落也会席卷过来。因为过慎、畏惧，胜利之后的种种美好虽然在许多人的眼前招摇，可一想到失败之后的所有不堪忍受的苦楚，他们还是选择了放弃冒险。这种畏首畏尾的人因为吃不了苦，所以也享不了福。

石油界的亿万富翁卜保罗·格蒂是一位最走运的人，但早期他走的却是一条弯弯曲曲的路。上学的时候他认为自己应该当一名作家，后来又决定要从事外交部门的工作。可是，出了校门之后，他发现自己被俄克拉荷马州迅猛发展的石油业所吸引，搞石油业偏离了他的主攻方向，但他在胆量的驱使下想试试自己的运气。

格蒂通过在其他开井人的钻塔周围工作筹集了钱，有时也偶然从父亲那里借些钱。因为他的父亲严守禁止溺爱儿子的原则，他可以借给儿子钱，但却从不送钱给儿子。年轻的格蒂是有勇气的，但不是鲁莽的。如果一次失败就足以造成难以弥补的经济损失的话，这种冒险事他从来没有干过。他头几次尝试都失败了，但是在 1916 年，他碰上了第一口高产油井，这个油井为他打下了幸运的基础，那时他才 23 岁。

是走运吗？当然。然而格蒂的走运是应得的，他做的每一件事都没有错。那么格蒂怎么会知道这口井会产油呢？他确实不知道，尽管他已经收集了他所能得到的所有材料。

"机会总是存在的。"他说，"你必须相信这种机会的存在。如果你一定要求有肯定的答案，那你就会捆住自己的手脚。"

格蒂的好运是受大胆所赐，他虽然也很谨慎，但他不会放弃可以成功的任何机会。做事谨慎一点当然很好，但不能因为怕跌倒就不再走路。没有冒险的人生不够精彩，没有冒险勇气的人不够成功。站着不动虽然跌倒的机会很小，但站着不动就可能错过你该拥有的美好。

美国 CNN 电视台的创始人特纳就是靠着他的冒险精神建立了第一个个体经营 24 小时的新闻电视台。

特纳在创建 CNN 电视台之前，他已经拥有了两家电视台。但特纳对此并不满足，因为在他的头上有三家实力雄厚的广播公司：美国广播公司（ABC）、全国广播公司（NBC）、哥伦比亚广播公司。这 3 个大的广播电视网已经独霸美国几十年，特纳的"超级电视台"和它们相比实在是太渺小了。所以，特纳一直在想着如何超越它们而成为一流的电视台。

经过仔细的考虑，他把目标落在了 24 小时电视新闻这个需要冒险精神的领域，因为 24 小时的电视新闻还没有一家电视台能够办到。但是，谁都知道经营电视新闻是一个赔钱的买卖。它的制作费用相当高，美国三大广播公司只经营时间有限的那么一点电视新闻，每年还要亏损 1．5 亿美元。而特纳却想搞 24 小时制，这是一场冒险。但特纳认为这是一块值得开垦的处女地，如果真的能把电视新闻办好了，人们一定会愿意收看。到那时，电视台一定会声名远扬。他认为，这个险值得冒。

为此，他进行了一系列的准备工作。经过不懈的努力，24 小时电视新闻网 CNN 终于在 1980 年 6 月 1 日正式成立了。他的下一个目标就是进入白宫记者团，这又是一个冒险行为，因为当时只有三大电视网才有机会进入白宫记者团，进入白宫报道政府及总统的事务。三大电视网雄踞白宫，哪里把一个小小的 CNN 放在眼里，他们当然也不愿意 CNN 进入白宫和他们抢新闻。所以，他们凭借实力雄厚和资格老，制造种种借口，阻挠 CNN 进入白宫记者团。同时，白宫也没有把新成立不久的 CNN 放在眼里，拒绝接纳 CNN。这时，特纳运用自己的聪明智慧，想方设法实现理想。他决定起诉白宫，起诉当时的总统里根等人，状告他们违反了《公平贸易法》。

这无疑是一个冒险的决定，但特纳认为自己正在进行有理有节的斗争。在起诉之前，他已经查阅和研究了美国法律，他有信心打赢这场官司。果然，8个月以后，特纳胜诉，CNN在白宫记者团获得了一个高级记者的席位，特纳的冒险使CNN电视台获得了又一次成功。虽然CNN获得了和三大电视网平起平坐的地位，但特纳没有满足现状，他决心再向前迈进一步。

1981年8月30日，里根总统在华盛顿希尔顿饭店门前遇刺。CNN获悉这一消息后，马上对此进行了首家新闻报道，这比其他广播网甚至提早报了2分钟之久，比电视网早报了4分钟。但特纳想：如果能够获得遇刺现场的录像带，就更直观、更吸引观众了！可是，到哪里去获得录像带呢？按照老规矩，CNN将等待负责白宫报道的ABC电视网把录像带传过来才能放映。这样岂不是要落后一大截？特纳知道惟有冒险、探索才能创造辉煌，但是冒险又不等于蛮干，他先查阅了当时的规定，确信自己没有违反规则时，当ABC播出枪击现场的录像，特纳就和他的合作伙伴里斯把录像转录下来，然后就播出了。就这样，特纳和CNN电视台的工作人员不辞辛苦地工作着，当三大电视网停止播出的时候，CNN仍然在孜孜不倦地向人们报道里根总统遇刺后的情况，人们可以随时收看总统的身体状况和遇刺事件。一些地方电视台开始转播CNN的报道，CNN也因此家喻户晓。特纳就这样用自己的冒险精神使CNN电视台成为了24小时电视新闻的领头羊。

特纳的经历告诉我们，在社会上闯，敢于冒险是非常必要的。有了冒险精神，就会使我们敢想敢干，这样才有机会成功。

敢于放手一闯

　　我们在社会上闯，就是想赢得自己希望得到的东西，就不得不进行必要的投入，有时包括冒生命危险。而那些做事畏首畏尾的人是不会得到自己想要的东西的，尤其是在这个快速变化的世界里，畏首畏尾的人很难跟上现代人的步调。相反地，遇事敢于放手一搏，敢于做决定的人往往能紧握命运的缰绳，争取自己想要的一切事物，在人生的旅途中纵情驰骋，一路高歌。正如爱迪生所说："不要试图用语言证明你是什么样的人，你是否有成就在于你是否有行动的习惯。一种是畏首畏尾，它决定了你永远没有成功的机会；另一种是敢拼敢闯，它注定你脚下的路必然通向罗马。"

　　威廉·奥斯勒在学生时代时，生活就充满忧虑，做什么事情都瞻前顾后，畏首畏尾。一次偶然的机会，他读了汤姆士·卡莱里的一本书，其中有一句话——"最重要的就是不要用过去的阴影看远方模糊的未来，而要毫不犹豫地做手边清楚的事。"就是这句话让他造就了他日后敢于放手一搏的性格，使他成为那个时代最有名的医学家，他创建了全世界知名的约翰霍普金斯学院，成为牛津大学医学院的钦定讲座教授，这是英帝国学医的人所得到的最高荣誉，他还被英国国王加封为爵士，后来他把自己的成就解释为"用铁门把过去和未来割断，在完全独立的今天里用百倍的勇气做自己想做的事。"这句话影响了他所有的学生和成千上万的英国青年。

　　在这个世界上，人生最美好的部分是过程，是活得朝气蓬勃，还是萎靡不振，这全在你自己。因为世界上有许多无法预知的东西，充满了风险和不确定性，有些风险一旦成为现实，便足以导致生命的丧失。但是，我

们若想赢得自己希望得到的东西，就不得不进行必要的投入，有时包括要有很大的勇气去冒险，敢于放手一闯。这样，你才会获得人生最大的收获。

1862 年，诺贝尔开始了对硝化甘油的研究。这是一个充满危险和牺牲的艰苦历程。死亡时刻都在陪伴着他。在一次进行炸药试验时发生了爆炸事件，实验室被炸得无影无踪，5 个助手全部牺牲，连他最小的弟弟也未能幸免。这次惊人的爆炸事故，使诺贝尔的父亲受到十分沉重的打击，没过多久就去世了。他的邻居们出于恐惧，十分反对诺贝尔的试验，纷纷向政府控告诺贝尔，此后，政府不准诺贝尔在市内进行试验。但诺贝尔百折不挠，他把实验室搬到市郊湖中的一艘船上继续实验。经过长期研究，他终于发现了一种非常容易引起爆炸的物质——雷酸汞，他用雷酸汞做成炸药的引爆物，成功地解决了炸药的引爆问题，这就是雷管的发明。它是诺贝尔科学道路上的一次重大突破。

破山开石、河道挖掘、铁路修建及隧道的开凿，都需要大量的烈性炸药，所以硝化甘油炸药的问世受到普遍欢迎。但这种炸药存放时间一长就会分解，强烈的振动也会引起爆炸，在运输和贮藏过程中曾发生了许多事故。瑞典和其他一些国家发布禁令，禁止任何人运输诺贝尔发明的炸药，并明确提出要追究诺贝尔的法律责任。但是，诺贝尔没有被吓倒，他又在反复研究的基础上，发明了以硅藻土为吸收剂的安全炸药。两年以后，一种以火药棉和硝化甘油混合的新型胶质炸药研制成功。新型炸药不仅有高度的爆炸力，而且更加安全，在科技界受到了普遍重视。诺贝尔在已经取得的成绩面前没有停步，当他获知无烟火药的优越性后，又投入了混合无烟火药的研制，并在不长的时间里研制出了新型的无烟火药。

畏首畏尾不能帮你解决任何问题，它只能白白地消耗你的时间和精力。而时间和精力对于一个人来说是最有价值的财富，况且，它们一旦白白地被消耗掉，便无法补救。因此，闯在这个社会，就要有一个明确的思路，敢拼敢闯，敢于放手一搏，这样才能让你稳稳地执掌你的人生之舟，乘风破浪，勇往直前，顺利地驶过暗礁和险滩，抵达胜利的彼岸。

主动出击，不怕冒险

生活常常需要我们做出让步。宽容一点、退让一点不仅不会有损我们的尊严，甚至会成为我们彰显风度的机会。但当危难降临时，退让却只能说明我们的畏惧和无力，在这个时候，主动还击才是最好的表现。冒险就在这一刻体现了它的无可估量的价值。

一位8岁的小女孩去教士家学刺绣，每当她走到教士家门口时，便会有一只凶猛的雄鹅朝她扑来，好几次还啄了她。

女孩吓得号啕大哭，再不肯去学刺绣。她的母亲千方百计地劝她，但她说如果没有人给她做伴，她是再不肯去学的。

女孩的父亲于是找了根长长的棍子交给她的那个仅有5岁的弟弟，并说："希望你的胆子比姐姐大。"并告诉他如果雄鹅来了，你尽管大胆向它走去，然后用棍子狠狠打它，它就会跑掉了。

小男孩跟着姐姐来到教士家，刚推开院门，那只凶猛的雄鹅便高高地伸着颈项，发出可怕的叫声向他们冲过来，男孩的姐姐尖叫着转身就跑。

小男孩也想跟着姐姐跑，但他想起了父亲的话，于是闭上眼，颤抖地伸出手中的棍子在周围一通乱打并大声呼喊着给自己壮胆。雄鹅终于害怕起来，大叫着回到群鹅中去了。

这个小男孩就是后来成为德国著名电器发明家的西门子。

他在70多年后的《西门子自传》中说："因为童年的一点启示，而使我终生受用，不知不觉地给了我无数次的鼓励：遇到切身危险不要回避，要大胆迎上去，加以痛击。"

这个故事是如此的真切，以致令很多出身于农村的人想起了自己的童年往事。其实仔细想想，生活中的危难不正像气势汹汹的鹅那样外强中干吗？它们总是想让人放弃目标，逃避责任，而当你一旦对它举起还击的棍子，它很快就会变得驯服而安静。

一个女儿对父亲抱怨她的生活，抱怨事事都那么艰难。她不知该如何应付生活，想要自暴自弃了。她已厌倦抗争和奋斗，想要随波逐流。

她的父亲把她带进厨房。他先往三只锅里倒入一些水，然后把它们放在旺火上烧。不久锅里的水烧开了。他往一只锅里放些胡萝卜，第二只锅里放只鸡蛋，最后一只锅里放入碾成粉末状的咖啡豆。他将它们浸入开水中煮，一句话也没有说。

女儿咂咂嘴，不耐烦地等待着，纳闷父亲在做什么。大约20分钟后，他把火闭了，把胡萝卜捞出来放入一个碗内，把鸡蛋捞出来放入另一个碗内，然后又把咖啡舀到一个杯子里。

做完这些后，他才转过身问女儿："亲爱的，你看见什么了？"

"胡萝卜、鸡蛋、咖啡。"她回答。

他让她靠近些并让她用手摸摸胡萝卜。她摸了摸，注意到胡萝卜变软了。父亲又让女儿拿一只鸡蛋并打破它。将壳剥掉后，她看到了是只煮熟的鸡蛋。最后，他让她喝了咖啡。品尝到香浓的咖啡，女儿笑了。

她怯怯地问道："父亲，这意味着什么？"

他解释说，这三样东西面临同样的逆境——煮沸的开水，但其反应各不相同。胡萝卜入锅之前是强壮的、结实的，毫不示弱；但进入开水之后，它变软了、变弱了。鸡蛋原来是易碎的，它薄薄的外壳保护着它呈液体的内心；但是经开水一煮，它的内心变硬了。而粉状咖啡豆则很独特，进入沸水之后，它们倒改变了水。

"哪个是你呢？"他问女儿。"当逆境找上门来时，你该如何反应？你是胡萝卜，是鸡蛋，还是咖啡豆？"

那么，你呢，朋友，你又属于哪一种呢？

你是看似强硬，但遭遇痛苦和逆境后畏缩了，变软弱了，失去了力量的胡萝卜呢？还是内心是可塑性很强的鸡蛋，你先是个性情不定的人，但经过生活的种种磨砺后，是不是变得坚强了，变得倔强了？你的外壳看似从前，但你是不是因有了坚强的性格和内心而变得强硬了？或者你像是咖啡豆一样，主动出击，充分融合，结果改变了给你带来痛苦的开水，并在它达到96℃度的高温时散发出最佳的香味。水最烫时，味道也更好了。如果你像咖啡豆，你就达到了生存的高标境界。在情况最糟糕时，变得有出息了，并使周围的情况变好了。

能闯出成功的人往往知道该如何掌握自己的命运，敢于挑战，定好方向之后就勇敢出击。这就是有大智慧的人！我们的人生不是一成不变的，人生旅途中常有意想不到的危急时刻。正因为有了危机，才需要冒险。有了冒险，才写就了我们绚丽多姿的人生篇章！

凡事求稳，会让你一无所成

李某常常和朋友感叹："我这一辈子，要不是胆太小，早就出息了！"说来也真是可惜，上世纪90年代初，李某30来岁，正处在人生的黄金岁月。李某的一个老同学雄心勃勃地来找李某和他一起去深圳"淘金"。去不去呢？李某考虑再三，最终拒绝了老同学的提议：自己的工作虽然枯燥乏味，但毕竟是铁饭碗呀！凡事还是求稳比较好。老同学却果断地辞了职，潇潇洒洒地直奔特区，听说现在已经是一个身价千万的大老板了。令李某痛悔的事还不只这一件：8年前，李某所在的钢铁集团准备改组上市，并允许职工优先认股，每股作价38元。按规定李某可以认购500股，然而李某凡事求稳的习惯使他又把这个机会放过了，他认为股票一跌就会变成废纸，还是别拿钱冒险的好，于是他把自己的认股权以1000元的价格卖给

了同事。没想到，公司一上市，股价节节高升，一个月之内，股价竟然涨了 10 倍，看着同事们一个个喜气洋洋，李某后悔得大病了一场。像这样的事儿还有不少，所以李某有句口头禅就是："我这一辈子，就毁在胆儿太小上了！"

抱着凡事求稳的态度，使李某错失了一次又一次的良机。不仅如此，他也只能一辈子生活在悔恨里。其实，在社会闯的人都应该有敢于冒险、马上行动的胆略，如果太过于求稳的话，那就会一事无成。

汉明帝时，班超奉命带 36 人去西域鄯善国，谋求建立友好邦交关系。

刚到该国，鄯善国王对汉朝使团十分恭敬殷勤，但几天后，态度突然变了，且变得越来越冷漠。班超警觉起来，派人打听，原来是匈奴的一个 130 多人的使团正在暗中加紧活动，向鄯善国王施压，欲把鄯善国拉向北方。

形势十分严峻，班超对大家说：

"现在匈奴使团才来几天，鄯善国就对我们逐渐疏远了，倘若再过几天，匈奴把他彻底拉过去，说不定会把我们抓起来送给匈奴讨好。到那时，我们不但完不成使命，恐怕连性命都难保！怎么办？"

"生死关头，一切全听您的。"随从们态度坚定，但也表示出担心，"我们毕竟只有 36 人，我们能怎么办呢？"

班超斩钉截铁地说：

"不入虎穴，焉得虎子。今天夜里就行动，以迅雷不及掩耳之势，一举消灭匈奴使团！惟有如此，才有可能使鄯善国王诚心归顺我们汉朝。"

当天深夜，班超带领 36 个人，借着夜色掩护，悄悄摸到匈奴人驻地，对 130 多人的匈奴使团、几倍于自己的敌人，毅然发动了袭击，并一举歼灭了他们。

第二天早晨，班超捧着匈奴使者的头去见鄯善国王，国王大惊失色。

匈奴使者被杀，鄯善国王已经不可能再和匈奴人和好，于是只好同意和汉朝永久友好。

该出手时就出手，不要被险境唬住，战胜"恶魔"首先要战胜自己！

很多时候，看似最危险之处，也许就是最安全之处；看似最强大之处，也许偏偏是最薄弱之处。如果总是求稳的话，你就会错过机会；冒点风险去行动，却可能产生不一样的结局。

第二次世界大战期间，纳粹德国给世界各国人民带来了巨大的灾难。但在战争期间，其将领们也给战争史留下许多经典战例。

1942 年 2 月 12 日下午，英国海军和空军重兵布防的英吉利海峡上空，一架英国战斗机正在例行巡逻。突然，飞行员发现有一队德国舰队大摇大摆地从远处开了过来，他立即将这一发现向司令部报告。英国司令部的军官们大惑不解：德国舰队怎么可能在大白天从英吉利海峡通过，是不是飞行员搞错了？英国人忙于思考和争论，却没顾及到时间正在一分分溜走。直到过了近一个小时，又一架英军侦察机发现德舰已经闯入海峡最窄也是最危险的地段了，并且正在全速行驶。英军指挥官们这才意识到敌情的严重性，等他们判定真相，调集部队，下令进攻时，德国舰队已经远离了最危险的地段，给其致命打击的机会已经丧失。整个下午，英军虽然不断出动飞机、驱逐舰对德国舰队进行拦截，但由于仓促上阵，反而被严阵以待的德军予以沉重打击。就这样，德国人在英国人的眼皮底下，将驻泊在法国布雷斯特港内的舰队顺利地移至挪威海面，增强了那里的战斗力。

原来，这一切都是德军为了完成这次战略转移精心策划的大胆行动。因为从法国到挪威有两条路线可走，一条是向西绕过英伦诸岛北上，这条航线路途遥远，费时费力，如果遭遇兵力占绝对优势的英国军队，后果不堪设想；另一条航线则是直穿英吉利海峡，但此处有英海空军的重兵布防，同样是危机重重。最后，德军指挥官经过反复权衡后，决定在英国根本没有想到的情况下，在夜间出发，白天通过英吉利海峡最危险的多佛和加来之间的地段。这一大胆冒险的行动果然成功，庞大的德国舰队在飞机的掩护下，在英国人认为绝不可能的时候出现，在英军来不及判断和阻挠的情况下，明目张胆地闯过英吉利海峡，给英国人上了一堂生动的战争教学课。

在事业或生活的任何方面，我们可能都需要适当地冒点险。当然，在冒险之前，我们必须清楚地认识那是一种什么样的冒险，必须认真地权衡得失，比如德军指挥官就是在反复权衡之后，才制订出冒险计划的，结果

他们获得了成功。需要注意的是，冒险不是盲目草率的行为，不是瞎闯、蛮干，不是随心所欲，而是有目标、有计划的果断行动。

如果你总是抱着凡事求稳的想法不放，那么你的日子就会像一潭死水，永远无法激起波澜，你因此永远无法闯出成功。所以，必要的时候，还是要冒一点险，该出手的时候不出手，成功的机会就从你身边溜走了。

冒险和收益是孪生兄弟

不怕一万，就怕万一，凡事三思而后行，谋定而后动是没有错的。可是，在社会上闯，无论你自认为谋划得多么周密详尽，风险总会不期而至的。因此，我们必须学会冒险，因为生活中最大的危险就是不冒任何风险。其实，困惑和风险也是欺软怕硬的，你强他就弱，你弱他就强。我们要时刻记住，最困苦的时候，没有时间去流泪；最危险的时候，没有时间去犹豫。柔寡断就意味着失败和死亡。不要忘记，承受风险的良好心态与抵御能力都是在这种充满风险的生活中磨炼出来的。

想要创造财富，闯出成功，就要敢于冒险，这样才有成功的可能，因为冒险和收益并存。

风险是由于形势不够明朗造成失败的主要因素。冒险是明知有失败的可能，但仍然坚持掌握一切有利因素，最后取得成功的必经之路。冒险，就要有遭遇失败的心理准备。

康德说，每个人心中都有一种追求无限和永恒的倾向，这种倾向反映在行为上就是冒险。

敢想敢做是一笔宝贵的财富，它在使人冲动的同时却又给予人们以热情、活力与敢向一切挑战的勇气。成功人士总能在事前预计到种种可能招致的损失，也就是跨出这一步所承担的风险，但他们不会因此而推卸责任。

勇气和财富之间的关系是显而易见的，因为风险和收益往往是同时存在的。不管做什么生意，风险都是客观存在的，追求财富本身就是一种需要尝试者勇敢地面对风险、征服风险的过程。在一般情况下，风险越大，回报也就越大，因此，勇气的有无和大小，往往是贫穷和富有之间的分界线。

风险是无处不在的。面对风险我们不能因畏惧而退缩，我们应该具备风险意识，无所畏惧，勇于探索与实践，才有可能获得成功与富有。下面就有一个例子：

梅柯克开办了一家农机公司，开始几年，生意非常清淡，公司面临破产的危险。为了能够让公司起死回生，梅柯克推出了"保证赔偿"的营销策略。梅柯克许诺，在机器开始使用两年内，如出现故障，由该公司免费维修。

这是一个极具风险的策略，因为收割机出现故障，究竟是人为操作不当，还是质量原因，公司很难调查清楚，因此几乎所有的公司高级职员都反对这一办法，建议梅柯克另作考虑。

梅柯克不为所动，因为他的想法来源于对自己产品的反复研究和思考。他认为自己生产的收割机虽然尚有需要改进之处，但质量方面绝不会出现问题。公司生意不好，在于产品的知名度不高，如果不能在服务方面给予用户足够的保障，就不可能打开营销局面。因此，他认为："投资必有风险，如果本公司不开拓一条新路，是很难再继续前行的。"

这一策略果然取得了成功，不过数年，这家公司就成了真正的国际性公司。

这个例子告诉人们的是：要想富，走险路。敢想，敢为，敢创新，这才是现代生意人能够发财的秘诀！

发财的人都具有冒险精神，世界上任何领域的一流好手，都是靠着勇敢面对他所畏惧的事物，才出人头地的。而一些实现致富梦想的人，也都

是如此，都是以冒险的精神作为后盾的。剑走偏锋，往往会得到旗开得胜的效果。

生活需要冒险

固步自封，只能流于平庸；勇于冒险求胜，才能够脱颖而出。生活需要冒险，需要有一点"明知山有虎，偏向虎山行"的精神。在经历风险的过程中，你就能使自己的平淡生活变成激动人心的探险经历，这种经历会不断地向你提出挑战，不断地让你感到生活的乐趣，从而不断地使你充满生机和活力。

你可能会认为一位50岁的女士买辆摩托车是在冒傻气，但贝莎却决定这样做了。

"买它到底干什么？"亲戚、朋友不满地问。

"去探路。"贝莎告诉他们。

"开着小车照样可以做同样的事情。"他们说。

"是的，但我怎能随时停车，去欣赏遍地的野花和去倾听小溪的私语呢？"贝莎回答说。

"你会出事的。"他们说。

"也许会这样。但这正是我还未驾过轻骑的原因。你可以自由自在地驾驶小车，但你也未必就不会被抛向空中，就像斗牛士在牛角上一样。"贝莎用自己的理由回答他们的好心。

要好好练习一番，就得找块安全的地方。贝莎发现了一条石板小径，在周末，她常独自享有这条小路。每当她对摩托车发烦时，便下车慢悠悠地转一圈，尔后便开足马力返回，驾驶技术每天都有些长进，贝莎驱车慢行时，常常乐得哈哈大笑，没想到这样无忧无虑自由地闯入风中，会是这般兴奋。

有一天，贝莎冒险驶到离村庄两英里远的河边，支好车架，拎了一包菜到河边喂鸭子。一会儿，隐隐约约感觉到有人在盯着摩托车，突然，她的胳膊被碰了一下。贝莎回头一瞥，原来是两个小孩。其中一个向伙伴点了一下头，说："我们想用我们的自行车换你的这个。"

贝莎笑了，但一张充满稚气的小胖脸和一张生有雀斑的脸却十分严肃。她认真答道："这是一个慷慨的建议，但我一人用不了两辆自行车。"他们点点头，表示能理解。

邻居们似乎也产生了兴趣。贝莎骑车经过他们面前时，他们微笑着招手致意："可好？"头一次，她以为是因为自己的头盔，变色镜、长手套和身着皮茄克的"全副武装"模样看起来很有趣。但此后，她从他们脸上看到的，都是热情和对冒险行为的羡慕。

当然，骑摩托车很危险。贝莎的一位朋友对此最具说服力：她曾骑车摔进水坑，付出了折断胳膊的代价；另外有位寡妇在返校途中，跌入了深坑，因之不敢再出现在讲台上，怕年轻的学生嘲笑。但贝莎却始终乐此不疲，并从中得到了很多的乐趣。

一个人在生活中到底该不该冒险？或许，不一味追求"安定"而追求"没白过"，才是生活的真谛。不经过无数次的冒险，人类不可能从暴虎冯河、茹毛饮血，进化到今日悠闲地坐在摩天大楼中品尝咖啡的香味。

生活需要冒险，没有冒险精神的人，很难体验到生活新变化的乐趣，体会生活的新鲜感。但是还要避免极端和盲目的冒险。青年人往往将生活中的苦与乐分开，希望能够尽量回避生活的苦，充分享受生活的乐。其实，苦和乐是一家，是不可能分开的。

哥白尼的天体运动论、卢瑟福的原子结构模型、新大陆的发现和开垦、社会变革……一切皆始于冒险。

新的生存方式、理想的生存方式就潜伏在现时的平常的生存方式之中，只有具备冒险探索的勇气才能发现它，实现它。在你的身上，本来具

备着打破旧的生活格局而迎来新的生活格局的巨大潜能，可是它被现时的平庸的作为掩盖着，只有具备风险意识，无所畏惧，敢于冒险，勇于探索和实践，你的潜能才能发挥出来。完全地展示了自己的才能，实现自己追求的人，才能领略到人生的真正的快乐。

当然，提倡冒险并不是鼓励你做出盲目的行为，而是教你学会一种突破常规的手段，它仍然是建立在一定理智基础上的。随着你实力的增强，你会发现，需要你去冒险的事情会越来越少。这时，成功已经离你很近很近了。

冒险家都是成功者

这是一处险恶的峡谷，涧底奔腾着湍急的水流，几根光秃秃的铁索横亘在悬崖峭壁间，这就是过河的桥。

一行四人来到桥头，一个盲人，一个聋子，两个耳聪目明的健全人。

四个人一个接一个地抓住铁索，凌空行进。结果呢？盲人、聋子过了桥，一个耳聪目明的人也过了桥，另一个则跌下去，丧了命。难道耳聪目明的人还不如盲人、聋人吗？可是他的弱点恰恰源于耳聪目明。

盲人说：我眼睛看不见，不知山高桥险，心平气和地攀索；聋人说：我的耳朵听不见，不闻脚下咆哮怒吼，恐惧相对减少很多。那么过桥的健全人呢？他的理论是：我过我的桥，险峰与我何干？急流与我何干？只管注意落脚稳固就够了。

很多时候，在社会上闯就像过索桥，失败的原因，不是因为一个人智商的低下，也不是因为他力量的薄弱，而是因为慑于环境，被周围的声势吓破了胆，而影响了他走自己脚下的路。可以说，成功者个个都是冒险家，他们总是敢于不断尝试新事物，以此实现自己的人生目标。

一位58岁的农产品推销员奥维尔·瑞登巴克以不同品种的玉米做实验，想制造出一种松脆的爆玉米花。他终于培育出理想的品种，可是没有人肯买，因为成本较高。

"我知道只要人们一尝到这种爆玉米花，就一定会买。"他对合伙人说。

"如果你这么有把握，为什么不自己去销售？"合伙人回答道。

万一他失败了，他可能会损失很多钱。在他这个年龄，他真想冒这个险吗？他雇用了一家营销公司，为他的爆米花设计名字和形象。不久，奥维尔·瑞登巴克就在全美国各地销售他的"美食家爆玉米花"了。今天，它是全世界最畅销的爆玉米花。这完全是他甘愿冒险的成果，他拿了自己的所有一切去作赌注，换取他想要的东西。

"我想，我之所以干劲十足，主要是因为有人说我不能成功，"现年85岁的瑞登巴克说，"那反而使我决心要证明他们错了。"

绝大多数人都不怕汽车而敢于过马路，这是因为他们对这件事情有把握。作为普通人来说，只做自己有把握的事情无可厚非。可是，在竞争激烈的时代，如果只敢做人人都有把握做的事情，那绝不会有所作为。瑞登巴克的例子告诉我们，要想成功，就必须做别人不敢做的事情，这样虽然风险大，但成功的几率同样大。一个四平八稳，凡事都不出格，对可能存在的风险避之不及的人要想取得高人一筹的成就无疑只能是雾里看花，水中望月。

有一天，龙虾与寄居蟹在深海中相遇，寄居蟹看见龙虾正把自己的硬壳脱掉，只露出娇嫩的身躯。寄居蟹非常紧张地说："龙虾，你怎可以把唯一保护自己身躯的硬壳也放弃呢？难道你不怕有大鱼把你吃掉吗？以你现在的情况来看，连急流也会把你冲到岩石上去，到时你不死才怪呢？"

龙虾气定神闲地回答："谢谢你的关心，但是你不了解，我们龙虾每次成长，都必须先脱掉旧壳，才能生长出更坚固的外壳，现在面对的危险，只是为了将来发展得更好而做出准备。"

寄居蟹细心思量一下，自己整天只找可以避居的地方，而没有想过如何令自己成长得更强壮，整天只活在别人的护荫之下，难怪永远都限制自己的发展。

每个人在做事情的时候，首先都要考虑自己的安全，这是很正常的。但是如果你想超越自我，追求卓越，那你必须有冲出安全区域的勇气，这样你才可能实现人生的飞跃。

在网上看到一位年轻的老总讲述自己成功的经验时这样说，他之所以能够屡屡得手，主要是因为他敢于冒险。他说他在选择一个投资项目的时候，如果别人都说可行，这就不是机会。大家都能看得见的机会，绝对不是机会。他说他每次选择的都是别人说不行的项目，只有别人还没有发现而惟有你发现的机会才是黄金机会，尽管这样做有些冒险，但获得的利润和效益无疑却是最大的。如果不想冒险，那就千万不要经商，干脆呆在家里带孩子算了。他说只要对投资项目有个宏观的把握，有时候再根据一点临时的感觉，如果有30%左右的把握，就值得去冒险。这时候的所谓冒险其实并不叫做冒险，而是一种非常聪明非常有效的投资，往往能够获得效益最大化的回报。

做任何事情都要一步一步地进行，脚踏实地地去做。不过，这并不是说你不可以有任何的梦想，不可以有一点冒险的做法。当一个人不再具有冒险的冲劲时，事实上他已经老了——至少是心老。古人都知道"人往高处走"，你又怎可以没有一点进取心呢？敢于突破自我并不断追求，你就会有50%的可能成功；即使失败了，你所学到的经验教训一样是非常珍贵的。

人的一生就像是爬山，最好的风景往往都是在最高最险的地方。很多人因为留恋眼前的风景或是惧怕危险而止步不前，从而失去了领略绝佳风景的机会。只有一少部分人，登到了顶峰，领略到了人间仙境一样的美景。成功都是那些不畏艰险，登到顶峰的人。

第六辑

交际没有圈，闯出成功靠人脉

　　成功学大师卡耐基经过长期研究得出结论："专业知识在一个人成功中的作用只占15%，而其余的85%则取决于人际关系。"人际关系就是财富，就是能力。好人际关系是一座挖不尽的金矿，是一笔无形的财富。一个人要想改变自己的命运、获得成功就必须有足够的人脉资源。

拥有良好的人际关系

人际关系是指人们在各种具体的社会领域中，通过人与人之间的交往建立起心理上的联系，它反映在群体活动中，人们相互之间的情感距离和相互吸引与排斥的心理状态。和谐、友好、积极、亲密的人际关系都属于良好的人际关系，对于一个人的学习、生活和工作是有益的；相反，不和谐、消极、紧张、敌对的人际关系则是不良的，对一个人的学习、生活和工作都是有害的。

社会心理学的调查研究表明，良好的人际关系是一个人得以保持个性健康、心理正常发展和生活具有幸福感的重要条件之一。古语云："天时不如地利，地利不如人和"。

美国著名成人教育家卡耐基经过大量的研究发现："一个人事业上的成功，只有15%是由于他的专业技术，另外的85%则要靠人际关系、处世技巧。"此话也许说得有些绝对，但却从另一侧面说明良好的人际关系对成就事业的重要性。所以学会建立良好人际关系的方法，掌握其途径，是十分必要的。

良好的人际关系是圆满解决事情的关键。当人一旦感受到人际关系错综复杂时，就会想尽办法逃避。如果可以的话，总想与人保持一定的距离。但是，如果只是心不甘情不愿地勉强保持距离，很容易产生不必要的误会。如果你能在工作场合积极地处理人际关系，那么你的生活会有什么样的改变呢？为了顺利、愉快地工作，良好的人际关系是必要的。而且，工作有所成就的人，他们的共同特点是：在公司内部广结善缘，与周围的

同事彼此相互了解，培养出绝佳的合作默契，甚少被别人误解。

孟尝君是战国赫赫有名的"四君子"之一，他家世富裕，地位显赫。

有一次，孟尝君门下的食客冯欢自告奋勇，要替他到其封地薛地去讨债。临行前，冯欢问孟尝君是否要他顺便带点什么回来。孟尝君觉得很好笑，因为自己家里应有尽有，几乎什么都不缺，他想冯欢应该知道这点。于是他就随口说："你看我家里缺什么，就顺便买点什么吧。"

冯欢到了薛地，就将应当还债的百姓召集起来，假借孟尝君的名义，将债款全都赐给了这些百姓，并将借据当场烧毁。薛地的百姓感激涕零，喜出望外，齐呼"万岁"！

冯欢回来后，孟尝君问他："你去薛地，讨债是否顺利？"

冯欢回答说："非常顺利，我已经把所有的债务都了结了。"

孟尝君听后很高兴，于是问："那你要回来多少钱啊？"

冯欢说："我把钱都买了您家里所缺的东西了，一个钱也没带回来。"

孟尝君好奇地问："你到底买了什么东西，竟然花了这么多钱？"

冯欢回答："我看您门外肥马满厩，家中珍宝如山，身边美女如云，真是什么都不缺，但您惟独缺少'仁'啊！所以我就把所有的钱都给您买了'仁'。"

孟尝君听得一头雾水，不解地问："那你是怎么买的'仁'呢？"

冯欢就把讨债的经过一五一十地告诉了孟尝君。孟尝君听后哭笑不得，但又不便发作，以免丢失风度，只得讪讪地说："没事了，你下去休息吧。"

孟尝君心里非常不高兴，但表面上并没有表现出来。因为一下子就失去了这么多钱，很心疼。冯欢这次的做法让他很不满意。

一年后，孟尝君失宠于齐王，官职也被罢免了，他只好返回自己的封地——薛地。当时，孟尝君心灰意冷，万念俱灰。没想到，当他的马车距离薛地还有百里之遥时，薛地的老百姓就早已扶老携幼、争先恐后地在路上迎接他了。孟尝君看到这种情形，精神为之一振，心中又燃起了希望。至此他才恍然大悟，原来冯欢当初的举措，就是替自己积德，使自己在被贬谪时不至于没有立足之地。

望着眼前老百姓热烈的欢迎场面，孟尝君感慨地对冯欢说："先生，您替我买的仁，为我积的德，我今天看到了，我真的很感激您！"

　　冯欢所谓的买"仁"，其实就是收买人心。他的这种做法为孟尝君营造了一个极为安全的据点，使他进可攻，退可守。同时，也使他得到了老百姓的拥护。

　　孟尝君当初对冯欢的自作主张很不满，但他却糊涂了之，结果为自己找到了一条稳妥的后路。

　　人生在世，如果能得到别人的友情和认可，拥有良好的人际关系，便是人生一大快事。心理学家研究表明，良好的人际关系可以使人心情愉快，充满活力和信心。反之，如果受到他人的排挤，则会感到寂寞和孤独，对未来缺乏信心。

　　融洽、良好的人际关系是生命成长的滋润，是发展个人潜能的导引，是美满人生的基础，是闯出成功的保证。相反的，对抗、恶劣的人际关系会损伤生命，压制个人发展潜能，令人生痛苦难堪，如处地狱。无法与人建立关系，就像一艘在海洋中间飘浮的孤舟，漂泊不定，无法安息，感到孤立无助，生命将会渐渐萎缩。

"人脉网"让你闯出成功

英国有一句著名谚语"不懂得与人交往者，必不能成功"。这句话恰如其分地道出了与一个中国的古语，那就是"得道者多助，失道者寡助"相同的深刻道理：每一个人都要学会了解他的同类并与之和睦相处。换言之，要想闯出成功，先必须织一张牢固的关系网。

但在生活当中，人们一提到关系网就认为带有某种贬义，这无疑是片面的。关系网本身没有错，它是中性的，关键看它是怎样建立起来，怎样运用的。如果建立关系网，不违背一定的道德标准，运用关系网也没有超出法律制度的规定，那么，这样的关系网何罪之有呢？在我国，建立健康的、符合社会道德标准和法律制度的关系网，对社会有利，对国家有利，对单位有利，对个人的成功更是不可或缺的。

相信美国大片《蜘蛛侠》很多人都看过。片中主人公叫彼得·帕克，是个平凡的高中生，由于意外被一只具有放射性的蜘蛛咬到后，他就拥有了各种超能力：可以在墙壁和天花板上行走，能从手腕放射出蜘蛛网，借着蜘蛛网的帮助，他做了很多扬善惩恶的大事。

当然，这只是美国科幻电影里的场景，现实生活中的我们是不可能具备蜘蛛侠的超能力的，但是这并不妨碍我们成为另一种蜘蛛侠——自己人脉网络上的蜘蛛侠！

现实中，很多成功的人大多就是有这种关系网的人。这种网络由各种不同的朋友组成，有过去的知己，有近交的新朋；有男的，有女的；有前辈，有同辈或晚辈；有地位高的，有地位低的；有不同行业的，有不同特长的，也有不同地方的……这样的关系网，才是一张比较全面的网络。也就是说，在你的关系网中，应该有各式各样的朋友，他们能够从不同的角度为你提供不同的帮助。当然，你也要根据他们不同的需要为他们提供不同的帮助。这才是关系网应当具有的特征。

所以，静下心来，我们仔细点数一下，在我们的工作和生活中，究竟结识了多少这样的人呢？500！这只是个我们社会交往人数的平均值！设想一下，从我们自身射出的每一根"蛛丝"都能联系到一个熟人的话，仅仅结出第一层网，就可以看出我们的人脉是多么强大。如果再加上你朋友的朋友，以及你朋友之间的互相联系，天啊，那简直就形成了一张密不透风、无所不及的超级大网，而坐在网中央胸有成竹的你，难道还算不上一个"蜘蛛侠"吗？

珍妮是个很热情的人。一次她参加同学聚会，一个同学无意间向她提起，某百货公司正在准备设立一个饰品柜台，具体工作由他负责。说者无心，听者有意，珍妮偷偷到商场看了一下，预计设立柜台的地方在商场的位置极佳，可谓寸土寸金。

珍妮立即找到自己的同学，告诉他自己想承租。珍妮的同学不放心，因为在此之前珍妮从来没有做过饰品行业，更没有那么雄厚的家底。珍妮悄悄告诉朋友，其实自己只是一个饰品厂家的代理人，铺货是免费的。

同学勉强同意让珍妮试试，珍妮立即联系了自己精通饰品生意的好朋友，说自己已经找到了一个很不错的商场，销售绝对没有问题，只要免费铺货，她保证大家都有钱赚。大家对珍妮非常信赖，不但答应给她免费铺货，还给她推荐了几个很有经验的销售人员。这样，大家就联系到一条利益链上了。

柜台开张，果然是大家发财，珍妮这个饰品生手也成了一个响当当的小老板。

从上面这个例子可以看出，经营人脉也是一门大学问，这并不是喊几句口号、说几句誓言就可以轻易实现的。经营人脉，要有比较高的思想道德品质、心理素质、知识素质、能力素质甚至身体素质以及良好的沟通能力。而且在现实生活当中，我们也喜欢和这样的人交往，因为道德品质好

的人拥有善良的心地，宽广的胸怀，光明平和的处世态度，待人谦虚而有自信，积极向上而不嫉妒，欣赏别人而不自卑，了解自己的长处而不嚣张，勇于负责而不狂妄。心理素质好的人能够宠辱不惊，淡泊名利，在遇到重大问题的时候临危不乱，泰然自若。知识水平高的人懂得生活的道理，能够灵活运用书本上的知识，风趣幽默，谈吐不俗。

在生活当中，纵观那些成功人士他们努力的结果，就是建立了一个能在他们工作生活的各个领域有力支持他们的系统。当然，这种关系不是魔术般建立起来的，它需要多年的时间和精力的投入才能发展起来。他们与同事和生意伙伴一起打高尔夫球，参加社区的筹资活动，加入乡村俱乐部和一些商业组织，所有这些投入都是为建立他们自己的网络在做准备。

圈子决定你的未来

如果你没有显赫的家世，没有傲人的学历，也没有娶到亿万富豪的千金小姐，或是嫁给身价过亿的有钱男人。但是你还可以有另外一种选择，那就是从此刻开始累积你的人脉，并将人脉的力量最大程度地发挥出来，这样，你就更容易闯出成功！

迈克是加州的一个农夫，他20岁时，在父母的支持下，在城里开了一家小饭店。一天，外面下着大雨，迈克见离饭店不远处有一辆轿车出了故障，车主急得抓耳挠腮，无计可施。好心的迈克便叫店里的司机开货车送他回家，而自己则帮忙看着那辆出故障的车，直到第二天车主回来取车。

后来，迈克才知道车主竟然是加州资深议员！这一下不要紧，迈克雪中送炭的举动无疑赢得了议员的好感。在他的帮助下，迈克改行做了五金和建材生意。议员还把本地出名的几位大企业家介绍给他认识。一下子认识了这么多大人物，迈克简直受宠若惊。这几位企业家都感动于迈克助人为乐的精神，一致表示愿意支持他的事业。很快迈克的事业发达起来。

我们可以算算迈克值多少钱？找出他身边最要好的几个朋友，将他们的薪资平均，他的价值便出来了。他原来的价值只是身边几个伙计相加的平均数，现在是几个大企业家相加的平均数，二者差别可谓大矣！由此可见，一个人的价值，很大程度上取决于他经常交往的人，即他的人脉关系。这样说丝毫都不过分。

而且，在现代生活中人们也都认识到了人脉关系的重要性。比如，一个陌生的大都市，你从来都没去过，但只要你有朋友在那里，哪怕你身无分文也敢闯进去。而人生地不熟的，则需要有非常的勇气才敢斗着胆子闯一闯。

这些就是人脉带给人的最基本的利益之处。除此以外，人脉更是成就你人生的一个重要因素。缺乏人脉的人是根本不可能成功的。你还可以猜猜，和比尔·盖茨先生关系最好的三个朋友是谁？其中之一便是同样大名鼎鼎的巴菲特。你可以将他身边的三个最要好的朋友的工资平均一下，是不是跟比尔·盖茨的工资相差无几呢？

你要想使你的身价更高，惟有去认识那些身价高的人！你一定要让自己明白——在这个现实的商业世界里，一个或是几个关键朋友就是改变你命运的"大还丹"。这枚"大还丹"有再生的功效，能让你的命运重写、人生重塑！

好的人脉确实就如一枚大补大救的大还丹，让你在当下的商业社会打造金刚不坏的真身。就算你条件恶劣，前途凶险，你的人脉也会帮你扫平障碍，打开通途，让你的一生都明亮起来。

从今天开始，千万不要再去苛责上天的不公了！比尔·盖茨说，这个世界本来就是不公平的。你无法改变这个世界，你惟一能做的就是改变你自己！这是你必须始终保持头脑清醒的一件事。

而谈及改变自己，又从何改起呢？很简单，先从改变自己身边的朋友做起！因为"近朱者赤，近墨者黑"，与谁交往将会决定你成为怎样的人！

如果你想成为一个优秀的人，结交高含金量的人必须是你奋斗的重中之重。

当然，每一个人都想改变自己的命运，像每一个优秀的人一样享受更高层次的生活。可是他们却并没有把人脉作为奋斗的重点，反而去投机取巧，选择了一个错误的方向，这样南辕北辙，即便你努力一辈子到头来都只是竹篮打水一场空。其实，你的身边隐藏着无数个机会，如果你能把握好这些机会，就完全可以改写自己的人生。可是，多少人却视之而不见，任之撒手离去。

话说回来，并不是你认识朋友就能成功，还要看你的朋友是谁，你的朋友是做什么的，你的朋友处于一个什么样的层次。如果你的朋友只是一帮酒肉朋友，你天天陪着他们去喝酒，喝酒后还要耍酒疯，耍酒疯肯定要不出大事业来的。所以说，想成功，想改变命运，你就得认识有能力让你成功、有本事为你改变命运的人。这样的人你认识几个？

你或许会说，这样的朋友我一个都不认识。其实，这是你思想认识的问题。要知道，这个世界上的任何一个人你都可以认识。

有这么一个故事，几年前一家德国报纸接受了一项挑战，要帮法兰克福的一位土耳其烤肉店老板，找到他与他最喜欢的影星马龙·白兰度的关联。

结果经过一段时间，报社的员工发现，这两个人只经过不超过六个人的私交，就建立了人脉关系。原来烤肉店老板是伊拉克移民，有个朋友住在加州，刚好这个朋友的同事，是电影《这个男人有点色》的制作人的女儿的结拜姐妹的男朋友，而马龙·白兰度主演了这部片子。

看到这里，你也许会惊呼——哇！这个世界真的这么小吗？要知道我们生存的这个世界真的很大，仅地球陆地面积就大到了149000000平方千米，那是将近1.5亿啊！地球上的人口呢？据目前最新的统计，已经超过65亿了！这么大的世界，这么多的人口，一个人要联系到另外一个素不相识的人，那简直是大海捞针。但是却有人用实践证明了一个几乎不可思议的理论：这个星球上的所有人，从某种意义上来说，都可以通过个人的关系网联系起来，任意两人之间的最短距离都不超过5个人！

　　按照这种观点，我们应该对闯在当下有更为清醒的认识：不要对结识成功人士存有畏惧心理，认为自己高攀不上。其实，我们甚至可能跟奥巴马、普京、姚明成为无话不谈的朋友。当你想明白这些的时候，那还有什么人让你必须仰视呢？只要我们有自信，有恒心，加强联系和沟通，我们就可以交到来自各行各业的朋友，来自世界各地的朋友。

"贵人"相助，事业易成

　　有句话说"七分闯，三分运"。我们一直相信"爱拼才会赢"，但往往有些人即使拼了也不见得赢，关键就在于缺少"贵人"相助。在闯荡的过程中，"贵人"相助往往是不可缺少的一环，有了"贵人"，不仅能替你加分，还增加你的筹码。

　　有一份调查表明，凡是做到中、高级以上主管的，有90%的都受过栽培，至于做到总经理的，有80%遇过"贵人"，自己创业当老板的，竟然100%全部都曾被人提拔。不论在何种行业，"老马带路"向来是传统，作用不外乎是栽培后进，储备接力人才。

　　清政府的官场中历来靠后台，走后门，求人写推荐信。军机大臣左宗棠从来不给人写推荐信，他说："一个人只要有本事，自会有人用他。"左宗棠有个知己好友的儿子，名叫黄兰阶，在福建候补知县多年也没候到实缺。他见别人都有大官写推荐信，想到父亲生前与左宗棠很要好，就跑到北京来找左宗棠。左宗棠见了故人之子，十分客气，但当黄兰阶一提出想让他写推荐信给福建总督时，登时就变了脸，几句话就将黄兰阶打发走了。

黄兰阶又气又恨，离开左相府，就闲踱到琉璃厂看书画散心。忽然，他见到一个小店老板学写左宗棠字体，十分逼真，心中一动，想出一条妙计。他让店主写柄扇子，落了款，得意洋洋地回到了福州。

这天，是参见总督的日子，黄兰阶手摇纸扇，径直走到总督堂上。总督见了很奇怪，问："外面很热吗？都立秋了，老兄还拿扇子摇个不停。"

黄兰阶把扇子一晃："不瞒大帅说，外边天气并不太热，只是我这柄扇是我此次进京，左宗棠大人亲送的，所以舍不得放手。"

总督吃了一惊，心想：我以为这姓黄的没有后台，所以候补几年也没任命他实缺，不想他却有这么个大后台。左宗棠天天跟皇上见面，他若恨我，只消在皇上面前说个一句半句，我可就吃不住了。总督要过黄兰阶扇子仔细察看，确系左宗棠笔迹，一点不差。他将扇子还与黄兰阶，闷闷不乐地回到后堂，找到师爷商议此事，第二天就给黄兰阶挂牌任了知县。

黄兰阶不几年就升到四品道台。总督一次进京，见了左宗棠，讨好地说："宗棠大人故友之子黄兰阶，如今在敝省当了道台了。"

左宗棠笑道："是嘛！那次他来找我，我就对他说：'只要有本事，自有识货人，'老兄就很识人才嘛！"

黄兰阶能够官拜道台，是以左宗棠这个大"贵人"为背景，让总督这个小"贵人"给他升了官，实在是棋高一着的妙点子。

要想闯出成功，不妨为自己寻求一些"贵人"作为背景，从而使自己尽快得到提拔，英雄有用武之地。

"贵人"可能是一个人一生中最有用的关系了，而把这种关系发展成友谊，也许是最好的结果，同时也是维持这种关系的最佳途径。虽然，长江后浪推前浪，有一天你可能也会成为别人生命中的"贵人"，但千万别忘了曾帮助过自己的"贵人"。这不仅是个做人问题，要知道，他做"贵人"的经验也是值得你学习和利用的。

要敢用比自己更强的人

会闯出成功的人，必须具有敢用比自己更强的人的魄力，有尽揽天下之才为我所用的博大胸襟。惟有如此，在自己的事业中才能凝聚人才，凝聚优秀的智慧，凝聚智囊的灵魂。也才能使自己更具创新能力，更具发展潜力。

在美国的历史上有一则广为流传的佳话。

1860 年大选后几个星期，有位叫巴恩的大银行家，他看见参议员萨蒙·蔡斯从林肯总统的办公室走出来，就叫住他说："你是在为林肯做事吗？"

蔡斯回答道："对啊，他已经任命我为财政部长。"

大银行家巴恩又说道："凭你的能力和学识，远在林肯之上的啊，你凭什么要为他去卖命呢？"

蔡斯说道："正是我比他伟大，所以在他的内阁中才能显示出我的才华。"

过了几天，巴恩见到了林肯总统，又说："你不要将蔡斯选入你的内阁。"

林肯不解地问："你为什么这样说？"

巴恩答："因为他认为他比你伟大得多。"

"哦，"林肯说，"你还知道有谁认为自己比我还伟大？"

"不知道了。"巴恩说，"不过，你为什么要这样问？"

林肯回答说："因为我要把他们全都收入我的内阁。"

有人问林肯为何会如此，林肯不无幽默地对人讲：

"你不是在农村长大的吗？那么你一定知道什么是马蝇了。有一天我和我的兄弟在肯塔基老家的一个农场犁玉米地，我吆喝马，他扶犁。可是这匹马很懒，但有一段时间它却在地里跑得飞快，连我这双长腿都差点跟不上。到了地头，我发现有一只很大的马蝇叮在它身上，于是就把马蝇打落了。我的兄弟问我为什么要打掉它。我回答说，我不忍心让这匹马那样被咬。我的兄弟说：哎呀，正是这家伙才使得马飞跑起来的嘛！"

事实证明，蔡斯的确是个大能人，他也没有辜负林肯的用才之心。作为财政部长，他把自己的工作总是做得井井有条，在美国经济处于危机的情况下，他也能采取种种有效的办法度过难关。同时，他总是冷静地尽力减少与林肯的磨擦，虽然有时自己的建议是很正确的，他也是用一种很委婉的方式提出来，使总统很愉快地接受。可以说，他为林肯内阁做出了不少贡献。

一个能闯出成功的人，更应当像林肯一样有容人的美德，敢启用比自己更强的贤能之士。

作为世界第二大汽车公司福特汽车公司的总裁——李·艾科卡，他从最基本的推销员做起，一步一个脚印，一步一份贡献地为福特公司的发展，立下了汗马功劳。由此，才被任命为总裁，获得了巨大的权力和荣誉，他的年薪已高达一百万美元。然而功高震主，他的成就很快引起了亨利·福特二世的猜忌。

亨利·福特二世是福特公司的现任董事长和首席执行官，是公司的最高掌权者。随着艾科卡的声名如日中天，亨利逐渐觉得他的地位受到了威胁，于是他开始计划搞垮艾科卡。

当他接二连三解雇了艾科卡的几名亲信后，又安插自己的亲信，把艾科卡降为第四号人物，使他无事可做。当这一切都无法将艾科卡赶走时，亨利终于下决心解雇了艾科卡。

艾科卡成了美国最有名的"失业者"，也成为福特公司嫉贤妒能的一大丑闻。

亨利·福特二世缺乏大企业家的风范，他心胸狭窄，缺乏统领事业前进的大将风度和魄力，有的只是嫉贤妒能的妇人之心。由此，也为企业的发展酿下了苦果。

当艾科卡赋闲在家的时候，许多大公司久仰艾科卡的大名与才干，纷纷找上门来，争相聘用他。其中就有美国三大汽车公司之一的克莱斯勒公司。当时克莱斯勒公司由于经营不善正濒临倒闭，希望有为能人来挽救公司。

克莱斯勒公司的董事长约翰·李嘉图诚邀艾科卡加盟，并表示如果他愿意重新出山，欢迎艾科卡到克莱斯勒公司继承他的职位。

亨利·福特二世是因为害怕有识之士的功高震主，而不顾企业的发展，解雇能人；而克莱斯勒公司的董事长约翰·李嘉图则识人善用，礼贤下士，不惜以重权相邀。孰是孰非，自有企业的后续发展做公断！

艾科卡上任克莱斯勒公司总裁后，凭着他的才干和敏锐的观察力，以及富有远见卓识的头脑，先后采取一系列改革措施，力挽狂澜于绝境之中，使一个濒临倒闭的公司起死回生，并把克莱斯勒公司逐渐发展成为一个可以和福特汽车公司抗衡的企业。

能在社会上闯出一片天地的人，应该要有百兽之尊的气度，能够容纳百川，揽一切能人为我所用。

大名鼎鼎的微软公司也喜欢聘用绝顶聪明的年轻人。微软总裁比尔·盖茨认为微软与其他公司不同的特色就是智囊的深度。

他曾不无谦虚地说："微软公司有的员工比我要优秀10倍，把我们顶尖的20个人才挖走，那么我可以告诉你，微软会变成一家无足轻重的公司。因为年轻人更容易学习和提出新的点子，因此，微软公司的员工的平均年龄是34岁。"

"这些绝顶聪明的人，与公司一起成长。他们是了不起的团队。他们当中，没有人费力去争，或那么在乎他们的头衔，甚或别人对他们的外在观感。"

也许正是比尔·盖茨敢于启用这些富有创造力的后来者，微软才那么富有活力的吧？所以说，一个会闯的人，不仅要对外界的事物表现出勇敢，更要让自己的内心勇敢起来，不要惧怕别人超过自己，要敢用比自己更强的人。

必须利用团队的力量

时代发展到今天，可以说人的社会属性较以往任何时候都显得更为明显和重要。而团队精神正是人的社会属性在当今企业和其他各社会团体内的重要体现，它事实上所反映的就是一个人与别人合作的精神和能力。永远和团队抱成团儿的人，一定会闯出自己的新天地。

一位农夫上山开荒，不断砍倒茂密的杂草和荆棘。当他砍到一丛荆棘时，他发现荆条上有一个箩筐大的蚂蚁窝。荆条倒，蚁窝破，无数蚂蚁蜂拥窜出……

见此情景，农夫立刻将砍下的杂草和荆棘围成一圈，点燃了火。风吹火旺，蚂蚁四散逃命，但无论逃到哪方，它们都被火墙挡住，它们所占据的空间在火焰的吞噬下也越缩越小，灭顶之灾即将到来！

可是，就在此时，奇迹发生了——火墙中突然冒出一个黑球，先是拳头大，接着不断有蚂蚁粘上去，渐渐地变得篮球般大，最后，地上的蚂蚁已全部抱成一团，向烈火滚去。外层的蚂蚁被火烧得噼里啪啦，烧焦烧爆，但缩小后的蚁球毕竟安全地越过火墙滚下山去了，逃脱了全体灰飞烟灭的灾难。

农夫捧起蚂蚁焦黑的尸体，久久不愿放下，他被深深地感动了。而你，是否也被深深地感动了呢？

一种小小的昆虫，为着整体的生存，竟有那么视死如归、勇于牺牲的英雄气概，竟有那么强烈坚定的团队精神，怎能不令人动容？自然界的发展规律是物竞天择，强者生存，但作为弱小群体的蚂蚁，却靠着这种牢不可破的团队精神顽强地生存了下来，怎能不令人敬佩？

闯在当下，一定要具有这样强烈的团队精神。作为团队成员，要紧密地团结在团队的旗帜下，为着团队的生存、发展和荣誉，奋力拼搏，努力进取！

IBM 说："团队精神反映一个人的素质。一个人的能力很强，但团队精神不行，IBM 公司也不会要这样的人。"

SGI 说："SGI 公司生产世界上最先进的计算机，但世界上有一种仪器比计算机更精密，也更具有创造力，那就是人的身体。团队精神就好比人身体的每个部位，一起合作去完成一个动作。对公司来讲，团队精神就是每个人各就各位，通力合作。我们公司的每一个奖励活动或者我们的业绩评估，都是把个人能力和团队精神作为两个最主要的评估标准。如果一个人的能力非常好，而他却不具备团队精神，那么我们宁可选择后者。"

雅虎说："踏足 IT 业的朋友，除了具有电脑知识外，更重要的还是要具有团队精神。"

雅虎还将这一方针坚决地贯彻在了公司的面试之中。他们采用了被称之为"Panelinterview"的开放式面试程序，即采用座谈的方式：考官首先在数以千计的简历中初步筛选出符合条件的人，在面试时，每位应征者像开座谈会一样和主考官围坐在一起，考官先发给每位应征者一份考题，题目包含自我介绍、对雅虎公司的了解、如果被选中将如何面对以后的工作等，并给应征者一定时间做准备，要求应征者用英文在规定时间内回答考题中所包含的内容，在每位应征者上台演讲时，其他应征者将给他进行打分，最后主考官将每位的打分情况进行整理并排出先后次序以决定最后结果。

可以说，这样的考试方法对于应征者而言，掌握"生杀大权"的并不是主考官，而是他们的竞争对手。也就是说，你需要赢得所有应征者的好感，因为其中也有你未来的同事。这种面试的目的，旨在发现应征者是否合群、善于和他人沟通，是否具备团队精神。

无独有偶，法国斯伦贝谢公司在招聘员工时也采用了大同小异的做法。

会闯才会赢

他们在招聘时，对应聘者进行了一次非常有意思的面试：将 10 名应聘者分成两个小组，假设他们要乘船去南极，要求这两个小组在限定的时间内提出各自的造船方案并且做成船的模型。面试官根据应聘者对于造船方案的商讨、陈述和每个人在与本小组其他成员合作制作模型过程中的表现进行打分，以确定合适的人选。

通过这种方式，公司不仅考察了应聘者的创新意识、语言表达能力和动手操作能力，更重要的是，可以充分了解应聘者是否具备团队精神。

事实上，许多国际知名企业都十分注重采取各种科学的方法考察应聘者是否具备团队精神，这一点在高科技企业中显得尤为突出。

现在，团队精神已日益成为一个重要的企业文化因素，对员工而言，它要求员工要善于与人沟通，尊重别人，懂得以恰当的方式同他人合作，学会领导别人与被别人领导。

正如利皮特博士所说的："人的价值，除了具有独立完成工作的能力外，更重要的是富有和他人共同完成工作的能力"。

但是，现代人大部分都以自我为中心，在集体中不能很好地与大家合作，在团队精神方面十分欠缺。而绝大部分企业又都特别注重团队精神。因此，不能适应团队生活的人也就必定不会受到企业的青睐。

乔森因为在程序设计方面十分有天分，所以他被高薪招聘到微软公司。进入公司半年多，乔森在工作中表现非常突出，技术能力得到了大家的认可，每次均能够按计划、保证质量地完成项目任务。在别人手中的难点问题，只要到了乔森那里，十有八九是迎刃而解。为此，公司对乔森非常满意，有意提升他为项目主管。

然而，公司在考察中却发现，乔森除了完成自己的项目任务外，从不关心其他事情；他对自己的技术也很保密，很少为别人答疑；对分配的任务有时也是挑三拣四，若临时额外追加工作，便表露出非常不乐意的态度。另外，他从来都是以各种借口拒不参加公司举办的各种集体活动。

显然，像乔森这样不具备团队精神的员工，自然不能成为合适的主管。公司因此放弃了对乔森的提拔，而乔森却仍是一头雾水。

关于团队精神，IBM 的定义如下：团队就是一小群有互补技能，为了一个共同的目标而相互支持的人。对于一个团队来说，最基本的是要有一个清楚的目标：志同道合。

而乔森却只对自己的工作感兴趣，对共同的目标不感兴趣，对支持他人更是不屑一顾。这样的人怎能成为一名称职的上司呢？他甚至连一名称职的员工都称不上，因为当整个团队都在步调一致的行动时，如果他只自私地埋头于自己的工作，那么他必然会成为整个团队前进的阻碍！

一位资深人力资源专家说，团队精神有两层含义：一是与别人沟通、交流的能力；二是与人合作的能力。一个团队可以说是一个有机的整体，如果想在现实中闯出一份属于自己的事业的话，那么你必须认识到一点，这就是你不可能只凭个人的力量做出一份大事业！显然团队力量发挥得好坏是赢得竞争胜利的必要条件，你的成功只在于你能比别人更能发挥团队的力量。

朋友多了路好闯

有一首歌是这样唱的："千里难寻是朋友，朋友多了路好走。"的确如此，正所谓"在家靠父母，出门靠朋友"，多一个朋友就多一条路。因此，你的朋友越多，求助的对象也就越多，你在社会上就越好闯。

王全是某单位的勤杂人员，虽然工作不太好，但人很热心，喜好交朋友，大家都称之为"老王"。他本人没有什么爱好，喜欢喝两杯，每到周末他都邀请同事或邻居喝两杯。他家境不太好，爱人在另一个单位做保洁，还有两个孩子上学，日子过得很拮据。但王全请朋友喝小酒的习惯依然没有变，一瓶二锅头，一盘花生米，一盘咸菜，就可以小饮几杯。慢慢

地，以前和他关系一般的同事或邻居，都成了他的朋友。

大家从不挑他的酒菜简单，相反大家都带一些熟肉食之类的东西，改善一下酒菜，然后天南海北地侃一番。大家都说："喝酒是次要的，关键是几个人能够坐一块儿聊聊天。"

后来王全家发生了两件事情，一件是儿子考上大学，一件是媳妇的心脏病犯了，住进了医院。两件事一喜一忧，但有一个共同点，那就是都需要钱，这对于王全这样的家庭来说无疑是一副重担。这副担子压得王全喘不过气来。

王全虽爱请客，但求人之事从未有过，万般无奈的情况下他跟朋友说起了自己的难处，很快整个单位都知道王全的难处了。大家聚在一块对王全说："老王，别发愁，有我们在事情总能解决的。"最后大家集资两万元，一万元用于儿子上大学的费用，一万元用于媳妇的住院治疗。

有了朋友的帮助，王全顺利渡过难关，儿子现在已经大学毕业，妻子的病也早好了，他们的日子也越来越好了。王全逢人便说："多亏了这些朋友啊！"

我们在求好朋友办事时不会觉得很为难，会很轻易地向对方敞开心扉。可是当我们遇到交情不太深厚或所求之事有难度时，就难于启齿了。这时我们可以采用不直接求朋友，而是利用朋友的亲人对其施加影响的方法，进而达到自己办事成功的目的。

张作霖是个野心勃勃的人，虽说已是土匪大头目，但他朝思暮想要弄个朝廷命官干干。

奉天将军增祺和他有过几面之缘，算是朋友，但友情不深。他想着如何把两个人的关系拉近，然后投靠他混个一官半职。恰好增祺的姨太太要从关内返回奉天，此事被张作霖手下干将汤二虎探知，急忙报告。张作霖一拍大腿，说："这真是把货送到家来了。"

于是张作霖就吩咐汤二虎，如此如此行事。

汤二虎奉张作霖之命在新立屯设下埋伏，当这队人马行至新立屯时，被汤二虎一声呐喊阻拦下来，随后把他们押到新立屯的一个大院里。

增祺的姨太太和贴身侍者被安置在一座大房子里，四周站满了持枪的土匪。这时，张作霖已经接到报告，便飞马来到大院，故意提高声音问汤二虎："哪里弄来的马？"

汤二虎也提高声音说："这是弟兄们在御路上做的一笔买卖，听说是增祺将军大人的家眷，刚押回来。"张作霖假装愤怒说："混账东西！我早就跟你们说过，咱们在这里是保境安民，不要拦行人，我们也是万不得已才走绿林这条黑道的。今后如有为国效力的机会，我们还得求增大人照应！你们今天却做出这样的蠢事，将来怎向增祺大人交代？你们今晚要好好款待他们，明天一早送他们回奉天。"

在屋里的增祺姨太太听得清清楚楚，当即传话要与张作霖面谈。张作霖立即先派人给增祺姨太太送来最好的鸦片，然后入内跪地参拜姨太太。

姨太太很感激地对张作霖说："听罢刚才你的一番话，将来必有作为。今天只要你保证我平安回奉天，我一定向将军保荐你这一部分力量为奉天地方效劳。"

张作霖听后大喜，更是长跪不起。

次日清晨，张作霖侍候增祺姨太太吃好早点，然后亲自带领弟兄们护送姨太太回奉天。

姨太太回到奉天后，即把途中遇险和张作霖愿为朝廷效力的事向增祺将军讲了一遍。增祺十分高兴，接见了张作霖，并对他称赞一番，立即奏请朝廷，把张作霖的部队编为巡防营，张作霖从此正式告别了"胡匪"、"马贼"生活，成为真正的清廷管带（营长）。

就这样，张作霖利用"曲线求人法"办成了由黑道转为正道的一件大事。

张作霖原本与增祺有点关系，凭这些被招安容易，但弄个好官却很难。天不拂其愿，增祺的姨太太路过他们那里，给了他一个献媚增祺姨太太的机会。他与汤二虎演了一段双簧，顺利地达到了目的。

我们应该懂得"多一个朋友多一条路"的道理，朋友就是我们无形的财富。同时我们在求朋友办事时还要做到头脑灵活，千万不要被头脑中固有的思想和模式所限制。多想想办法做到此路不通觅他径，多在求助对象周围的人身上下点功夫，一定会有助闯出成功。

认清面目是结交朋友的前提

　　世界上没有完全相同的两片树叶，同样也不存在两个完全相同的人。在茫茫人海中寻求与自己志趣完全相投，又能在生活、事业中鼎力相助的朋友，可谓十分不容易。所以作为一般意义的朋友的结交，不必那么苛求，完全可以从一些最基本的方面考察，比如身份、职业、衣着、性情、说话办事风格、是否可靠等。根据这些最表面也最实在的因素，我们可以洞悉一个人的内在品质，并以此判断他是否应该去结交。

　　推断人的性格最简单的方法就是学会观察对方的表情。自古以来就有"眼睛是心灵的窗户"的说法，在一般的情况下，人们的感情会毫无保留地显示在眼睛的表情上，如果在对方显示出信息后，利用身体距离，让对方与你缩小心理距离，这样你就占尽了优势。

　　光从表情来判断人的性格特征是不够的，了解他性格的主要方法还是要听他说的活。

　　首先，应该从他的语调上来判断。一般说来，如果对某人心怀不满，或者持有敌意态度的时候，许多人的说话速度变得很迟缓。相反地，如果有愧于心，或者有意要撒谎，说话速度自然会变快起来，这是人之常情。

　　在正常的情况下，一般人的深层心理中如果怀有不安和恐惧情绪时，说话的速度会加快，他希望借着快速的谈吐，将自己内心潜伏的不安感或恐惧得到缓解。

　　如果有人平时沉默寡言，却突然不大自然地能言善辩起来，那么他内心里一定是隐藏着某种不能与外人道出的秘密。当一个人提高说话的音调，即表示他想压倒对方。高昂的音调只能象征精神的不成熟，很容易使人情绪激动陷入口角与争执的状态里。

自信心旺盛的人，一定具有决断性的说话节奏；反之，缺乏自信心的人，说话的声调必然缺乏决断性的节奏。

有一种人话题始终说不完，即使想要告一段落，也得花费相当的时间，这表示在说话者的内心里，潜伏着一种惟恐话题即将说完的不安与担忧。很多人也喜欢在句尾加入某种暧昧不明的语气，这表示他是有意想逃避自己的责任。

说话速度是一种特征，是一个人与生俱来的气质及平日与人交往中锻炼所形成的。但是异常的说话速度常常与内心的思想有很深的联系。

比如，平时能说善辩的人，突然变得口吃起来，或者相反，平时说话不得要领的人，突然说得头头是道，这就要注意，是否发生了什么事情，使他们发生这么重大的变化。

一般人对自己不满或怀有敌意的人，因为不愿交往，说话速度会不自觉地放慢，甚至让人感到好像不大会说话。相反，当有人心怀鬼胎或想要说谎，说话的速度往往会快得吓人。特别是想取得对方谅解时，不仅速度加快，还会找些话题以图亲近。

因为一般人在深层心理有烦恼不安或恐惧等感情时，说话速度都会快得异乎寻常，以此自欺欺人，缓和内心的不安与恐惧。但是，由于没有冷静地思考，所以，即使说得滔滔不绝，内容却空洞无物。倘若对方是个感情细腻的人，必定可以看透他内心很不平静。

与说话速度一样，声调是语气的特征之一——人的思想处于激动状态时，声调往往会提高。某位作曲家曾在一份杂志中谈道："要提出与对方相反的意见时，最简单的办法就是提高音量。"的确，这是常见的现象，人们在坚持自己的意见时，都想提高自己的声调来压制对方，并且音量也会随之增大，相互争执的结果，必然闹得不可开交。

从语言中也可以看出对方的性格和内心活动。例如敬语的使用。恰如其分的敬语是维系人际关系的重要角色，而过度的恭维话则表现出戒心、嫉妒、讽刺和敌意。

事实上，一个人的心理活动，纵使不会在脸上和语言上显露出来，那也一定会在手足的动作里显露无遗。

当人们兴高采烈时，不但笑容满面，甚至会欢呼雀跃，那种喜悦在手舞足蹈中表现出来。人在紧张时，脸上的肌肉会抽搐或紧绷，而且做其他动作都不自在，甚至会双脚打颤。要观察内心的感触和感情，那么身体语言就成为重要的补充手段。

当思考的速度加快时，手的动作也会急速起来，因为手的动作与思考的速度成正比。当脑海里浮现新的构想时，那么，用于抚摸着头的次数就会增加。

此外，也有人惯用拳头击掌，或者故意把手指捏得咔咔地响。

这种人大部分对自己体力充满着自信，所以，他们做出这些动作来威吓对方，不过在这时，他们的心理活动并不激烈。

而当对手把手臂抱着表示他对你开始注意并对你严加防范了，而且随时都要反击你。

这些身体语言，不一而足，只要你细心观察，就会发现其中的含义。

通过类似的方法，我们可以从不同的侧面去发现一个人表层和内在的各种东西，从而对他有尽可能多的了解。这样，许多不同的面目都呈现在眼前，我们就可以从中有选择地进行结交，以期得到可靠的、忠诚的朋友，建立一种清晰而有用的关系，从而对我们的生活和事业都有所助益。

凝聚人心是你闯荡的资本

拳头伤人，之所以要比手指伤人或者巴掌伤人疼得多，那是因为当拳头攥紧时，整只手上的全部力量都凝聚在拳心，所以它更厉害！如果一支军队能够攻城掠地、百战不殆，那么，它最大的特征就应该是人和！闯在社会同样如此，要成就梦想、创造辉煌，强大的凝聚力是制胜的法宝！

1981 年，艾科卡在美国第三大汽车公司克莱斯勒公司濒于破产时，被聘为该公司总裁兼董事长。

受命于危难之际的艾科卡为了显示自己与部属同甘共苦的决心，做出了惊人的决定：在克莱斯勒彻底翻身之前，他主动放弃每年 36 万美元的年薪，只领取 1 美元，也就相当于任义务总裁。

随后不久，他又开始削减高级职员 10% 的薪金，取消本公司人员购买股票的优惠；最后他又和工会谈判，将工人每小时工资减少 2 美元，等于每个工人在 19 个月内少拿 1 万美元的工资。

这些举措虽然有损于工人们的经济利益，但由于艾科卡对自己也采取了同样的措施，甚至他的牺牲有过之而无不及，因此，工会和工人们不仅没有闹事，反而更加喜欢他，拥护他，觉得艾科卡和他们是一条心，他们工作起来也更加卖劲儿了。

此外，艾科卡还每天下到各个工厂，去和工人们直接谈话，请公司工会负责人参加公司董事会，以促进劳资双方通力合作。

果然，奇迹终于出现了——在面临世界性石油危机、汽车工业濒临破产、美国整个经济衰退的困境下，艾科卡却带领整个团队，经过三年努力

就使公司扭亏为盈！

这便是凝聚力的作用，艾科卡以同甘共苦的精神赢得了整个公司的忠心爱戴，上下一心，共渡难关，不仅使克莱斯勒走出了困境，也让艾科卡建立了不可撼动的地位。

会闯的人知道，要想俘获人心，你首先要与人平等相处，不让别人感觉你是一个高高在上、目中无人的人。

约翰·沃纳梅克，他曾经每天都光顾自己在费城的大型商场。有一次，他看到一名顾客在柜台前等候，却没有引起任何人的注意。因为店员们正在柜台的那一端热闹地说笑。

沃纳梅克见此情景，内心自然很生气，但是，他并没有说什么，而是安静地走进柜台，亲切地招待那位女士，然后将商品交给店员进行包装，便转身离开了。

所有的员工都惊呆了，从此，他们工作得更加卖力了，对老板也更加由衷地敬佩和爱戴了。

沃纳梅克一个微不足道的小动作，却反映出他平易近人的个人特质，并以这种特质赢得了下属的凝聚力。

你是一个部门的领导，你必须很清楚每个下属的能力和水平，从而把他们安排在最适合的岗位上，让他们有效地施展自己的才华，对工作抱以极大的热情。

迪斯是凸版印刷公司的一名技师，他负责维修公司数十台打字机，以及其他昼夜不停运转的机器。为此，他抱怨工作量太大，工作时间太长，工作又枯燥无味，所以向公司要求一位助手来帮助他。

公司总裁科里虽然知道需要纠正的是迪斯的态度和观念，但他却不能伤害到迪斯的自尊心。于是，他采用了一种巧妙的方法，安抚了迪斯，并使迪斯对自己更加忠心。

科里既没有为迪斯另派助手，也没有降低他的工作量或缩短工作时间，他只是为迪斯设立了一间专门的办公室，并在门口钉上了"维修科科长"的名牌。

这么一来，迪斯再也不是一名普通的技工，而摇身一变升为维修科科长了。他被上司和其他同事承认了他的能力，这极大地满足了他的自尊感，使他竟将过去不满的情绪统统忘掉，而且更加卖力地工作。

作为上司，你绝不能抱着一种求全责备的心理来看待你的下属。在你组织人力为公司的总目标奋斗时，你所见到的下属应只是一种才能的化身，你应大胆地放手让他们去做事，让他们积极地参与到你的整体经营中来，从而锻造出他们的团队精神，使他们在实践中不断地提高自身的能力，为整体经营打下良好的基础。

如今，没有哪个会闯的人能在社会这个舞台上独唱主角，那种依靠个人力量叱咤风云、劲舞弄潮的日子已一去不复返。只有统领着充满强大凝聚力的团队的人，才能成功地克服各种困难，有效地完成各项任务，才能顺利地登上成功的"宝座"！

以仁爱换人心

不论是哪个朝代，哪个国家，人们对奉行仁义的人都充满了敬仰和爱戴。老子对待这个问题是这样看的——"夫慈，以战则胜，以守则固。天将救之，以慈卫之。"后来，孟子对老子的这句话进行了进一步的解释——"爱仁者人人爱之，敬仁者人人敬之"。

汉朝著名的学者董仲舒也很支持老子的这一观点，在他著的《仁义法》中，他讲道："仁之法在爱人，不在爱我；义之法在正我，而不在正人。"意思就是首先要爱别人而不是爱自己，讲正义首先从自己做起而不是对别人要求。

清朝学者吴敬梓讲"以仁义服人，何人不服"，就是指以仁义来服人，

谁又会不服呢？

"弯弓射大雕"的英雄成吉思汗，虽然一生杀人无数，但当不该杀时，他也能放人一马。因此成吉思汗得到了更多人，甚至是敌人的拥护。

一天，成吉思汗率部外出打猎，恰好遇上与自己有仇的泰赤乌部的朱里耶人。部众请求说："这是我们的仇人，请您下令把他们杀个一干二净。"

成吉思汗望着惊慌失措的朱里耶人，说道："他们既然现在不与我为敌了，还杀他们干什么？"并喝令想动手的人放下武器，不得动眼前的朱里耶人。

朱里耶人起初颇为疑惧，现在见成吉思汗无心杀他们，便纷纷上前搭话，言谈中，成吉思汗得知他们常受泰赤乌部的虐待，既无粮食，又无帐篷。于是，成吉思汗慷慨地说："既然如此，那就请你们与我们一起住吧，明天行猎所获我们平分。"

第二天，成吉思汗果然兑现了自己的诺言。朱里耶人对此非常感动，皆曰泰赤乌无道，而成吉思汗才是大度的主子，便纷纷投靠了成吉思汗。此事传到泰赤乌部后，大将赤老温也来投靠，就连曾经射杀成吉思汗坐骑的勇士哲别也投到成吉思汗的帐下。

武力可以使人屈服，却难以使人心服。所以，高明的御人法，就是与人为善，以自己的仁心去换取别人的真心。

1754 年，美国独立以前，弗吉尼亚殖民地议会选举在亚历山大里亚举行。以后成为美国总统的乔治·华盛顿上校作为这里的驻军长官也参加了选举活动。

选举最后集中于两个候选人。大多数人都支持华盛顿推举的候选人。但有一名叫威廉·宾的人则坚决反对。为此，他同华盛顿发生了激烈的争吵。争吵中，华盛顿失言说了一句冒犯对方的话，这无异于火上加油，脾气暴躁的宾怒不可遏，一拳把华盛顿打倒在地。

华盛顿的朋友们围了上来，高声叫喊要揍威廉·宾。驻守在亚历山大里亚的华盛顿部下听说自己的司令官被辱，马上带枪开了过来，气氛十分紧张。

在这种情况下，只要华盛顿一声令下，威廉·宾就会被打成肉泥。然而，华盛顿是一个头脑冷静的人，他只说了一句："这不关你们的事。"就这样，事态才没有扩大。

第二天，威廉·宾收到了华盛顿派人送来的一张便条，要他立即到当地的一家小酒店去。威廉·宾马上意识到，这一定是华盛顿约他决斗。于是，富有骑士精神的宾毫不畏惧地拿了一把手枪，只身前往。

一路上，威廉·宾都在想如何对付身为上校的华盛顿。但当他到达那家小酒店时却大出意料之外；他见到了华盛顿的一张真诚的笑脸和一桌丰盛的酒菜。

"宾先生，"华盛顿热诚地说，"犯错误乃是人之常情，纠正错误则是件光荣的事。我相信我昨天是不对的，你在某种程度上也得到了满足。如果你认为到此可以和解的话，那么请握住我的手，让我们交个朋友吧。"

宾被华盛顿的宽容感动了，把手伸给华盛顿："华盛顿先生，请你原谅我昨天的鲁莽与无礼。"

从此以后，威廉·宾成为华盛顿的坚定的拥护者。

当华盛顿被打倒在地时，是很容易失去理智，做出一些悔恨终身的事的。可贵的是华盛顿能保持冷静，以一种宅心仁厚的姿态去面对自己的竞争对手，最终赢得了竞争对手的心。

"乘风破浪会有时，直挂云帆济沧海"。只要我们拥有一颗仁义之心，终有一天可以得偿所愿。所谓"千里黄云白日曛，北风吹雁雪纷纷。莫愁前路无知己，天下谁人不识君"。同样的，只要我们拥有一颗仁义之心，便能"知交遍天下"。

成功离不开他人的支持

人的一生虽然短暂，但常会有磕磕碰碰，有悲有喜，有哭有笑，有成功就会有失败，人生并不是一帆风顺的。所以，我们做任何一件事情，都离不开别人的支持。当一个人的工作和生活出现不顺当时，别人的鼓励和支持是无价之宝。

英国作家萧伯纳有一句名言："两个人各自拿着一个苹果，互相交换，每人仍然只有一个苹果；两个人各自拥有一个思想，互相交换，每个人就拥有两个思想。"在竞争越来越激烈的现代社会中，一个人不可能完全凭借自己的力量来完成某项事业，也不可能凭借一个人的智慧独自成功。因为，一个人无论多么能干，多么聪明，多么努力，如果没有团队的协作，也难以在某项事业上闯出成功。

微软创始人比尔·盖茨，可以说得上是一个绝顶聪明的人物，可他所取得的成就同样也不是完全由他一个人所创造的。其中，对比尔·盖茨的事业起到了决定性帮助的人物当属现任微软总裁史蒂夫·鲍尔默。

众所周知，比尔·盖茨是一个计算机技术的天才，但这个开创了 windows 视窗的软件精英，在公司管理方面却显得手足无措，以至于微软刚成立的时候，就陷入了重重危机。聪明的比尔·盖茨知道，这主要是因为自己不懂得管理和经营所造成的。于是，他便想到了同是哈佛高材生的史蒂夫·鲍尔默。

史蒂夫·鲍尔默的父母是移居到美国的犹太人，父亲来自瑞士，而母亲则是一名原俄国皇家卫队员的女儿。犹太人天生具有生意人的头脑，这点在鲍尔默身上也不例外。鲍尔默知识面广，反应敏捷，判断准确，善于把握商机，是一个天生的管家。更可贵的是，鲍尔默很早就开始了商业实践。在高中时，鲍尔默就担任了校篮球队的经理人。当时的教练回忆说，鲍尔默是他当时见过的最好的经理人，球队需要用的球和毛巾总是放在它们应该放的地方，他从那时起就是团队精神的典范，因此，整个队伍的状态一直都非常好。由于受到犹太家庭的正统教育，鲍尔默从小就养成了忠诚的品质。

1980 年，当盖茨在他的游艇上以 5 万美元的年薪，说服了当时就读于斯坦福大学商学院的鲍尔默加入微软时，鲍尔默便成为了微软第一位非技术学院毕业的受聘者。鲍尔默加入微软后，他立刻将微软当作自己的家，一干就是 25 年。

身材魁伟、习惯咬指甲、大嗓门、工作狂的鲍尔默的天赋之一就是善于听取他人的意见，更加强调与对手的合作。和比尔·盖茨相比，鲍尔默本人显得更加随意和开朗。外界评价说，尽管微软在业界拥有霸主的声望，但鲍尔默希望公司的形象能在企业界显得更加亲善化。有媒体分析，正是鲍尔默的性格决定了微软形象的转变。

与盖茨不同的是，鲍尔默在生意上更强调和解，崇尚儒家的"和气生财"。在鲍尔默就任 CEO 之际，微软面临着众多的法律诉讼，使它的形象严重受损。在反垄断诉讼中，微软成了众矢之的。美国证券交易委员会用了 3 年时间，调查微软是否在上个世纪 90 年代中期，人为地抹平财务报表。对于这些，鲍尔默强调合作，很快与美国证券交易委员会达成和解协议。在鲍尔默管理微软期间，微软还与司法部就反垄断案达成了和解，并且平息了其他由雇员、客户和竞争对手提起的诉讼。

正是因为鲍尔默有着惊人的管理天才，才使微软渐渐地战胜了一个个对手，摆脱了一个个困境，从而走向强大和辉煌。据有关资料显示，自微软公布鲍尔默接任 CEO 后，微软的财富就一直在直线上升。销售额由 2000 财年的 230 亿美元涨到了 2004 财年的 368 亿美元，其现金储备也增长了 2 倍。

有人说，盖茨好比是一个精明的掌柜，而鲍尔默则是一个忠实的管

家，既为盖茨盘家也为他揽财，使微软一步步走向了成功。他不仅仅成就了盖茨的梦想，也成就了无数个微软的千万富翁……

数学大师苏步青有高尚的品德，他真诚地鼓励学生超过自己。他常对学生说："一代胜过一代，科学才能发展，事业才有希望，你们要超过我，向更高的目标前进。"

苏步青不仅口头上这样倡导，而且在实际行动上也切实帮助学生超过自己。他从多方面观察，发现学生谷超豪思想敏锐，学有余力，便根据循序渐进的原则；向他提出更高的要求，支持他在听自己课的同时，再去听陈建功先生的课，在参加自己主持的微分几何讨论班的同时，也参加函数讨论班，使他把两位先生的学问和长处都学到手。解放初，上级打算调谷超豪去某单位从事行政领导工作，苏步青认为这样用人不妥，说谷超豪有数学才能，应让他在数学方面发挥专长。后来，他认为谷超豪已经基本掌握了自己的学问，又推荐他到莫斯科大学学习。

谷超豪回国后，在微分方程方面取得一系列具有世界先进水平的研究成果。又同著名物理学家杨振宁合作，在规范场的数学结构研究中取得了一系列成就，得到科学界的高度评价。

由此可见，在市场竞争越来越激烈的前提下，单打独斗的时代已经过去。没有人，也不可能有人能依靠一己之力获得某项事业的成功。因为任何的成功都不会是孤立产生的，即使聪明绝顶的人，也离不开他人的鼓励和支持。

让每个人都发挥自己的优势

善于发现他人的长处，让每个人都充分发挥自己的优势，不但可以实现战略上的优势互补，营造众志成城的景象，更重要的是能够使人才各扬其长，互补其短，从而形成一股合力，诞生一种"核力"，一种超过每个人能力总和的新的合力，迅速赶上和超过竞争对手的实力。

畅销书《把信送给加西亚》中有这么一句话：无论执行什么样的任务，或实现什么样的目标，选择合适的人担当重任是最为关键的。书中的美国总统麦金莱选择了年轻的中尉安德鲁·罗文去把信送给加西亚将军，就是一个最好的例证。正因为安德鲁·罗文有着非同一般的敬业精神，有着非同一般的聪明智慧，才顺利地完成了这一光荣的使命。

由此也可以看出，麦金莱总统在选择罗文去执行这一任务时，是让合适的人去做了一件合适的事。否则，发生在 1898 年的那场美西战争可能就会是另外一种情形。

古时候有一个寓言故事，说的是有一位名叫西邻的先生，他有五个儿子，大儿子很朴实，二儿子很聪明，三儿子眼不好，四儿子腰有毛病是个罗锅，五儿子一条腿。大儿子很朴实，西邻先生就叫他务农；二儿子很聪明，西邻先生就叫他经商；三儿子是瞎子，西邻先生就叫他搞按摩；四儿子是个罗锅，西邻先生就叫他搓草绳；因为他的背是弯曲的，干一天下来也不觉得累，工作效率反而特别高；五儿子只有一条腿，西邻先生就叫他纺线，他把纺线车放在桌子上，人就坐在那个地方，用手摇，工作效率也出奇的高。于是，一个与残疾人俱乐部差不多的家庭，在西邻先生的安排

下，竟变得不愁吃，不愁喝了。

其实，一个家庭是这样，一个企业，甚至一个国家又何尝不是如此呢？因为，无论是在工作中，还是生活上，每个人都有长处，团队的管理者要善于发现每一个人的长处，并使他们向着一个目标努力，这样就一定能成功。特别是有的人不知道长处在什么地方，这就需要别人，需要团队管理者帮着发现他的长处，让他向着一个目标努力，从而到达成功的彼岸。

著名的前国家级篮球教练丁克威在篮球队执教长达 39 年，期间培养了21 位国家级球员，帮球队赢得全国冠军，球队中有 13 名世界纪录保持者及数位奥林匹克金牌得主。他的秘诀在于善于鼓励人，发挥个人的长处，强调个人的动力。

我们要善于指挥别人做事，把合适的人安排在合适的岗位上，让每个人都发挥自己的优势。如果凡事都要靠自己，累死了也闯不出什么明堂。所以，会闯的人，不是凡事自己做，而是善于指挥和激励别人。

不走寻常路，才能闯出好前程

　　为什么有人做事费尽心血，但还是一败涂地？为什么有人做事不费吹灰之力，但他总能马到成功？其中的差别就看能不能走出一条新路来。千军万马挤独木桥，挤破脑袋还不一定能过去。能别出心裁，成功的路上你才能畅通无阻。

走"非常道"，闯成功路

老子有句话叫："道可道，非常道；名可名，非常名。"老子的"常道"我们可以理解为一般的做事方法，那么"非常道"自然就是非一般的做事方法了，它可以是逆向思维，也可以是特殊的思维方法，总起来说就是一种突破性思维方法。

一般的"常道"思维，只能使人处于常规状态，容易导致保守、停滞。若想闯出成功，就必须采取某种"非常道"的思维。"非常道"的思维往往能够运用不平常的方法，出奇制胜。"非常道"的思维并不是否定一切平常的思维模式，而是在"常道"的基础之上引申而来的。

三国时期，司马懿率领几十万大军直逼诸葛亮把守的西城。而当时蜀军的主力不在城中，城里只有一些老弱病残者，按常理而言，面对来势汹汹的大军，自己的实力又弱，理应紧闭城门，坚守城池，等待援军的到来。而诸葛亮审时度势，命令士兵大开城门，自己则坐在城楼上安闲地抚琴。结果，司马懿几十万大军被吓退了。

诸葛亮之所以能吓退司马懿大军，采取的就是"非常道"的手段——司马懿深知诸葛亮用兵一向谨慎，从不打无把握之仗。然而，正是基于这种"常道"之上，当诸葛亮采取这种"非常道"之时，司马懿也就不知虚实了！谨慎的司马懿为防止遭到伏击只能不战而退了。

当然，诸葛亮的这种"非常道"对于大多数人来说是不现实的，毕竟诸葛亮在古代历史上也是神仙般的人物。然而"非常道"并不一定都是那些高深莫测、难于思考的东西，有时他就存在于"常道"之中，只是我们

将他们忽略了而已！

上个世纪，美国宇航局曾悬赏10万美金向全世界征集设计一种供宇航员在太空使用的、在任何方向下都能书写的笔：不用吸水，不受地球引力限制，可以较长时间使用。

许多人都认为这种笔要求那么多一定很先进、科技含量一定很高，于是全世界许多人设计了许多种科技含量很高的笔，但都无法通过最后的检验。一个德国科学家突破了常人认为"需要高科技"的思维定势，给美国宇航局写了一封信，信中写道：用铅笔。仅仅三个字，既解决了宇航员太空书写的难题，又赢得了10万美金，可见逆向思维的重要所在。

事实上，人们在日常生活中常常会凭着"想当然"的思维定式对问题做分析并进行解决。这样的结果往往不那么见效，反而常会导致失败而郁闷的结果。如果人们在常态中能够采取常法解决问题，在非常状态中采取一种突破性思维进行思考，那么任何难题都会迎刃而解的。

1943年中旬，第二次世界大战进入白热化的程度。为了能够更有效地打击法西斯势力，盟军决定给希特勒设一个圈套。而策划实施这一计划的是盟国中的英国。

为了让希特勒彻底相信盟军的进攻重点是萨迪尼亚和希腊的伯罗奔尼撒，而不是西西里，他们决定在海上漂浮一具尸体，在其口袋里装入与进攻计划有关的内容。

他们把实施这一计划的地点确立在西班牙海岸，因为那里的德国人活动频繁。如果一切进展顺利的话，尸体就会被德国人发现，那么假情报就会使他们受骗上当。

英国人根据人们"想当然"的思维方式，把所有的细枝末节都策划得天衣无缝，连尸体都像经历了一场空难而掉进海里的一样。

经过仔细搜寻，他们终于找到一具最合适不过的尸体——一名死于肺炎又暴尸荒野的男性，他们给他取名为威廉姆·马丁少校。

策划者们在尸体的口袋里装入的东西有戏票、银行开出的一张透支通知单、几封未婚妻的情书，当然还有绝密的进攻计划。

在一个风平浪静的日子里，他们悄悄将"马丁少校"送入大海……

几个月后，盟军在西西里登陆，发现敌人的兵力果然分散到了别处，从而轻而易举地赢得了成功。事后获悉，德军果然因自己的思维定式而中计。

"非常道"正是一种突破平常思维的智慧，它的手段极新、极异，用"匪夷所思"与"不可思议"的方法去解决那些难解或本不可解的问题。然而正是如此，才使众多的难题有了突破口，有了解决的方法。

许多人遇到困难之后，常常会苦思冥想却不得其解，然而运用"非常道"的智慧从另一个角度，从常人通常想不到的方面出发，常会收到事半功倍的效果。我们不妨学一点逆向思维，突破常人的思维定势，从相反方向或"非常人"的角度去思考问题，唱点反调，也会取得意想不到的效果。

思路指引道路

人不能改变环境，但可以改变思路；人不能改变别人，但可以改变自己；多一个思路，多一个出路；思路决定出路，观念决定前途。闯在当下，生活工作没有思路不行，组织管理没有思路不行，企业经营没有思路不行……在逆境和困境中，有思路就有出路；在顺境和坦途中，有思路才有更大的发展。

如果在新加坡，你问零售业的第一家是谁？人们会毫不犹豫地回答：是唐家。唐家何以能如此？现今唐家是新加坡最大的百货商店的主人，零售全球百货，独霸新加坡。唐氏商场的创始人唐仲庚当年从中国的汕头来到新加坡闯南洋，只身携带一只塞满中国刺绣品的铁皮箱。正是凭这只小

小的铁皮箱，开始了唐氏的创业历程。

唐仲庚有着智慧的大脑，非凡的洞察力，但更重要的是他有着自己独特的做人思路。他放弃了那些常人眼中的机遇，却在别人一无所知的地方闯出了一条属于自己的路，从昔日的穷小子一跃而成为大亨。

1958 年，唐仲庚由于事业的需要，开始筹建一幢售货大楼。在新加坡纵深内陆的偏僻之地——乌节路买下一块地皮，准备盖楼。在当时，唐仲庚此举被认为是一个疯子，因为那时新加坡的商业活动主要集中在滨海地区，人们投资商业也是在那里，所以对于他在乌节路盖售货大楼都深为惋惜，认为是把钱扔到了坟墓之中，不会起任何作用。而且还有一些会看风水的人，更是对乌节路这块地皮看不顺眼，因为这块地皮的位置面朝一个墓地，按照中国的风水之说是个不祥之兆。面对着这些嘲笑、讽刺，唐仲庚并未改变初衷，而是下定了决心，在乌节路大干一场。其实唐仲庚并非痴人，他之所以下定决心选定乌节路这块地皮盖售货大楼，是经过仔细研究的。他清楚自己的英国主顾们每天上班都得经过这条道。这样，无形之中，就把主顾们的购物袋拉向了自己的售货大楼。

由于位置偏僻，风水不佳，唐仲庚仅仅以 50 新加坡元一平方英尺的价钱就买下了这块土地，排除了一切困难，盖起了他的第一座百货大楼。

情形正如唐仲庚所预料的那样，那些英国主顾们利用上下班的时间，路过唐氏百货大楼时，就自然而然地进去购买自己所需物品。唐氏的资本因此大大增长。

另外，时间不长，由于这个地区得天独厚的条件，就成为了新加坡商业区的心脏地段，地价成倍地向上涨，原先只是 50 新加坡元一平方英尺，现在涨到了 6000 新加坡元一平方英尺。唐仲庚获得了极大的成功。

随着唐氏商场的发展，也随着新加坡经济的大踏步前进，唐仲庚决定重新建造唐氏商场，也就是现在这幢横跨乌节路和史名士路交叉路口的大楼。

这又引起了巨大的波澜，大部分人不理解，认为唐仲庚是在胡闹。还有迷信风水的那部分人窃笑不已，认为唐仲庚这回肯定栽了，因为他们注意到大楼面向路上的行人车辆，这意味着钱财会滚滚外流。

又是一场新的挑战，不过清醒的唐仲庚始终坚信自己的选择。他不迷信风水，只信奉做人经商之道。他大刀阔斧，尽快做出了调整，然后正式做出重建唐氏商场的决定。他又一次获得了巨大的成功。当后来有人问他当初怎么想时，他解释说："史名士路通往去柔佛的各条路，而乌节路通往市区。"

和唐仲庚相比，希腊的航运巨头奥纳西斯则是放弃了他已蒸蒸日上的烟草业务，而去寻找另一条人生道路，也凭借这个，他最终成为了一名举足轻重的商界大腕。

1922 年，以难民身份进入希腊国土的奥纳西斯身无半文。工作找不到，栖身之处也没有着落，真是度日艰难。趁着在一条旧货船上打工的时机，当船停泊在阿根廷首都港口的时候，奥纳西斯偷渡逃跑了，从此开始了他艰难的创业生涯。

在阿根廷，奥纳西斯在一家电话公司当了名电焊工，他每天工作 16 个小时以上，还经常通宵达旦地加班。在穷困中泡大的他舍不得多花一分钱，天长日久便积累了一笔资金。

随后，他开始从事烟草生意并获利甚丰。当人们都以为他要在这一领域做一番事业时，奥纳西斯却有另一番想法。

当他稍稍站稳脚跟欲再度发展时，震撼世界的经济危机袭来了。在充满恐慌的灾难之中，奥纳西斯以他过人的勇气和眼光，把他的财力投之于在危机中被普遍认为最不景气的行当：海上运输。

当时的世界背景是：贸易瘫痪，海运濒临死亡。1931 年的海运量仅是1928 年的 1/3 左右。

当加拿大国营铁路公司被迫出售时，奥纳西斯了解到该处有 6 艘货船出售，这些船在 10 年前的价钱是每艘 200 万美元，而现在只卖 2 万美元。奥纳西斯急匆匆赶到加拿大，买下了这 6 艘船。这种孤注一掷的投资令人惊异，而他却深信这么干值得，一旦时势变化，投资便会一举赚回来，甚至利润也会滚滚而来。

果然，二战爆发了，战争形势要求运输业复苏并尽快发展。一项明智而果断的投资见效了。6 艘货船顿时成为活动的金矿，奥纳西斯骤然变成

一个拥有"制海权"的希腊航运巨头。别人不干的，他干了；别人赚不到的钱，他赚了，而且赚了个够。奥纳西斯除了有钱有势，还向多方位发展，成为世界上举足轻重的人物。

二次大战后，当别人又对海运忧心忡忡，举棋不定时，奥纳西斯又以他的明智和魅力投资于油轮，其发展速度十分惊人：二战前，他的油轮总吨位是1万吨，而到1975年时，他已拥有45艘油轮，其中15艘是20万吨以上的超级油轮！

这个当年的穷小子，日薪23美分的奥纳西斯成了世界上最大的豪富之一。除了上面那些轮船、油轮，他还拥有8家造船厂、100多家公司、航空公司以及众多地产、矿山，财产的总数额达十亿美元之巨。

如同前面摩根的那段话所蕴藏的道理，真正能闯出大事业的人不仅需要勇气，更重要的是需要一种与众不同的思路，他们善于想人所未想，做人所未做，在人们的眼力之外另外找寻一条道路。

想成功就先去开疆拓土

　　在经济飞速发展的今天，各个行业中都充满了激烈的竞争，各个领域中都挤满了想来分一杯羹的人们——竞争激烈啊！很多时候，就像一只肥大的猎物身边围满了来分食的豺狼。来得早的，扯走了四肢和最新鲜最肥美的部分；来得及时的，分走了内脏；而来晚的，等待他们的只有残缺不全的骨头。只会跟在别人的后面去抢食的，结果不是得些残渣，就是活活饿死。

　　所以，想闯出大成就，就不能跟在别人的后面，盲目地随波逐流。会闯的人，总是做事业里的开路先锋，做新领域的排头兵，它们会想办法开拓新的疆域，从而为自己打出一片属于自己的天地！

　　墨西哥最大的啤酒制造商——莫德洛集团，是著名女企业家玛利亚·阿兰布鲁萨瓦拉的祖父创建的，当集团在她的父亲、第二代掌门人帕博卢的手中时，得到了飞速的发展。

　　帕博卢让莫德洛集团酿造的科罗娜啤酒，在美国的啤酒进口市场中雄居榜首，并且打造成风靡全球、世界上最受欢迎的 5 大啤酒之一。

　　可是帕博卢没多久就去世了，这时的玛利亚只是一个就会穿衣打扮、享受生活的富家女。庞大的家业自然不能交到她的手上，可是帕博卢又没有能够掌握集团的继承人。

　　眼看许多虎视眈眈的眼睛盯着自己家的东西，玛利亚为了祖宗的产业不落入外人的手中，暗暗决定要自己做集团的掌门人。可是集团的董事会当然不会给她让位，因为她毫无经商的经验。

于是，玛利亚就和董事会请求给她一年的时间，她一定会做出不俗的表现。董事会尽管没有人相信她，却也同意了。玛利亚在一年内勤奋学习，大力改革，果然使集团下两个濒临倒闭的厂子起死回生，重新赢利了。

而这还不是她的最终目标，她的目的是完全掌握自己的家族企业，成为拥有实权、控制全盘的掌门人。所以她还必须要继续努力。

独具慧眼的玛利亚看到科罗娜啤酒在美国乃至全世界都畅销，有着极大的名气，为什么在全球的战略地图上却偏偏空白了中国这么一大片土地呢？

玛利亚知道今日的中国可不是20年前的中国了，很多外国企业都在这个拥有13亿人口的大国里寻找着发财的机会。这个蕴涵着巨大的潜力，埋藏着无数的金钱的市场绝对是一个不可丢失的战略制高点。

于是玛利亚报告董事会，她要开发科罗娜啤酒在中国的市场。董事会也认为这是个好的方向。但是具有很多的艰难。

说做就做，她把开拓中国市场的计划提到了第一时间。功夫不负有心人，经过9年的艰苦努力，玛利亚终于拿下了中国这个全球最大的市场。

现在科罗娜啤酒已经在中国的各个大小餐厅、饭店、宾馆和超市随处可见。在中国有啤酒的地方，就有科罗娜的影子。科罗娜啤酒的出口已经成为墨西哥最大的对华贸易出口项目。不仅为公司带来了丰厚的利润，也为拉美出口经济的发展做出了巨大的贡献。

玛利亚的才能得到了董事会的赏识，成就也得到了董事会的认可，最后，她成为了莫德洛集团的总裁，也成为《财富》"全球最有权利的50位女人"榜上人物之一。

一个会闯的人，往往具有能在纷繁杂乱的商界抓住商机的机敏的头脑；一个会闯的人，往往要有穿过前方布满的迷雾而看到别人没有看到的远景的锐利目光；一个会闯的人，往往具有能在看似贫瘠的土地上掘出财富的本领。

想成为将军的士兵，就要做最勇敢的一个，每一次冲锋陷阵，都出现在阵地的最前沿，每一场战役，都打出第一发子弹，建立第一个功勋。而一个会闯的人，能第一个找寻到蕴藏着财富的商机，能第一个踏上等待开拓的、崭新的处女地。

"创"是闯的资本

在 20 年前就有人预测，有两种人能成为成功者：一种是能把职能实现新组合的人；一种是敢于大胆创新者。这两类人其核心竞争力都是创新。当今的社会是一个信息的社会，起决定作用的是你资源丰富的大脑。闯在社会中，如果你想让自己跟上时代的步伐，创新便是你赖以闯荡的资本。

后来，通过对许多成功者的考察发现，他们都存在着一个显著特征：遇事头脑冷静，面对问题思维灵活，解决问题机动多变，总是能找到多种方案，而不是一味地钻牛角尖。也就是说，这些成功者之所以能闯出一片天地，就在于他们惯于充分培养、发挥自己思维的创新能力。

杰伦现在是施霸商业亚太区的高管。自参加工作以来，他就一直保持着主动创新的热情。比如，他清楚地知道谁了解客户在想什么谁就能攻占市场的道理，他便总是想尽办法去获得客户的资料。

一开始，他只是在一家连锁录影带店里做"小弟"，但他却拥有一份珍贵的客户花名册。说它珍贵，就在于它的内容，不仅包括常到店里租录影带的客户基本身份资料，还包括他们的联络电话、地址，以及他们对影碟的喜好，看影碟时吃的零食……这些都是杰伦利用各种途径获得的信息，当然，这些对他的工作帮助极大，也为公司创造了相当可观的利润。

杰伦的出色表现最终引起了猎头公司的注意，因为他在大学时修的专业是食品加工与销售，所以他被"挖墙角"到一家食品连锁店里做策划

总监。

于是，杰伦业余时间又开始收集当地居民的生活资讯，特别是有关食品的，甚至有时他还沿街检查豪宅倒出来的垃圾，分析哪种速食品是名人、富人们的最爱……

不久，杰伦就在超市里推出了他的第一个举措：不再将货品标价明示在外，顾客必须按一下价格钮，价钱才会在液晶屏幕上出现。这样，一天下来便可得知哪些产品畅销，哪些是冷门货，得赶快下柜……

杰伦通过这种不知不觉中对顾客进行"民意测验"的新奇方法，很快就为老板开创了巨大的商机和利润。他也从此一炮打响，成了老板身边的红人，并最终为他的成功铺就了宽敞的大道。

杰伦的经历向我们展示了一个显而易见的道理：要想成为成功的人，就一定要尽力使自己具有创新思维的特征，要尽一切可能寻找解决问题的方法，并通过解决各种问题来证明自己的工作能力，显示自己过人的工作魄力，体现自己不凡的个人价值以及与公司同舟共济的精神。

但很可惜的是，像杰伦这样勇于创新、主动求变的人却并不多见。思维决定命运——一个人有什么样的思维，就会有什么样的行为；有什么样的行为，也就会得到什么样的结果。

比如，如果你在工作的每一阶段，总能找出更有效率、更经济的办事方法，你就能提升自己在老板心目中的地位，你将会面临被提拔、被实际而长远地委以重任的崭新局面。这样，你就会因为你出色的创新思维能力，为自己拓展出一条通往成功的金光大道，变成一位不可取代的重要人物。

所以，比尔·盖茨有一句名言："我的企业离破产只有 12 个月。"他的意思是说，如果企业无法不断地创新进步，也许一年后就不复存在了。企业的不断创新进步靠什么？不就是靠人才的不断创新进步吗？

一家调查公司的调查显示，当今成功的人才必须具备的创新特征是：敢于标新立异、热爱所从事的职业、漠视财富的积累、有较强的学习能力、乐于面对工作的挑战和对知识的不断更新增值。

其实，创新不一定就是彻头彻尾地改变、否定以前的一切，它可能是对自己资源的一种全面整合，也可能是对自己未知的潜质的一种挖掘。那些会闯的人，那些能成就大事业的人未必是禀赋过人、才高八斗的人，只要他有一定的可塑性，时时知道自己正在干什么，接下来应该干什么，即清楚自己从哪里来，要去哪里，并始终探索着"来——去"的最短直线距离，最终，他就会成为一个成功者。

能闯的路绝不会只有一条

创意本身并不是一种简单的心理活动，它是一种探索性的活动，需要多种思维模式的共同参与，才能在众多可行的路径中寻找出最佳捷径。

一般人的思维模式，就像埃及的金字塔一样，是拾阶而上的，也就是习惯于把思维的触角向前、向上延伸，而忽略了向左、向右、向后、向下的思考路径。而会闯的人则鄙弃这种思考模式，他们喜欢突破传统，他们热衷于灵活思考，所以，他们会取得令人瞩目的成果。

世界五百强企业美国玩具 R 公司的创始人詹姆斯在创业之初，由于他灵活的头脑和坚实的努力，使公司的效益一直很好。但是随着竞争的日趋激烈，公司效益一日不如一日，仓库的产品越积越多。

为此，詹姆斯和员工们想尽了改进的办法，但是都不见成效。公司的很多员工见公司的状况一日不如一日，都纷纷作鸟兽散。

面对倒闭的压力，詹姆斯简直有些喘不过气来，整日寝食不安。妻子看到他灰心丧气，便建议他："你不如先出去旅行几天，释放一下心中的不快，缓解一下压力，说不定过几天公司的事情就会有转机了。"

詹姆斯接受了妻子的建议，开车和妻子来到了海边，他们在海边的一

家小旅馆住下。这里风景不错，每天可以观看潮起潮落，欣赏大海上来来往往的船只及飞来飞去的海鸥。但詹姆斯却无法忘怀工作上的烦恼，他始终在思考着如何处理公司的积压玩具的问题。

这天中午，正当他终于放心不下公司，准备回去的时候，妻子推了推他说道："亲爱的，你看那些孩子多可爱，面对如此丑陋的玩具，竟然玩得如此开心。"

詹姆斯顺着妻子手指的方向望去，看到几个活泼可爱的小孩子正在争夺一只丑陋无比的玩具，他们奔跑着，打闹着，脸上洋溢着无比快乐的笑容。

此时，詹姆斯头脑中一个念头一闪而过：原来如此丑陋的玩具也能讨得孩子们的欢心啊！

回去以后，詹姆斯立刻将公司的那些玩具都进行了变脸，使他们成了丑陋无比的怪物。同时改进公司的设备，专门生产那些丑陋的玩具。

结果正如詹姆斯所料，玩具极其畅销，公司也因此度过危机，并最终发展壮大。

面对问题，许多人往往容易采取惯性思维模式，也就是总按着常情、常理、常规去想，或是按着事物发生、发展的客观顺序去想，比如从前到后、从上到下、由近及远的顺序去想。

这样想问题，容易找准切入点，思考问题和解决问题时的效率也会比较高。

但是，对于奋力搏击的人而言，这样的思维模式却未必奏效。陷入困境中的詹姆斯正是这样，他一开始只是采取惯性的思维模式，想尽各种办法去改进公司的经营模式和经营方针，但却一无所获，直到他转换思路，从玩具本身下手创新，这才赢得了一条发展之路。

时常转换思维模式，寻找另一条创新之路，这是聪明者的做法。他们相信，他们脚下的路不会只有一条，而是条条大路通罗马。他们从不让思维定势束缚住自己的手脚，他们经常会主动地打破思维的框框，给自己一个自由伸展的思维空间。

约翰是一名才华横溢的青年，学有所成后，他怀揣着博士文凭去找工作。不料，自信满满的他却到处碰壁，发现此时的自己根本无法实现自己高收入、高发展的梦想。

几次碰壁之后，他不由得开始反思，是自己所学的专业不好吗？按理说，计算机专业是"朝阳"专业，应该正是春风得意的时候啊！可为什么自己就找不到适合的工作呢？反复思量之后，他得出了一个结论：是自己把目标定得太高了。

于是，约翰决定改变思维方式，降低择业标准，从最低层干起。他收起了博士文凭，用一种普通人的身份来到 IBM，参加一般员工的应聘。

结果，他被录用了，做了一名普通录入员。这份工作是稍有学历的人都不屑一顾的，而他这位博士却干得认认真真，一丝不苟。

没过多久，主管就发现了他是一个才华出众的人。因为一个小小的录入员竟然能看出公司程序中的错误，这是一般录入员所无法比拟的。此时，约翰亮出了自己的学士证书，主管马上给他安排了一个与本科生对口的工作。

过了一段时间，主管又发现约翰在这处岗位上依然干得游刃有余，得心应手，而且还提出了许多颇有见地的建议，这令主管大感意外，因为这是一般大学生所无法企及的。这时，约翰又拿出了自己的硕士文凭，主管又提升了他。

因为有了前两次的经验，公司的老总们开始格外地注意观察约翰，发现在这个新岗位上，他的所作所为仍然是一个硕士生所无法与之相提并论的。这一情况再次引起了老总们的注意，甚至惊动了总裁托马斯·沃森，他亲自找约翰谈了一次话。

至此，约翰终于拿出了自己的博士文凭，并讲述了自己的求职经历。托马斯·沃森此时才恍然大悟，并毫不犹豫地重用了他。

约翰的成功，一方面是源于他过人的学识、能力，以及脚踏实地的敬业精神，但最主要的是，他在求职过程中所应用的创新思维，更是深得托马斯·沃森的赏识。因为托马斯·沃森相信，只有创新意识强的人，才能为公司的发展带来活力。

约翰在众人皆"进"的情况下，却出乎意料地采取了一种"退"的方

式。这种"退"，不是逃避，而是以退为进！前进是为了取得成功，后退也是为了取得成功——只要达到了成功的目的，后退一步又何妨？

思维作为一种灵动的精神活动，它最忌讳的是呆板与教条，任何形式的清规戒律，都会束缚其手脚，使它不能大展所长。想要闯出名堂，又何必把自己局限于一种简单的思维定势之中呢？

在社会上闯荡，我们应该用一种大的视野，一种鸟瞰全局的胸怀，来看待自己闯荡的这个世界；用一种灵活多变的形式、一种随机应变的智慧去分析判断问题。该进则勇往直前，绝不畏首畏尾；该后退时就果断撤退，绝不拖泥带水！

总之，不管用哪种方式，闯哪一条路，只要你最终解决了问题，它就是最好的方式，最正确的路！记住，闯的办法绝不会只有一个，脚下的路也绝不会只有一条！

求新才能闯出路

中国商朝的始祖汤，以仁慈的心布施仁政，就连孔圣人都称他是明君，并对他的道德倍加赞赏。商汤曾在他使用的盘子上面刻着"苟日新、日日新、又日新"的字句。这句话的真正意义，是告诉我们，应该抱着日新又新的心理去观察每一件事情。如果能够确切实行，自己的思想也会愈变愈新。

比商汤稍晚的时代，大约是 2500 多年前，释迦牟尼曾说过"诸行无常"。希腊的哲学家赫拉克黎多士也说过："万物都在流转，连太阳也不例外。今天的太阳已经不是昨天的太阳了。"

可见不论东方或西方的圣贤都在强调"日新月异"的观念，更何况我们身处在现代这种日新月异的时代。

　　美国实业家罗宾·维勒说过："我成大事的秘诀很简单，那就是永远做一个不向现实妥协而刻意创新的叛逆者。"罗宾·维勒的言行是一致的。我们能从罗宾·维勒的身上看到创新思维对一个人成大事所起的作用有多么巨大。

　　当全美短帮皮靴成为一种流行时尚的时候，每个从事皮靴业的商家几乎都趋之若鹜地抢着制造短帮皮靴供应各个百货商店，他们认为赶着大潮流走要省力得多。

　　罗宾当时经营着一家小规模皮鞋工厂，只有十几个雇工。

　　他深知自己的工厂规模小，要挣到大笔的钱绝非易事。自己薄弱的资本、微小的规模，根本不足以和强大的同行相抗衡。罗宾如何在市场竞争中获得主动权，争取有利地位呢？他有两条路可以选择：

　　一是在皮鞋的用料上着眼。就是尽量提高鞋料成本，使自己工厂的皮鞋在质量上胜人一筹。然而，这条道路在白热化的市场竞争中行走起来是很困难的，因为自己的产品本来就比别人少得多，成本自然就比别人高。如果再提高成本，那么获利有减无增。显然，这条道路是行不通的。

　　二是着手皮鞋款式改革，以新领先。罗宾认为这个方法比较妥当，只要自己能够翻出新花样、新款式，不断变换、不断创新，招招占人之先，就可以打开一条出路。如果自己创造设计的新款式为顾客所钟爱，那么利润就会接踵而至。

　　经过更深入的思考，罗宾决定走第二条道路。

　　他立即召开了一个皮鞋款式改革会议，要求工厂的十几个工人各竭其能地设计新款式鞋样。

　　为了激发工人的创新积极性，罗宾规定了一个奖励办法：凡是所设计的新款鞋样被工厂采用的设计者，可立即获得1000美元的奖金；所设计的鞋样通过改良可以被采用，设计者可获500美元奖金；即使设计的鞋样不能被采用，只要其设计别出心裁，均可获100美元奖金。

　　与此同时，他又设立了一个设计委员会，由5名熟练的造鞋工人任委

员，每个委员每月额外支取 100 美元。

这样一来，罗宾的皮鞋工厂，马上掀起了一股皮鞋款式设计热潮。不到一个月，设计委员会就收到 40 多种设计草样，采用了其中 3 种款式较别致的鞋样。罗宾立即召集全体大会，给这 3 名设计者颁发了奖金。

罗宾的皮鞋工厂根据这 3 个新款式试行生产了。

第一次出品是每种新款式各制皮鞋 1000 双，立即将其送往各大城市推销。

顾客见到这些款式新颖的皮鞋，争相购买。

两星期后，罗宾的皮鞋工厂收到 2700 多份数量庞大的订单。罗宾开始忙于出入各大百货公司经理室，跟他们签订合约。

因为订货的公司多了，罗宾的皮鞋工厂逐渐扩大。3 年后，罗宾已经拥有 18 间规模庞大的皮鞋工厂。

皮鞋工厂增多，做皮鞋的技工便供不应求。最令罗宾头疼的是别的皮鞋工厂尽可能地把工资提高，挽留自己的工人，即便罗宾出重资，也难以把其他工厂的工人拉出来。缺乏技术工人对罗宾来说是一道致命的难关。因为他接到了不少订单，如无法给买主及时供货，将意味着他得赔偿巨额的违约损失。

罗宾忧心忡忡。他召集 18 家皮鞋工厂的工人又开了一次会议。他始终相信，集思广益可以解决一切棘手问题。

罗宾把没有工人可雇用的难题诉诸大家，要求大家各尽其力地寻找解决途径，并且重新宣布了以前那个动脑筋有奖的办法。

会场一片沉默，与会者都陷入思考之中，不遗余力地想办法。

过了一会儿，有一个小工举起右手请求发言。得到罗宾的嘉许后，他站起来怯生生地说："罗宾先生，我以为雇不到工人无关紧要，我们可用机器来制造皮鞋。"

罗宾还来不及表示意见，就有人嘲笑那个小工："孩子，用什么机器来造鞋呀？你是不是可以造一种这样的机器呢？"

那小工窘得满面通红，惴惴不安地坐了下去。

罗宾却走到他身边，请他站起来，然后挽着他的手走到主席台上，朗声说道："诸位，这孩子没有说错，虽然他还没有造出一种造皮鞋的机器，但他的想法非常好，大有用处，只要我们沿着这个思路想办法，问题一定会迎刃而解。我们永远不能安于现状，思维不要局限于一定的桎梏中，这才是我们永远能够不断创新的动力。现在，我宣布这个孩子可获得 500 美元的奖金。"

经过 4 个多月的研究和实验，罗宾的皮鞋工厂的大量工作就被机器取代了。

罗宾·维勒的名字，在美国商业界，就如一盏耀眼的明灯，他之所以能成大事，与他时时保持锐意创新的精神是密不可分的。

做事有两种方法，一是创新，二是模仿。善于创新的人，总能在别人看不到机会的地方发现新的出路，找到起死回生的办法；模仿别人的人，即使机会能从天上掉下来，也常常是两手空空。所以，会闯的人，就必须让创新思维注入自己的大脑中，时时刻刻去想"金点子"、找"金点子"，做到人无我有、人有我新。

变通是闯世的一条捷径

在人生的关键时刻，要审慎地运用智慧，做最正确的判断，选择正确方向，同时别忘了及时检查自己选择的角度，适时调整。放下无谓的固执，冷静地用开放的心胸做正确抉择。每次正确无误的抉择将指引你闯入成功的坦途。

诺贝尔奖得主莱纳斯·皮林说过："一个好的研究者知道应该发挥哪些构想，而哪些构想应该丢弃，否则，会浪费很多时间在差劲的构想上。"在很多时候，由于种种原因，人们的目标和思维会使自己处于一个两难的境地，这时，最明智的做法是穷则思变，变则通，及时地抽身而退，去开辟其他研究项目，寻找新的成功契机。

在 1984 年洛杉矶奥运会以前，历届奥运会都无一例外地让承办国在经济上不堪重负。例如 1976 年，加拿大蒙特利尔市承办奥运会，亏损达 10 亿美元，至今加拿大人还要为此交纳"奥运特别税"，预计到 2030 年才能还清全部债务。而 1980 年在莫斯科举行的奥运会，据当时的苏联政府说至少花费了 60 亿美元之巨。

46 岁的尤伯罗斯临危受命，承担起筹备 1984 年第 23 届奥运会这项艰巨任务。筹委会一成立明确宣布，本届奥运会完全"商办"，组委会是独立于美国政府以外的"私人公司"。为了筹集资金，尤伯罗斯绞尽脑汁，决定利用一切可以利用的力量。盛况空前的洛杉矶奥运会，尤伯罗斯不仅没花东道主美国一分钱，而且还创造了 2.1 亿美元的盈余。

本届奥运会最大的一笔收入，是出售电视实况转播权。组委会开出的国内独家转播权的价格是 3．2 亿美元。这个价格是蒙特利尔奥运会电视转播权价格的 6．6 倍。价格开出后，美国三家最大的电视广播网都认为价格过高，一时难以定夺。美国广播公司请了几十位经济专家仔细计算，认为有利可图，于是，先下手为强，抢在全国广播公司前买下了电视转播权。

世界知名公司赞助款项也是收入的重要来源。本届奥运会规定，正式赞助单位为 50 家，每家至少赞助 800 万美元，在每一项目中只接受一家赞助。而赞助商都可取得本届奥运会上某种商品的专供权。这样一来，各厂商为了宣传自己，互相竞争，出高价抢夺赞助权。

运用卓越的推销才能，尤伯罗斯成功地挑起同行业间的竞争。当国际商业机器公司决定不参加赞助的时候，尤伯罗斯打电话给该公司的主席，他巧妙地警告对方，另一家名称只有三个英文字母的规模巨大的电脑公司也有兴趣。这小小的一个电话逼得对方乖乖签约。

柯达公司也认为赞助费太昂贵，表示没有一家摄影器材公司愿意付出800 万美元赞助费时，尤伯罗斯警告他们，外国竞争者同样可以争夺本届奥运会赞助权，该公司仍然执迷不悟。尤伯罗斯毫不迟疑地把赞助权售给日本的富士摄影器材公司。于是，日本富士公司以 1000 万美元的赞助费，战胜柯达，取得本届奥运会专用胶卷供应权。

"百事可乐"和"可口可乐"两家饮料公司的竞争也十分激烈。"可口可乐"抢先一步开价 2000 万美元，成为本届奥运会开价最高的赞助商，取得了饮料专供权。

这届奥运会的门票价格是相当高的，开幕式和闭幕式门票售价分别为200、120、50 美元三种，门票总收入达 9500 万美元。

奥运会火炬是在希腊点燃的，这一届洛杉矶奥运会在美国国内的传递仪式，由东至西，全程 15000 公里，沿途经过 32 个州 1 个特区。火炬接力采取捐款的办法，火炬传递权以每公里 3000 美元出售。仅这一项收入就达4500 万美元。

在短短的十几天内，第 23 届奥运会赢利 2．1 亿美元，是原计划的 10倍。尤伯罗斯本人也得到了 47．5 万美元的红利。在闭幕式上，国际奥委会主席萨马兰奇向尤伯罗斯颁发了一枚特别的金牌，报界称此为"本届奥

运最大的一枚金牌"。尤伯罗斯创造了震惊世界的奇迹，他的名字，将永载奥运会的史册。

一个人要想在事业上闯出成功，首先要学会变通。但变通不是无原则的随意行动，它必须要合理，即合乎实际情况和客观规律等方向。如果只是一味地坚持既定的方针，而不知变通，往往是投入了大量精力，最终还是一事无成。在人生的竞技场上，要想闯出与众不同的事业，必须学会变通。因此，不要抱怨社会的路太难闯，好不好闯关键看你能不能灵活地去闯。

善于另辟蹊径，才能做闯世高手

会闯的人必是另辟蹊径的高手，寻常的坦途他偏不走，一定要在"独木桥"上创造辉煌。难道他这不是在冒险吗？不，他恰恰是选择了风险最低的一条路，很多时候，越是冷僻的路，走起来就越顺畅。每一条"阳关大道"上都挤满了盲目的人群，因此，这些"阳关道"有时并不好走，甚至还有摔倒或被挤出队伍的危险。"独木桥"虽然狭窄，但由于是一个人走，所以难度大大降低，"独木桥"也就成了"阳关道"。

有一次，某公司请一位商界奇才做报告，大家非常希望能听他谈谈成功之道，以对自己的发展有所帮助。

但他只是说："还是出一道题考考你们吧。"

"某地发现了一处金矿，于是人们一窝蜂地拥去开采。然而，一条大河挡住了必经之道，如果是你，你会怎么办？"

"绕道走，就是费点时间"，有人说。

"干脆游过去。"

但是他却含笑不语，等人们议论声过后，他开口了："为什么非得去淘金？为什么不可以买一条船开展营运？"

全场愕然。

他却说："那样的情况下，你就是宰得渡客只剩下一条短裤，他们也会心甘情愿呀！因为前面有金矿啊！"

淘金确实是条"阳关道"，淘到了金子你就可以发财，这样的好事谁不愿意去做。但淘金的人太多了，这条路就可能变成"独木桥"，为了金子动手、动口、动刀、动枪，这都不是什么稀罕事，所以你何不试试走"独木桥"呢？渡船是小本买卖，本来不会有多少利润，但因为只有你在做，所以你就占据了优势，你尽可以漫天开价，还怕那些想渡河的人不付钱吗？

在闯荡的过程中，我们总是盯着"阳关道"，跟别人互相推着、挤着，结果很多时候弄得头破血流，却还是一无所获。但如果你能试着换一条人生之路，也许会走得更顺畅。

1998 年，张野第三次高考落榜，这一次，他拒绝了父母让他再复读的建议，决定去做点别的。张野的父母都是知识分子，他的哥哥姐姐也都考上了大学，父母觉得一个人如果上不了大学，那他就永远也不能出人头地，因此张野的想法在家里引起了轩然大波。没有理会家人的反对，张野开始了自己的创业历程，他相信成功的路不只一条，自己没必要非往高考的窄门挤。张野试过很多工作：卖服装、开报刊亭、办搬家公司……但都没有成功。2001 年复天，他在某报纸上看到了一则诚招加盟某高级干洗连锁店的广告，经过分析，他认为前景不错，便果断地投入资金办起一间连锁店。三年过去了，张野的生意越做越大，手下已经拥有 7 间分店，并被当地评为十大杰出青年，他的父亲感叹说："真没想到，这小子走'独木桥'竟然走出了名堂！"

张野在第三次落榜后，就决定放弃自己的大学梦，另闯一条适合自己的路，这决不是意气用事，而是在人生路口上从另一种思路出发做出的新选择。但是，值得说明的是，这种选择并不是以消极的或者反动的方式进

行的：像有的人那样，一旦在自己的人生路上遇到点挫折和坎坷，不是沉沦消极，怨天尤人，就是不思进取，自暴自弃，而是以一种"山重水复疑无路，柳暗花明又一村"的乐观、通脱、放达的人生态度，独辟蹊径，走向人生的另一境界。

实践证明，张野的选择不但显示出他过人的胆识和魄力，而且也说明，人生价值的实现途径是多样的，关键是你能否正确地看待自己，客观地估价自己。一个人只有正确而客观地看待和估价自己，他才能够面对现实对自己的人生之路做出正确的选择。

当然，当人对自己的人生之路进行重新选择时，还应该具有超前意识，也就是说，这种选择应该是以对社会的发展趋势的正确判断和准确把握为前提，而不应是盲目的，这样，你才能保证重新选择的正确性。不随大流走自己选择的冷僻路，是一条充满荆棘与鲜花的刺激之旅。要么跌得很惨，要么掌声雷动。但肯定的是在这个过程中是要付出很多的。但只要你有胆识，能坚持，你就可以闯出无比辉煌的成功。

试着换一条路去闯

在这个世界上，从来没有绝对的失败，也从来没有不可能抵达的终点。一条路闯不通，不妨换其他的路试试。有时你的心愿和你的目标只有一墙之隔。推倒了这堵墙或者绕过这堵墙都可以抵达目的地。所以，要学会换思路，没有必要一条路走到黑，直到耗尽最后的精力，却仍一事无成。

心理学家的研究表明，一个人的创造能力与他的思维能力成正比关系，一个人的思维能力越强，他的创造力就会越强。而创造性思维是不受任何已有的思维定势和已有条条框框的限制的。因此通过运用创造性思维，我们能够独辟蹊径，从完全崭新的角度来认识事物和分析问题，从而达到"柳暗花明"的效果。

正如里斯与特劳特说的："如果你不能成为某类产品中的第一，就应该努力去创造另一类新产品。"

据说，吴道子刚开始学画时，拜了一位普通的画匠为师，这位老画匠循循善诱，毫无保留地将自己全部画技传授给了吴道子。当他发现弟子的画技已经超过了自己时，就胸怀坦荡地让吴道子另择高师，继续学习。而且，他用自己一生总结的经验教训，教育弟子：要想取得突出的成就，必须要打破常规，走前人没有走过的路。

当吴道子拜别师傅出外求学时，老画匠对他意味深长地说：如今你的画技已经在师傅之上，凭你这身本领，自然可以出去闯荡了。但是一定要记住：要想取得事业的成功，必须"不拘成法，另辟蹊径"。

吴道子在离开师傅以后，始终遵循师傅的教诲，首先在学习上打破已有的框框，勇于从传统学画的老路中走出来，不是拜画家为师，而是拜著名的狂草书法大师张旭为师，进行创造性的学习。张旭一向以不拘一格、敢于创造的精神而为人称道，人们颂扬他为"狂"，这正是对他创造精神的一种肯定。

吴道子跟张旭学习书法，一方面从他笔走龙蛇的草书艺术中吸取营养，另一方面也学习张旭的创造精神。经过刻苦努力，终于做到了将书法、绘画融为一体并首创了"兰叶"描技法。当他完成了这段学习任务，准备拜离张旭时，对张旭讲了自己的心里话。他说："弟子本习丹青绘画，可惜现今画坛技法俱已陈旧，弟子志在创新。幸得偶见恩师书法，笔走龙蛇，大气磅礴，猛悟得若能以书法绘画，便可一改前代画风，于是拜在恩师门下。现在弟子就此告辞，还要去云游山川、庙宇，再创山水画技！"吴道子的大胆创造精神使得富有创造精神的张旭也为之叹服。

吴道子本着蒙师"不拘成法，另辟蹊径"教导的指引，游遍了祖国壮丽河山，师法自然，最终才有了那张千古绝唱的"天王送子"图。

他的学习过程、创作过程都非从他人之法贯穿始终，而是在不断地寻求其他的路，因而可以成一派风格。纵观古今中外书画大师的作品，他们无一不是因为有自己的独特风格，才可以独立成体、成家。其他领域同样如此。因此，当别人走过的路已经不可再有新意出现时，你就该换其他的路走，而不是继续走原来的老路。

就以中国茅台酒打入国际市场的例子来说吧。

1915 年，在国际巴拿马商品博览会上，世界各地的展品琳琅满目，美不胜收。可是，中国送展的茅台酒很长时间无人问津，每个参加博览会的工作人员都很着急，一个有着几千年酿酒历史的国度，居然没有人问津自己送展的美酒。其中一个工作人员计上心来。他提着两瓶茅台酒，走到展览大厅最热闹的地方，故意装作不慎把酒摔在地上。一股浓郁的酒香顿时弥漫了整个大厅，"好酒！好酒！"的赞叹声此起彼伏。自此，那些外国人才知道中国茅台酒的魅力。这位中国工作人员这个创意果然奏效，为茅台酒打开了国际市场，同时茅台酒在这次博览会上被评为世界名酒，从此名声远扬。

一个会闯的人，不会总是在一个层次上固守着不动，许多事情，只要我们换个角度思考，就能更清楚地看清自己和别人，也能更清晰地理解一切事物。

第八辑

学会塑造形象，有派头人生才有奔头

　　会闯的人，他们会注重形象塑造，适当地放大自己的优势，营造成功的局势，把自己塑造成一个有派头的人。因为他们知道，一个人只有有了很强的影响力，他才会在他生活的圈子里成为一个主沉浮、执牛耳的人。

造势是实现目标的手段

孙子兵法曰："激水之疾，至于漂石者，势也。"湍急的流水，飞快地奔流，以致能冲走巨石，这就是势的力量。在社会间，只有占有优势，才可先声夺人。所以无势者需造势，无力造势者需借势，有势者需用势。

50 多年前，日本的伊那镇地处荒僻一角，风景也平淡无奇，当地政府却希望它变成"奇货"，变成风水宝地，变成人心向往的旅游胜地。这样，当地政府实际上就需要求人，求人们来到这个荒僻的地方旅游。按照正常的宣传，这几乎是不可能的。为了获得成功，他们派了一队人马，四处了解民风民俗。经过几个月的调查，好不容易搜集到了一个民间故事——古代一位侠客勘太郎的神奇经历。这虽然只是子虚乌有的神话，但主管部门却不管那么多，就从这一点着手，开始对其大做文章。

过不多久，伊那火车站广场上，奇迹般地树起了一座勘太郎的铜像。书店里，突然冒出了许多描写勘太郎锄强扶弱、侠骨仁心的神奇传说的图书。旅游品商店里，勘太郎的木雕、勘太郎腰带、勘太郎兵器等新玩艺层出不穷，甚至民间开始到处传播赞颂勘太郎的歌曲。勘太郎一下子成了家喻户晓的大英雄。顺理成章的，勘太郎的"诞生地伊那镇"就成了英雄圣地，成了闻名遐迩的观光胜地。人为的夸大和包装宣传，使这个平淡无奇的地方很快成了财源滚滚的风水宝地，成为当地政府的可居"奇货"。

王导是东晋政权得以建立和巩固的功臣，历事元帝、明帝、成帝三朝，出将入相，官至太傅。王导不仅有政治远见，而且还善于理财。

有一个时期，国家的银库空虚了。国库里只有许多粗布，数量倒是很

可观，达几万匹之多；但是这些粗布没人要，卖不出去，已经在仓库里积压好几年了。

王导经过一夜的思索后，第二天找了个裁缝，用库里的粗布做了套合体的衣服。这以后就穿着这套粗布衣服上朝，并会见朝廷的其他大臣。大臣们都感到很新奇。接着，他又下令为所有的大臣都用库里的那种粗布做一套衣服，并规定大臣们都必须穿新做的粗布衣服上朝和参加各种活动。一时间，在京城上下引起轰动。

上行下效，各个大臣的下属看见上司穿着粗布衣服，便竞相模仿，也去市场上买同类的布料做成新衣，穿戴起来。于是穿这种布料的衣服，就一下子成了当时的一种时尚。平民百姓们也都到处找卖这种粗布料的地方，大人小孩、男男女女，都以穿这种粗布衣服为体面。这就使得布料价格很快上涨，而且还成为抢手货，一般很难买到。

这时，王导让下属们赶快把仓库里常年积压的粗布投放市场，虽然一匹布的价格超过以往好几倍，但没有过几天，这数万匹的粗布就被抢购一空。

王导利用人们崇拜名人、追慕时尚的心理，解决了财政困难。如果他不这样做，而是以为自己身居高位，想凭借行政手段强行推售卖不出去的粗布，就会引起人们的反感，根本不可能产生如此圆满的效果。这个故事虽然发生在1600多年前，但对今天的商业活动也不无启发意义。其实，王导利用名人威望的谋略早在他的政治活动中就曾施展过。

那时，晋元帝司马睿还只是琅邪王。王导觉察天下已乱，便有意拥戴司马睿，复兴晋室。他劝司马睿不要再住在洛阳了，回到自己的封地去。司马睿出镇建康（今天的江苏南京）后，吴地并不依附，时过一个多月，仍没有人去拜望他。王导十分忧虑，便想到要借助当地的名人来提高司马睿的威望。

于是他对已有很大势力的堂兄王敦说："琅邪王虽然仁德，但名声不大。而你在此地早已声名大振，应该有所作为。"于是他们约好一起伴随司马睿去观看修禊仪式来提高他的政治威望。

他们让司马睿乘坐轿子，威仪齐备，自己则和众多名臣大将骑马扈从。江南一带的大名士纪瞻、顾荣等人，见到这种场面，非常吃惊，就相继在路上迎拜。

事后，王导又对司马睿说："自古以来，凡能称天下的，都虚心招揽俊杰。现在天下大乱，要成大业，当务之急便是取得民心。顾荣、贺循两人是当地名门之首，把他们吸引过来，就不愁其他人不来了。"

司马睿听了王导的话，就派王导亲自去登门拜请顾荣、贺循。这两人也就欣然应命进见司马睿。受他们的影响，吴地士人、百姓，从此便归附司马睿。自此东晋王朝终于建立。

可见，在关键时刻学会造势，能够形成对自己有利的局面。有了这样的有利局面，较容易闯出成功。

注重外在形象，才会被人高看

想要闯出成功，还得多注意自身形象。俗话说"人靠衣装，佛靠金装"，一个人的仪表是给对方留下好印象的基本要素之一。试想，一个衣冠不整、邋邋遢遢的人和一个装束典雅、整洁利落的人在其他条件差不多的情况下，恐怕前者很可能受到冷落，而后者更容易得到善待。特别是所求的对象是陌生人，怎样给别人留下一个美好的第一印象更重要。

曾经看到这样一个笑话：有一个求人办事的乡下人，穿着普普通通的衣裳没能走进一个大机关的大门，因为那门卫一见他的穿戴就把他拦住了。他于是返身出来，到一个朋友家里换上一身西装，然后就大摇大摆地朝那个大机关的大门走了进去。有人曾经告诫说：你想进某个大门吗？你千万不要穿着皱巴巴的衣裳，更不能装出一副卑躬屈膝的样子去那个门卫

传达室自报家门，或是询问事情等等。你只要穿着西装，旁若无人地照门直进就是了。你能旁若无人地往门里闯，门卫就会以为你是这里的熟客，再不会来干扰和拦阻你了。

人们常说"不要以衣帽取人"，但实际上处处都是以"衣帽取人"。还是那句话，形象好求人易。世上早有"人靠衣服马靠鞍"之说，一个人若是有一套得体的衣装相配，不仅能让你的身份提高一个档次，而且在心理上和气氛上也会给自己增添信心。

美国商人希尔在创业之始是个没有任何资本的人，他有一本《希尔的黄金定律》的书要出版，苦于没有资金，这时他将目光瞄上了一位富裕的出版商。他知道在上流社会服饰对人际交往与求人办事的作用。多年的社会阅历告诉他，在商业社会中，一般人是根据对方的气质形象来判断他的实力的，因此，他首先去拜访裁缝。靠着往日的信用，希尔订做了三套昂贵的西服，共花了 275 美元，而当时他的口袋里仅有不到一美元的零钱。然后他又买了一整套最好的衬衫、衣领、领带、吊带及内衣裤，而这时他的债务已经达到了 675 美元。

此后，每天早上，他都会身穿一套全新的衣服，在同一个时间里，同一条街道上同那位富裕的出版商"邂逅"，希尔每天都和他打招呼，并偶尔聊上几分钟。

这种例行性会面大约进行了一星期之后，出版商开始主动与希尔搭话，并说："你看来混得相当不错啊。"

接着出版商便想知道希尔从事哪种行业。因为希尔身上衣着所表现出来的那种极有成就的气质，再加上每天一套不同的新衣服，已引起了出版商极大的好奇心。这正是希尔期望发生的情况。

希尔于是很轻松地告诉出版商："我手头有一本书打算在近期内争取出版，书的名称为《希尔的黄金定律》。"

出版商说："我是从事杂志印刷及发行的。也许，我可以帮你的忙。"这正是希尔所等候的那一刻，长时间的心血没有白费。

这位出版商邀请希尔到他的俱乐部，和他共进午餐，在咖啡和香烟尚未送上桌前，出版商早已"说服了希尔"答应和他签合约，由他负责印刷及发行希尔的书籍。希尔甚至"答应"允许他提供资金并不收取任何利息。

终于在出版商的帮助下，希尔的书成功出版发行了，希尔因此获得了巨大的经济效益。发行《希尔的黄金定律》这本书所需要的资金至少在3万美元以上，而其中的每一分钱都是从漂亮衣服创造的"幌子"上筹集来的。

不要怪世人以貌取人，衣貌出众者谁能不另眼相待呢？因此在求人办事之前，一定要在个人形象方面多下点功夫，这样做会帮你取得事半功倍的效果。如果你能把个人魅力挥洒得淋漓尽致，那么在闯荡时阻力就会减少很多，你也会变得轻松很多。

不妨虚张声势，为自己营造影响力

虚张声势，关键在于虚而显实，弱而示强，让对方不知自己的虚实，不敢贸然行动。《百战奇法·弱战》云："凡战，若敌众我寡，敌强我弱，须多设旌旗，倍增火灶，示强于敌，使彼莫能测我众寡、强弱之势，则敌必不轻与我战，我可速去，则全军远害。"

在闯世的过程中，在某些特殊情况下，需要你虚张声势一下，利用别人对自己暂不知底细，有时会收到非常奇特的效果。

"张飞穿针，大眼瞪小眼。"这句话就是形容张飞是有勇无谋的一介武夫。然而，粗心的张飞也有细心的时候，长坂坡上智退曹军上万军马的故事就被载入史册。

三国时期，曹操领兵分八路进攻樊城，刘备弃城出走，曹操率大军紧

追其后。

在千军万马中，赵子龙单骑救出幼主阿斗，直穿曹兵重围，砍倒曹军大旗两面，前后枪刺剑砍，杀死曹营名将五十余名，离开大陈，往长坂桥而走。忽听后面又喊声大起，原来是曹将文聘引军赶来。赵云来到桥边，已是人困马乏。始见张飞挺矛立于桥上，赵云大呼："翼德快快救我！"

张飞高呼："子龙快走，追兵由我对付。"

原来，张飞为接应赵云，带领二十余骑，来到长坂桥。张飞见曹军成千上万的兵马杀将过来，他心生一计，命所有士兵到桥东的树林内砍下树枝，拴在马尾巴上，然后策马在树林内往来驰骋，扬起尘土，使人以为有重兵埋伏。而此时张飞则亲自横矛立马于桥上，向西而望。

曹将文聘带领大军追赶着赵云到长坂桥，只见张飞倒竖虎须，圆睁环眼，手持蛇矛，立马桥上。又见桥东树林之后，尘土大起，疑有伏兵，便勒住马，不敢近前。不一会儿，曹仁、李典、张辽、许褚等人都来到长坂桥，只见张飞怒目横矛，立马于桥上，都恐怕是诸葛亮用计，谁也不敢向前。只好扎住阵脚，一字摆在桥面，派人向后军飞报曹操。

曹操得到报告，赶紧催马由后军来到桥头。张飞站于桥上，隐隐约约见后军有青罗伞盖、仪仗旌旗来到，料到是曹操起了疑心，亲自来阵前查看。

张飞等得心急，大声喝道："我乃燕人张翼德，谁敢来与我决一死战！"声音犹如巨雷一般，吓得曹兵不敢妄动。

曹操赶紧命左右撤去伞盖，环视左右将领，说道："我以前曾听关云长说过，张飞能于百万军中，取上将头颅如在囊中取物那么容易。今天遇见，大家千万不可轻敌。"曹操话音刚落，张飞又圆睁双目大声喊起来："燕人张翼德在此，谁敢来决一死战！"

曹操见张飞如此气概，自己已是心虚，就准备退军。

张飞看到曹操后军阵脚移动，又在桥上大声猛喝道："战又不战，退又不退，却是何故？"喊声未绝，曹操身边一员大将夏侯杰惊得肝胆碎裂，从马上栽到地下身亡。曹操赶紧调转马头，回身便跑。于是，曹军众将一起往西奔逃而去。一时弃枪落盔者不计其数，人如潮涌，马似山崩，自相践踏。

张飞见曹军一拥而退，不敢追赶，急忙唤回二十余骑士兵，解去马尾树枝，拆断长坂桥，回营交令去了。

张飞这员猛将，临危不惧，巧妙地运用虚张声势的招法，击退了曹兵，取得了胜利。

以对方的疑惑来虚张自己的声势，用心理战术打击对方，虽然说这之中要冒点儿险，但若从结果上来说，确实是效果非凡。

虚张声势在经济生活中的运用，还可以收到另外一种效果。美国航空公司要在纽约建立一座大型的航空站，要求爱迪生电力公司按照优惠价提供电源。电力公司觉得自己占了主动，因此在谈判中故作姿态，不予合作，还要挟抬高价钱。航空公司心生一计，主动中止了谈判。然后故意向外界吹风，扬言航空公司自己建设电厂比依靠电力公司供电更合算。电力公司得到这一假消息后，信以为真，担心会失去一次赚大钱的机会，于是，改变态度，并且自降价格，以最大的优惠幅度与航空公司达成了供电协议。

虚张声势在人们情况紧急的时候，还是可以一用的。总之，这里不是让你去弄虚作假，欺诈别人，而是领会其精神，在社会上闯，学会灵活地掌握好情况发展的尺度，进而采取相应的方法，达到成功的最终目的。

扯张虎皮做大旗，善于借助他人的力量

韩愈云："假舆马者，非利足也，而至千里；假舟楫者，非能水也，而绝江河。君子生非异也，善假于物也。"的确，人类的诞生、繁衍、发展……一直到成为万物生灵的统治者，都是因为"君子"善于借助外物罢了。在韩愈看来，为人处事成功的关键在于一个"假"字，善于假借往往能让人闯出成功。

纵观古今，那些能闯出成功的人，都是善于扯张虎皮做大旗的人。他们在开始时往往力量很弱小、无力形成强大的声势时，借助别人的旗号后，布置成了有利于自己的阵势，让自己顺利走向成功。

刘协从登基即位的那一天起，就是有皇帝之名而无皇帝之实。虽然只是一张虎皮，但他毕竟是国家最高权力的象征，谁掌握了他，谁就能以皇帝的名义向其他地方割据政权发号施令。

建安元年，袁绍谋臣沮授曾劝说他，如果能"西迎大驾，挟天子而令诸侯"，就会收到没有谁"能御之"的功效。袁绍觉得献帝是个废物，把他弄来还得养着，怪麻烦的。于是，就没有采纳沮授的意见。

成功总是属于有心计的人。初平二年，曹操做东郡太守不久，皇室刘邈在献帝面前称赞曹操忠诚，曹操为此十分感激。初平三年，治中从事毛玠向他建议"奉天子以令不臣"，一语惊醒梦中人，聪明的曹操觉得应该利用既有的资源，为自己立威造势。

于是，曹操开始为"奉天子"做准备。

献帝东迁后，曹操觉得机会来了，当时宫中食用困乏，曹操便经常向献帝进献食品和器物。

迎接汉献帝来许昌，是曹操的一个杰作。他最初提起此议时，只有荀彧赞同，并极力说明迎献帝的迫切性和对今后斗争的有利性，说这是一件"大顺"、"大略"、"大德"的事。但最初的迎接由于董承等人的阻拦并未如愿。后来董承为抵抗韩暹的势力暗召曹操到洛阳。部下董昭又提醒他只有把献帝迎到他的地盘许昌，方可成就大业，万事无虞。这样，曹操借口京都无粮，要送献帝到鲁阳就食，把献帝安全转抵许昌。建安元年，汉献帝迁都于许昌。

曹操对献帝的物质保障和适度尊重，果然得到了他所期待的巨大回报。献帝授给曹操节钺，录尚书事，任司隶校尉，迁都许昌后，又任命他为大将军，实际获取了高出于所有文臣武将的地位。

这样，一张虎皮就给曹操扯起来了。接下来，曹操做事顺利多了。

建安元年八月，曹操进驻洛阳，立刻趁张杨、杨奉兵众在外，赶跑了韩暹，接着做了三件事：杀侍中台崇、尚书冯硕等，谓"讨有罪"；封董承、伏完等，谓"赏有功"；追赐射声校尉沮俊，谓"矜死节"。然后在第九天趁他人尚未来得及反应的情况下，迁帝都许，使皇帝摆脱其他势力的控制。此后，他还加紧步伐剪除异己，提高自己的权势。他首先向最有影响力的三公发难，罢免太尉杨彪、司空张喜；其次诛杀议郎赵彦；再次是发兵征讨杨奉，解除近兵之忧；最后是一方面以天子名义谴责袁绍，打击其气焰，另一方面将大将军让予袁绍，稳定大敌。

曹操他不换皇帝，他利用这个现成的皇帝，而且把这个皇帝客客气气地供奉起来，利用皇帝这张牌来号令天下、号召诸侯，这个就是我们通常所说的"挟天子以令诸侯"。

不难看出，曹操要是没有献帝这张王牌，做事往往是师出无名，更不会在军阀混战中获得绝对的权力。

所以说，我们在做事的过程中，要善于借势。所以说"扯张虎皮做大旗"之所以成功，就在于一个"借"字。殊不知做事时要是"借"得巧，也不失为是闯天下的智慧。

利用好奇心理，给人一种神秘感

在会闯的人看来，没有比神秘的特质更能影响公众了。即使是那些普通的事物，它们一旦披上"神秘"的面纱，人们就会倍加珍视和推崇。为什么呢？因为人们所需要的就是那种神秘的感觉。

纵观古今中外，在很多历史典故中都能看到营造自己的影响力是成功的序幕。

公元前 209 年，秦二世下令征发淮河流域的 900 名贫苦农民去防守渔阳。雇农出身的陈胜和贫农出身的吴广被指定为屯长。当他们走到蕲县大泽乡的时候，连绵的阴雨把他们阻隔在这里，不能如期赶到渔阳戍地。按照秦法规定，误了期限就要全部被处死。陈胜看到这种情况，就想到了起义，但是就是苦于自己没有号召力。

一天，陈胜与吴广找来几个比较机灵的屯兵，他们秘密地举行了会议，商讨对策。第二天，一个屯兵在鱼肚子里就解剖出写有"陈胜王"的绢书来。而在晚上的时候，狐狸和鬼怪在含含糊糊地喊："大楚兴、陈胜王。"这些怪异的事情，弄得那些屯兵都用异样的眼光看陈胜了。而陈胜又故意到屯兵尉那里说自己要逃跑，惹得屯兵尉挺剑而起要杀掉陈胜。陈胜和吴广夺过宝剑，杀掉两个屯兵尉，又用这两个人的头祭奠旗帜。他们真的起义了。

就这样，大家就推举陈胜为将军，吴广为都尉，中国历史上第一次农民大起义爆发了。

当时，他们没有兵器，没有军粮，于是他们自称自己是楚国大将项燕的化身，重新下凡来建立大楚的天下的。这样，那些久受秦律之苦的人民，纷纷加入到陈胜的队伍里来——陈胜得到了天下的响应。

不难看出，陈胜吴广先鱼腹藏书，后又阑夜狐叫以此来营造自己的影响力，从而举起反抗暴秦的大旗而千古流芳。同样的，狐假虎威，是狐狸借了老虎的影响力使自己得到保全。曹操挟天子以令诸侯，刘备总是宣称自己是皇室正宗，他们以此来营造自己的影响力使其各有拥护而使天下三分。诸葛亮使刘备三顾茅庐而不见，以此来营造自己的影响力使自己日后封侯拜相。

狐狸是一个弱势个体；曹操刘备，两个都曾是无名小卒；孔明更曾是一个落魄的书生。在小范围中，不否认他们有个体魅力，但要觅相封侯，甚至得天下，其影响力还是远远不够的。能通过其它的人或事来来加强扩大自己的影响力，由此得到自己的目的——给人一种神秘感，这就是他们抬高自己的秘诀。

在很早的时候，高产而又有着顽强生命力的马铃薯传入了法国，过了很长时间，马铃薯却没有得到推广种植。因为法国的人们对马铃薯存有一种根深蒂固的偏见，医生认为它对人体有害，农场主认为它会耗尽土地的肥力，祖父们则把它称作"鬼苹果"。

那时的法国有一个叫帕尔曼的农业专家，经常吃这种被人们称作"鬼苹果"的马铃薯。他以一个农业专家的自信，认为种植这种高产的马铃薯对农业有着极大的意义。

为此，他做了相当多的努力，花了很长的时间推广这种"鬼苹果"，但都失败了。他没有说服当地存有传统观念的任何人。他知道自己要改变一下方式了。

有一天，帕尔曼幸运地见到了国王路易，他用"做试验"为借口趁此向国王要了一块贫瘠的地皮，好在国王答应了他。

于是帕尔曼就在这块不被看好的土地上种植了马铃薯，然后请国王派了一支全副武装的卫队进行保护。只是让卫兵白天值守，晚上就撤回去。

如此频繁的举动，吊足了人们的胃口，令当地人感到非常神秘。越是认为神秘的东西，人们愈发地想得到它。地里种植的高产抗病的马铃薯一

时被人们视为伊甸园的禁果，每到晚上的时候，人们屡屡光顾，然后将它们移到自家的地里，而且他们还对它精耕细作，几乎天天细心照看，盼望着马铃薯能获得丰收。

后来偷栽的人越来越多，丰收后的马铃薯的很多优点也逐渐地被人们认识。它迅速推广开来，成了法国最受欢迎的农作物之一，也给法国带来了巨大的经济利益。

如果帕尔曼不转变推广的方式，不给马铃薯以一种神秘，法国人则不会从马铃薯的诸多优点中受益。因此神秘具有无限的魅力，它可以改变人们对一个事物的根本看法。

适当地给自己营造神秘感，即使是一个普通的人，也会给人一种与众不同的感觉。有时，恰恰就是这种与众不同，会给人带来极大的成功。

打肿脸充胖子，放大你的实力

众所周知，"有牌面"的人办事往往会一帆风顺，而穷困位卑的人常常会寸步难行。于是，会闯的人就发现，办事时一定要装点好门面，力量如果达不到，不妨打肿脸充胖子。

所谓打肿脸充胖子，举个例子说，就是当你求人办事时，可以把仅有的"资本"集中在一个点上，让对方只看到你强大的一面，从你这个侧面的强大，对你的整体实力产生错觉。

这种手法，经常被一些想办成某件事，而自身力量又不够的人运用。运用得当，确实能够瞒天过海，以达成功。

20世纪30年代，日本神户新开了一家经营煤炭的福松商会，经理是少年得志的松永左卫门。开张不久的一天，商会来了一个当时神户最出名的西村豪华饭店的侍者，他送给松永一封信，上书"松永老板敬启"，下款"山下龟三郎拜"，信中说："鄙人是横滨的煤炭商，承蒙福泽桃介（松永父亲的老友，借了巨资给松永作商会的开办费）先生的部下秋原介绍，欣闻您在神户经营煤炭，请多关照。为表敬意，今晚鄙人在西村饭店聊备薄宴，恭候大驾，不胜荣幸。"

当晚，松永一踏进西村饭店，就受到热情款待，山下龟三郎毕恭毕敬，使得松永难免有一种飘飘然的感觉。在酒宴进行中，山下提出了自己的恳求："安治有一家相当大的煤炭零售店，信誉很好。老板阿部君是我的老顾客。如果承蒙松永先生信任我，愿意让我为您效劳，通过我将贵商会的煤炭卖给阿部，他一定乐于接受。贵商会肯定会从中得利。我呢，只要一点佣金就行了。不知先生意下如何？"

松永听完之后，心里就慢慢盘算起来。没等他开口，山下就把女招待叫来，请她帮忙买些神户的特产瓦形煎饼来。并当着松永的面，从怀里掏出一大叠大面额钞票，随手交给女招待，并另外多抽出一张作为小费。

松永看着那一大叠钞票，暗暗吃惊。眼前的这一切，使他眼花缭乱。稍一镇定，便对山下说："山下先生，我可以考虑接受你的请求。"稍作谈判后，松永便与山下签下了合同。

丰盛的晚宴后，松永一离开，山下便马上赶到车站，搭上末班车回横滨去了，西村饭店这样高的消费，哪是山下所能承受的？

他那一大叠钞票，其实只是他以横滨那不景气的煤炭店作抵押，临时向银行借来的；介绍信则是在了解了福泽、秋源与松永的关系后，借口向福松商会购买煤炭，请秋原写的。然后，山下又利用豪华气派的西村饭店作舞台，成功地上演了一出财大气粗的"胖子戏"。

从那以后，山下一文不花，从福松商会得到煤炭，再转卖中部，从中大获其利。业务介绍信，饭店里设宴谈生意，给招待员小费，这些都是日本商界中司空见惯的。

山下就是利用这些极为平常的小事，用大方的出手显示自己拥有雄厚的实力，以使对方认为自己真是一个"胖子"，从而达到了自己的目的。

而年轻的松永，被山下诚恳恭敬、热情招待和慷慨大方所迷惑，也果真把山下当真"胖子"对待了。所以说，当你在一无所有，并有求于人的时候，不妨装一次"胖子"，激起他人为你办事的兴趣？

在必要的时候，不惜代价展示自己的强大，可以博得他人的信任，这样，做事就会顺水顺风。

故弄玄虚，让人觉得深不可测

从古代看，厚黑者往往有一种诡谋：喜欢紧紧抓住天命这根救命稻草，千方百计进行舆论动员，开动一切国家机器，寻找种种寻常看不到的物件，证明现在真正是太平盛世、"王道乐土"、天堂之国，制造幸福、祥和、团结的气氛，敷衍民怨，混淆视听，达到稳定统治的目的。

汉朝开国皇帝本来是沛县的一个亭长，有一次上面派下任务，要他押送一批民工赶赴骊山，为秦始皇修造宫殿。谁愿意白白受如此苦难？没走到半路，民工纷纷逃跑。任务是绝对完不成了。刘邦思忖这些被迫服役的百姓肯定都有逃走的打算，到时自己由于势单力薄将会无法制止，这样下去，还没到骊山就一个人也没有了，耽误了工程可是杀头大罪。与其勉为其难押着他们赶路，最后还落个杀头的结局，还不如现在当机立断起事打天下。

这天晚上，刘邦召集全体劳役，说请大家喝酒。刘邦举起杯，说："诸位！我知道你们谁都不愿意去服苦役，这是人之常情，我看，不如大伙儿现在都逃走吧。你们走你们的，我自己也得逃，这个亭长的小官咱是不当了。"民工一听，登时就欢声大作。紧接着，各人各作打算：一部分如鸟兽四散逃去；另一部分围住刘邦，表示铁了心跟随他，一起起事。

逃亡数天后的某夜，一名先行的劳役慌慌张张地赶回来报告：

"不好了，前面有一条巨蛇，盘踞小路中，很难过得去，还是回头找其他出路吧！"

刘邦微醉中大声表示："壮士出行，还怕什么东西！"接着又猛喝了几口酒，便拔出佩剑，奋勇向前。大蛇遭到奇袭，立刻反抗。刘邦力大，又劈又砍，终将大蛇劈为数段。

这时刘邦迷迷糊糊中，独自穿越小径而去，走了几里路后，卧倒路旁，睡得不省人事。

跟随在后头的人，见没有动静，便向前追寻。说也奇怪，就在刘邦斩蛇的位置，有位老妪在黑暗中哭泣。大家感到奇怪，便趋前询问。老妪说，她的儿子是白帝之子，今天他化为蛇的原形，横在此路上，想不到却被赤帝之子给杀了，所以才在这里痛哭。说话间，老太婆却突然不见了。大家感到非常惊讶，立刻寻找刘邦，并告诉他这件奇遇，刘邦听到了非常高兴，便认为自己是赤帝之子了，并以此来号召百姓加人起义军。但是，这件事情的真实成分又有多少？恐怕也是刘邦的心腹为了拉拢人心而散布的谣言。也正是由于这种事情的真实性难以考证，所以即使普通人做起来也没有人知道是真是假，只要能起到为自己服务的目的就可以。

在宗吾先生看来，这种斩白蛇起义的传说，显然是刘邦打下天下之后，为突显他是真命天子所精心制造出来的"厚黑 11 纬"局。因为刘邦出身的确太低，为稳定汉王朝政权，负责的官员不得不煞费苦心地装神弄鬼"形象包装"一番。

神化君主，还需要极力去美化君主的人格。只有这样，才能增加君主对百姓的精神感召力量。"神圣者王，仁智者君，武勇者长，此天之道、人之情也。"统治者总是力图使百姓相信：君主的人格是完美的，君主即代表着伟大、睿智、圣明、仁德、英武。

事实上，古代君主不仅不可能具备上述美德，而且也不需要在实际上去追求这些美德。他们所要做的，仅仅是一番虚伪的表演，只要在臣民心目中造成君主人格神圣完美的假象，就算达到了目的。对于一位君主来

说，没有必要具备全部的美德，但是却很有必要显得具备这一切品质。

古代的君主为什么自称"上天之子"，因为，这种"人神结合"的性质，可以使他们成为"人上人"。现在再直接用这种手法，没有人会相信。可是，保持一种神秘感，还是有用的，尤其是在让人相信你与普通人"不一样"方面。

给人一种深不可测的感觉，让别人养成诚惶诚恐、敬畏卑顺的习惯心理，对于自己的事业是大有好处的。

学会借势宣传自己，学会炒作

要想闯出成功，要想出人头地，就必须具备借势自我宣传的功底，有机会决不能放弃，没有机会要为自己争取机会、制造机会。

成功不是等来的，而是靠自己创造的。在生活中，我们要学会宣传自己，主动一点，这样才能抓住机遇，成功的几率也就会大得多。从某种意义上来说，成功意味着挺立于众人之上，但是个人的力量是有限的，在某些因素的限制下，可能会欲成不能。所以，在这种时候你就不能总是循规蹈矩地等待，而是要主动出击，抓住别人的眼球，做大家都不做的事情，自己先制造出一个既让人感兴趣又方便传送的情节。让别人主动为你传名，这无疑是一种效果最佳的宣传方法

唐代大诗人陈子昂最初到都城长安时，默默无名，他想投附某位名家，却找不到主题，拿作品给人看，也没人感兴趣。有一天陈子昂外出散步，看到一个人在那里卖古琴，要价100万钱。附近的绅士文人都被这把价格昂贵的古琴吸引过来，围着它评头论足，却没有还价的。一方面他们

不知道这把琴值不值 100 万钱，另一方面他们认不出这是不是一把古琴，万一买了一把假古琴岂不是花钱买笑话？这时，陈子昂拨开人群走进去，说："这把古琴我要了，就 100 万钱。"众人大吃一惊，弄不清这人是慧眼识宝物还是个大傻瓜。照理人家漫天要价，他应该就地还价，必可省下不少钱，他为何不还价就买下来？陈子昂看出别人的心思，便向众人抱拳施了一礼，自我介绍道："我叫陈子昂，现寓居某里某店。这是一把上好的古琴，音质不同凡响，100 万钱不贵。各位如果有兴趣，明天请来我的寓所听我弹琴，我一定盛情款待。"

这事不同寻常，马上哄传开来。第二天，当地的头面人物几乎全来到陈子昂的寓所，想听听这把价值百万的古琴到底能弹出什么调。陈子昂摆出酒宴，请他们入席。酒过三巡，陈子昂捧出那把古琴说："我陈子昂自幼苦读，学成满腹诗书，至今没有遇到一个识货的人。我想弹琴品竹，不过是末流之技，哪值得污染各位耳朵呢！"说着举起手，将古琴在地上摔得粉碎。在场之人，无不发出惋惜的惊叹声。这时，陈子昂捧出自己的诗稿印本，分发给各位，请他们品评指点。自此，陈子昂名闻全长安，确立了自己在诗坛的地位。

虽说慧眼识英雄，但是在现实生活中有慧眼的人并不多。所以一个人不懂得宣传自己，一辈子也别想出人头地，最后只能是落得一天到晚怨天尤人。所以在日常生活中，无论是做什么事情，你若想成功，就要利用一切可以利用的机会，借助外力宣传自己。

英国著名演员约翰娜在刚出道时并没有什么名气，常常没有工作可做，又不知道怎样打开一条路。她曾经多次应征试镜，还在电视节目和广告里担任过几个小角色，但是，还是默默无名，得到每一个片约都是相当困难的。约翰娜去向一位社会问题专家请教，怎样才能做得更出色？专家建议她，每当得到拍片的机会时，哪怕扮演的是最不重要的角色，也要同主角一起拍几张照片，然后把这些剧照寄给各制片厂及一些导演。从那时起，约翰娜每当有了工作的机会时，便主动要求跟主角、知名演员拍几张合影，然后印成十寸的剧照，并且注明所拍电视片的片名、主角的姓名和播出的日期、频道，还用大写字母标明："约翰娜扮演的角色"。约翰娜虽

然每年只扮演几个小角色，但是每次都能得到一些与大牌明星的合影，这些相片又能复印多份，到处散发，反复给人以刺激，就给人留下了深刻的印象。人们牢牢地记住了她。这一来，主动找她签约的制片厂就多了起来。现在约翰娜已经是大明星了，她当然根本不必再担心找不到工作，她的收入也高得令人羡慕。

由此可见，利用一些外在的因素，适时地宣传自己，是你闯出成功的关键。善于利用一切的机会，抓住别人的眼球，让尽可能多的人看见你，听见你，感觉到你，并且喜欢你，那么你能很快闯出成功。

用名人扬名，扩大影响就能赢

名人的出现，往往能引人注意、强化事物、扩大影响。利用名人效应来壮大自己的名声，是一些人常用的做法。用一些人的话说，是："鸿渐于陆，其羽可用为仪也。" 在这里，名人就是他们的"羽"。

1983 年，中国第一家五星级宾馆，也是第一家中美合资的宾馆——北京长城饭店正式开张营业。开业伊始，面临的首要问题就是如何招待顾客。按照通常的做法，应该在中外报刊、电台、电视台做广告等。这笔费用是十分昂贵的，国内电视广告每 30 秒需数千元，每天需插播几次，一个月最少需要几十万元。但由于北京长城饭店的基本客户来自香港、澳门及海外各国，这就需要海外的宣传，而香港电视台每 30 秒钟的广告费最少是 3.8 万港元，若按内地方式插播，每个月需几百万元人民币。至于外国的广告费，一个月下来更是个天文数字了。

一开始，北京长城饭店也曾在美国的几家报纸上登过几次广告，后来因为经费不足，收效又不佳，只得停止广告攻势。广告攻势虽然停止了，北京长城饭店宣传自己的公关活动却没有停止，他们只不过是改变了策略。

机会终于来了。1984 年 4 月 26 日到 5 月 1 日，美国总统里根将访问中国。北京长城饭店立即着手了解里根访华的日程安排和随行人员。

首先，争取把 500 多人的新闻代表团请进饭店。他们三番五次免费邀请美国驻华使馆的工作人员来长城饭店参观品尝，在宴会上由饭店的总经理征求使馆对服务质量的意见，并多次上门求教。在这之后，他们以美国投资的一流饭店，应该接待美国的一流新闻代表团为理由，提出接待随同里根的新闻代表团的要求，经双方磋商，长城饭店如愿以偿地获得接待美国新闻代表团的任务。

其次，在优惠的服务中实现潜在动机，长城饭店对代表团的所有要求都给予满足。为了使代表团各新闻机构能够及时把稿件发回国内，长城饭店主动在楼顶上架起了扇形天线，并把客房的高级套房布置成便利发稿的工作间。对美国的三大电视广播公司，更是给予特殊的照顾。将富有中国园林特色的"艺亭苑"茶园的六角亭介绍给 CBS 公司、将中西合壁的顶楼酒吧"凌霄阁"介绍给 NBC 公司、将古朴典雅的露天花园介绍给 ABC 公司，分别当成他们播放电视新闻的背景。这样一来，长城饭店的精华部份，尽收西方各国公众的眼底。为了使收看、收听电视、广播的公众能记住长城饭店这一名字，饭店的总经理提出，如果各电视广播公司只要在播映时说上一句"我是在北京长城饭店向观众讲话"，一切费用都可以优惠。富有经济头脑的美国各电视广播公司自然愿意接受这个条件，暂当代言人、做免费的广告，把长城饭店的名字传向世界。

有了这两步成功的经验，长城饭店又把目标对准了高规格的里根总统的答谢宴会。要争取到这样高规格的答谢宴会是有相当大难度的，因为以往像这样的宴会，都要在人民大会堂或美国大使馆举行，移到其他地方尚无先例。他们决定用事实来说话。于是，长城饭店在向中美两国礼宾司的首脑及有关执行部门的工作人员详细介绍情况、赠送资料的同时，把重点放在了邀请各方首脑及各级负责人到饭店参观考察上，让他们亲眼看一看

长城饭店的设施、店容店貌、酒菜质量和服务水平，不仅在中国，即使是在世界上也是一流的。到场的中美官员被事实说服了，当即拍板，还争取到了里根总统的同意。

获得承办权之后，饭店经理立即与中外各大新闻机构联系，邀请他们到饭店租用场地，实况转播美国总统的答谢宴会，收费可以优惠，但条件当然是：在转播时要提到长城饭店。

答谢宴会举行的那一天，中美首脑、外国驻华使节、中外记者云集长城饭店。电视上在出现长城饭店宴会厅豪华的场面时，各国电视台记者和美国三大电视广播公司的节目主持人异口同声地说："现在我们是在中国北京的长城饭店转播里根总统访华的最后一项活动——答谢宴会……"在频频的举杯中，长城饭店的名字一次又一次地通过电波飞向了世界各地，长城饭店的风姿一次又一次地跃入各国公众的眼帘。里根总统的夫人南希后来给长城饭店写信说："感谢你们周到的服务，使我和我的丈夫在这里度过了一个愉快的夜晚。"通过这一成功的公关活动，北京长城饭店的名声大振。各国访问者、旅游者、经商者慕名而来；美国的珠宝号游艇来签合同了；美国的林德布来德旅游公司来签订合同了；几家外国航空公司也来签合同了。后来，有38个国家的首脑率代表团访问中国时，都在长城饭店举行了答谢宴会，以显示自己像里根总统一样对这次访华的重视，也表示自己访华成功。从此，北京长城饭店的名字传了出去。

饭店的做法妙就妙在他们用了最小的代价，充分利用名人的特质，吸引了无数人的眼球，而最终达到宣传自己的目的。可是被利用的人，却浑然不知饭店的那份热情的真实意图。

想法设法找一些理由让自己走近名人，给人一种错觉：自己被名人认可，自己与名人关系非同一般……这样，你在人们的心中就会陡然提升一个档次，名头也会随之大起来。

第九辑

掌握语言技巧，口才决定成败

　　李叔同说"修己以清心为要，涉世以慎言为先。"这句话不无道理：语言是传达感情的工具，也是沟通思想的桥梁。"一句话能把人说跳，一句话也能把人说笑。"要想闯出成功，就应该掌握语言艺术。

恭维的话要说的得体

在这个社会上闯，会说恭维话的人，肯定比较吃香，办事儿顺利也就顺理成章了。当一个人听到别人的恭维话时，心中总是非常高兴，脸上堆满笑容，口里连说："哪里，我没那么好，你真是很会讲话！"即使事后回想，明知对方所讲的是恭维话，却还是没法抹去心中的那份喜悦。因为，爱听恭维话是人的天性，也是人的共性。虚荣心是人性的弱点。当你听到对方的吹捧和赞扬时，心中会产生一种莫大的优越感和满足感，自然也就会高高兴兴地听从对方的建议。

在美国著名教育家戴尔·卡耐基的记忆中，有着一段令他恐惧的历史，那就是他离开戏团后，去当二流推销员的经历。在当时，假如没有工作，随时都有可能被饿死，因此，卡耐基不得不到派克尔德货车专柜当一个二流推销员。那时他的推销成绩并不理想，对于发动机、车油和部件设计之类的机械知识，卡耐基一点都不感兴趣，所以他无法了解自己推销产品的性质。

当有顾客走来时，卡耐基立刻走上前向他们推销货车，但说话通常连货车边都沾不上，顾客都认为他是一个疯子，很奇怪老板为什么会雇一个疯子来卖货车。看到这里，他的老板非常气愤地走来，对他吼道："戴尔，你是在卖货车还是在演说？告诉你，明天再卖不出去东西，我会让你滚蛋的。"此刻，卡耐基心中也非常着急，要知道，每天的伙食费还得从老板那儿拿呢。他立刻说："老板，为了可以吃上面包，我会好好地干的，而且呢，你瞧，看天气，明天你的生意会一帆风顺的。"老板被卡耐基恭维

得舒舒服服，这才消了气。当然卡耐基为了生存，自然费了一些工夫，第二天时来运转，竟卖出了一个汽车引擎。这时老板觉得卡耐基是个可造之才，所以解雇他的事就再没提起。让我们试着回顾一番，卡耐基正是正确使用了恭维术，才使他奇迹般在那个地方呆了下来，并生存了下去。

当然，恭维他人时，话也要说得得当、得体，而且还要诚恳，甚至还要注意时空、理由及对象的性格爱好，这样才能让对方有"深得我心"之感。

国画大师张大千先生，经常被邀请出席各种活动，每次都有人赞美他的胡子很漂亮，张大千却不以为然。

记得有一次，在一个欢迎会上，大家又在讨论他的胡子，相继说了许多恭维的话。张大千听了不动声色，等大家讲过以后，他说了一个故事：三国时代，关公、张飞去世后，孔明想征求大将之中的一人担任先锋。可是应该选谁呢？张飞的儿子张苞说："我愿往。"关公的儿子关兴也说："我愿往。"二人相持不下。孔明说："你们二人都是将门之后，谁能将父亲的盖世武功说得好，就由谁来担任先锋。"张苞道："我的父亲手持钢矛，喝断霸王桥，智擒黄忠，义释严颜，在百万军中，取上将首级如探囊取物。我家教有方，今日先锋，非我谁能？"轮到关公的儿子说话时，他因为口吃，说了半天，只有"我，我……我的父亲……胡子很长。"这时关公在云端里大喝一声："小子，你的老子当初手提青龙偃月刀，过五关，斩六将，诛颜良，斩文丑，上马一提金，下马一提银……这些你偏不说，只说你老子的胡子很长。"等张大千讲完这个故事，众人皆愕然。

从这个故事中我们能够看出，恭维的话说得不够巧妙，说得不得体，会让人不喜欢听，也会把事情弄巧成拙。

在运用恭维之术时，应该注意场合、对象以及恭维的内容，敷衍了事、不着边际绝对不行。有时恭维者自以为口才过人，受恭维者则如坠云雾，不知所言。因此，说恭维话时一定要出自肺腑，充满真诚，让人越听越舒服，这样，恭维者便可达到目的。

说话直率易得罪人

直率的人往往不懂得掩饰自己的情绪，也不管时间、场合、对象是否适当，更不理会讲话的后果，心里有啥就说啥，想说啥就说啥。而且，说出话来不讲究方式方法，往往是采取最直露的表达方式，甚至不乏尖锐刻薄。这样的人最易得罪他人，往往使对方下不了台，结果自己也最易招人记恨，使自己陷入孤立状态。

某甲是一公司的中级职员，他的心地是公认的好，可是一直升不了职。和他同年龄、同时进公司的同事，不是外调独当一面，就是早他一步，当上上司。另外，别人虽然都称赞他好，但他的朋友并不多，不但下了班没有应酬，在公司里也常独来独往，好像不太受欢迎的样子……

其实某甲能力并不差，也有相当好的观察、分析能力，问题是，他说话太直了，总是直言直语，不加修饰，于是直接、间接地影响了他的人际关系。

在古时候，也有人因为说话太过直率而丢掉了性命。

明朝开国皇帝朱元璋年少时是个放牛娃，交了很多穷朋友。公元 1368 年他称帝建立明朝后，不忘旧情，总喜欢找昔日的朋友叙叙童年趣事。

一天，朱元璋在皇宫偏殿内接见一位从乡下来的穷朋友。叩拜完毕，这位穷朋友见朱元璋的容貌与小时没有多大变化，加之皇上对自己似乎挺热情，激动之余，便有些忘乎所以。当朱元璋问起"我们有何交情"时，该人直通通地回答："皇上，你不记得我们吃豆的事了？从前你我都替人家放牛。有一天我们在芦花荡里把偷来的豆子放在瓦罐里清煮——还没等

233

煮熟，大家就抢着吃，罐子也打破了，豆子撒了一地，汤也都泼在泥地上。你只顾满地抓豆子吃，不小心连红草叶子也送进嘴里，叶子梗在喉咙里，噎得你直流眼泪。还是我出的主意，叫你吞青菜叶子，才把红草叶子带下肚去……"还没等他说完，朱元璋早就不耐烦了，大怒道："什么放牛、吃豆，全是一派胡言，分明是想攀结官家。来人，将此人推出去斩了！"

俗话说："一句话说得人跳，一句话说得人笑。"为什么有的人讲一句话能让人"跳"？就是因为他说话直白生硬给别人带来不良刺激，给自己也带来或大或小的麻烦，就像这个故事里的"穷朋友"，原本有望谋得一官半职的，却稀里糊涂地送了命。其实这个故事给人的启示，与其说是朱元璋薄情寡义、翻脸不认人，倒不如说不会说话的人必定不受欢迎。由此可见，话说得太直率，不顾及他人的脸面，让别人感到非常难堪，必然引火烧身。

"穷朋友因为揭了皇上的短而被杀"这件事，让朱元璋的另外一个穷朋友知道了，他想，"这个老兄也太莽撞了，我去拜见他，定能大富大贵。"于是，他也来到京城看望他小时候的朋友——当今的皇上。

见过皇帝后，这个人便说："皇上还记得吗？当年微臣随着您的大驾，骑着青牛扫荡芦州府，打破了罐州城，汤元帅在逃，你却捉住了豆将军，红孩儿挡在了咽喉之地，多亏菜将军击退了他。那次出兵我们大获全胜啊！"朱元璋认出了眼前之人是孩提时的朋友，听他把自己当年的丑事说得含蓄而又动听，顿觉脸上有光，不禁大笑。又想起当年大家饥寒交迫有难同当的情景，心情一激动，就把来人留在了自己的身边——加封他御林军总管之职。

很明显，后来的"穷朋友"既懂得避讳直言，更懂得"借题发挥"。你看，他将一件无趣甚至低俗的事说得多么妙趣横生、引人入胜：芦花荡变成了"卢州府"，瓦罐成了"罐州城"，煮豆的汤汁成了"汤元帅"，豆子成了"豆将军"，红草叶子成了"红孩儿"，青菜叶子成了"菜将军"。在顷刻之间便使当年饥寒交迫、乞丐般的苦难岁月，变成了"金戈铁马、攻城略地"的"光辉记忆"。脸上被贴足了"金"的朱元璋，怎能不"龙颜大悦"而对来人大加封赏呢？

现在，人们虽然不必为说话直白而担心人头不保——谁也不会再为说话冒犯某位达官贵人而付出生命的代价。然而，直言易惹祸的箴言还是适用的，人们总要面对各种错综复杂的关系，头头脑脑秉性各异，率性直言的人往往自取其辱、自取其祸。

善于巧言拒绝

拒绝也是一门艺术，所以我们不但要学会拒绝，而且还要学会掌握这门艺术。因为，在人们生活交往上，过于生硬的回绝显得不近人情，婉言谢绝则显得彬彬有礼且不失面子。总之，从总体上讲，拒绝并没有什么固定的模式或套路，至于如何拒绝才能得到最佳效果，那只能因事、因人、因地、因时而异了。

清代名人郑板桥任潍县县令时，曾查处了一个叫李卿的恶霸。

李卿的父亲李君是刑部天官，听说儿子被捕，急忙赶回潍县为儿子求情。他知道郑板桥正直无私，直接求情不会见效，于是便以访友的名义来到郑板桥家里。郑板桥知其来意，心里也在想怎样巧拒说情，于是一场舌战巧妙展开了。

李君四处一望，见旁边的几案上放着文房四宝，他眼珠一转有了主意："郑兄，你我题诗绘画以助雅兴如何？"

"好哇。"

李君拿起笔在纸上画出一片尖尖竹笋，上面飞着一只乌鸦。

目睹此景，郑板桥不搭话，挥毫画出一丛细长的兰草，中间还有一只

蜜蜂。

李君对郑板桥说："郑兄，我这画可有名堂，这叫'竹笋似枪，乌鸦真敢尖上立？'"

郑板桥微微一笑："李大人，我这也有讲究，这叫'兰叶如剑，黄蜂偏向刃中行'！"

李君碰了一个钉子，换了一个方式，他提笔在纸上写道："燮乃才子。"

郑板桥一看，人家夸自己呢，于是提笔写道："卿本佳人。"

李君一看心中一喜，连忙套近乎："我这'燮'字可是郑兄大名，这个'卿'字……"

"当然是贵公子的宝号啦！"郑板桥回答。

李君以为自己的"软招"奏效了，心里别提有多高兴了，当即直言相托："既然我子是佳人，那么请郑兄手下留……"

"李大人，你怎么'糊涂'了？"郑板桥打断李君的话，"唐代李延寿不是说过吗……'卿本佳人，奈何做贼'呀！"

李天官这才明白郑板桥的婉拒之意，不禁面红过耳，他知道多说无益，只好拱手作别了。

即以其人之道，还治其人之身。

不是不好意思直接说情吗？那就以"托物言志"这种打哑谜式的方式对话——针对李君以势压人的暗示，郑板桥还以颜色，将违法必究的道理借助"一丛细长的兰草和其间的一只蜜蜂"这样的画，以及"兰叶如剑，黄蜂偏向刃中行"这样的话表达出来，对方自然心知肚明；最后，既然古人说过"卿本佳人，奈何做贼"的话，那就不是我郑板桥不接受你李君的说情，而是古人在拒绝你。

19世纪，狄斯雷利一度出任英国首相。当时，有个野心勃勃的军官一再请求狄斯雷利加封他为男爵。狄斯雷利知道此人才能超群，也很想跟他搞好关系，无奈此人不够加封条件，狄斯雷利便无法满足他的要求。

一天，狄斯雷利把军官请到办公室里，与他单独谈话："亲爱的朋友，很抱歉我不能给你男爵的封号，但我可以给你一件更好的东西。"说到这里，狄斯雷利压低了声音："我会告诉所有人，我曾多次请你接受男爵的封号，但都被你拒绝了。"

狄斯雷利说话算数，他真的将这个消息散布了出去。众人都称赞军官谦虚无私、淡泊名利，对他的礼遇和尊敬远超过任何一位男爵。军官由衷感激狄斯雷利，后来成了他最忠实的伙伴和军事后盾。

狄斯雷利没有给对方一个冷冰冰的回答——"不"，更没有讥笑和嘲讽对方，他传递给对方的是"友情"：让对方明白，自己的要求虽未被满足，但长远利益（声誉）得到了首相的维护——这是比升职更好的东西。狄斯雷利善于使用特别的"语言武器"，他在拒绝对方不当要求的同时，给足对方面子，这就是狄斯雷利巧言说"不"的高明之处。

20 世纪三四十年代的美国总统富兰克林·罗斯福在就任总统之前，曾在海军担任部长助理的要职。有一次，他的好友向他打听美国海军在加勒比海某岛建潜艇基地的计划。

当时，这是不能公开的军事秘密。面对好友的提问，罗斯福怎么拒绝才好呢？罗斯福想了想，故意靠近好友，神秘地向四周看了看，压低嗓门问道："你能对不宜外传的事情保密吗？"

好友以为罗斯福准备"泄密"了，马上点点头保证说："当然能。"

罗斯福坐正了身子笑道："我也一样！"

好友这才发现自己上了罗斯福的"当"，但他随即明白了罗斯福的意思，开怀大笑起来，不再打听了。

罗斯福能忠于自己的职责，严守国家的机密——因为他知道，人都有一个共性，好打听隐秘的事情，打听到了之后，又不可能守口如瓶，总是想方设法去告诉别人，以显示自己的能耐。罗斯福深谙其中之奥妙，所以，他对任何人都"保密"。罗斯福采用的是委婉含蓄的拒绝，其语言具有轻松幽默的情趣，表现了罗斯福的高超艺术：在朋友面前既坚持不能泄秘的原则立场，又没有使朋友陷入难堪，取得了极好的语言交际效果。

正面进攻不如旁敲侧击

　　旁敲侧击也就是借题发挥，就是借谈论某个问题来表达自己真正的意思。在交际中，当需要批评或提醒某人而又不便直接提出时，便可考虑旁敲侧击法。提出一些看似与正题无关的话题，让听者自己去体味、理解其中的真意，以此来达到启示、提醒、劝阻，或教育他人的目的。

　　淳于髡是战国时齐国的一位大夫，虽然他相貌平常，身材也一般，却是位知识渊博、能言善辩，且又机智过人的人，因此齐王非常器重他，并且把他招为女婿。

　　孟尝君是齐国的名门贵族，几度出任相职，是政界的实力派。但有一次他与齐闵王意见不和，一气之下辞去相职，回到了私人领地一个叫薛的地方。

　　这时与薛接邻的南方大国楚国正待举兵攻薛。与楚相比，薛不过是弹丸之地，兵力粮草等均不能相比，楚兵一旦到来，薛地后果不堪设想。

　　燃眉之急，惟有求救于齐。但孟尝君刚刚与闵王闹了意见，没有面子去求。去了也怕闵王不答应。为此他伤透了脑筋，几乎一筹莫展。绝路之中老天给他降下了一线希望，齐国大夫淳于髡来薛地拜访。他是奉闵王之命去楚国交涉国事，归途顺便来看望孟尝君的。孟尝君抚额称庆，可谓天助我也。他早已想好了主意，亲自到城外迎接，并以盛宴款待。

　　淳于髡不仅个人资质好，善随机应变，常为诸侯效力，与王室也有密切的关系。威、宣、闵三代齐王都很器重他。闵王时代成了王室的政治顾问，且与孟尝君本人也有私交。

孟尝君决心已下，开口直言相求："我将遭楚国攻击，危在旦夕，请君助我。"

淳于髡也很干脆："承蒙不弃，从命就是。"后人猜测，淳于髡此行，可能是有目的而来，为朋友解危的，只不过这话须孟尝君亲自当面求就是了。朋友之交，有许多心照不宣的东西，古亦如此。

却说淳于髡赶回齐国，进宫晋见闵王。正面的话当然是要相告出国履行公务的结果，他真正要办的事情也早已盘算在心。

闵王问道："楚国的情况如何？"

闵王的话题正投淳于髡所好，顺着这个话题，淳于髡要开始展开攻心术，履行对朋友的承诺了。

"事情很糟。楚国太顽固，自恃强大，满脑子想以强凌弱；而薛呢，也不自量……"话题意识性地流动，谈到薛，但不露痕迹。闵王一听，马上就问："薛又怎么样？"淳于髡眼见闵王入了圈套，便捉住机会说："薛对自己的力量缺乏分析，没有远虑，建筑了一座祭拜祖先的寺庙，规模宏大，却不问自己是否有保卫它的能力。目前楚王出兵攻击这一寺庙，唉，真不知后果怎样！所以我说薛不自量，楚也太顽固，"

齐王表情大变："喔，原来薛有那么大的寺庙？"随即下令派兵救薛。

守护先祖之寺庙，是国君最大义务之一。为了保护祖先寺庙就必须出兵救薛，薛的危机就是齐的危机，在这种危机面前，闵王就完全不再计较与孟尝君的个人恩怨了。整个过程，淳于髡没有提到一句请闵王发兵救孟尝君，而是抓住闵王最关心的问题——也就是最大的弱点，旁敲侧击，点到痛处，令闵王自己主动发兵救薛，实际上是救了孟尝君。

齐威王即位后，整天只知道沉湎于酒色之中，好几年不理国事。左右大臣都不敢劝谏。于是淳于髡决定去试一试。

一天，淳于髡去见威王，说有一个谜语要他猜。威王最喜欢猜谜语了，便催淳于髡快说。淳于髡于是说，"有只大鸟，停在王宫的庭院里已经三年了，既不飞也不叫。请大王猜猜这只鸟是怎么一回事？"

威王回答说："这只鸟不飞则已，一飞冲天；不鸣则已，一鸣惊人。"

从这以后，威王开始内治国政，外收失地，称霸天下。

会闯才会赢

　　齐威王八年，楚国发兵攻打齐国。威王派淳于髡出使赵国求救，叫他带一百斤金、十驾马车去送给赵王。淳于髡忍不住仰天大笑，连系帽子的带子都笑断了。

　　威王问他是不是嫌带去的礼物太少，淳于髡说："岂敢，岂敢。我只是想到一件好笑的事情罢了。"

　　威王一听是好笑的事情，连忙叫淳于髡讲给他听。淳于髡于是说："今天我从东边来时，看见路旁有个种田人在祈祷。他拿着一个猪蹄子、一杯酒祷告上天保佑他五谷丰登，米粮堆积满仓。我见他拿的祭品很少，而所祈求的东西却太多，所以笑起来了。"

　　齐威王当然听懂了他的意思，便把去赵国的礼物增加到一千镒金、十对白璧、一百驾马车。

　　淳于髡到赵国献上礼物，陈说利害关系。赵王发出精兵十万支援齐国。楚王听说后连夜退兵回国了。

　　齐威王非常高兴，在宫内设酒宴为淳于髡庆功。威王问淳于髡要喝多少酒才会醉，淳于髡回答说喝一斗酒也会醉，喝十斗酒也会醉。威王觉得他真有意思，既然喝一斗就会醉了，怎么还能喝十斗呢？因此要他讲一讲这其中的道理。

　　淳于髡于是便说起了他的酒经："如果大王当面赏酒给我喝，执法官站在一旁，御史官站在背后，我战战兢兢，低头伏地而喝，喝下一斗就会醉了。如果父母有贵客来我家，我恭谨地陪酒敬客，应酬举杯，喝不到两斗也会醉了。如果有朋自远方来，相见倾吐衷肠，畅叙友谊，那就要喝上个五六斗才会醉了。如果是乡里之间的宴会，有男有女，随便杂坐，三两为伴，猜拳行令，男女握手也不受罚，互相注目也不禁止，自由自在，开怀畅饮。这样，我就是喝到八斗也只会有二三分醉意。如果到了晚上，宴会差不多了，大家撤了桌子促膝而坐，男女都同坐在一个坐席上，靴鞋错杂，杯盘狼藉。等到堂上的蜡烛烧尽了，主人送走客人而单单留下我，解开罗衫衣襟，微微能闻到香汗的气息。这时，我欢乐之极，忘乎所以，要喝到十斗才会醉。所以说，酒喝过头了就会乱来，欢乐过头了就会生悲，世上的事情都是这样的啊！"

齐威王听了他这一段精采的酒经，沉思了好一会儿，然后说："讲得好啊！"从此以后，齐威王戒掉了通宵达旦饮酒的坏习惯。

在许多场合，有一些话不好直说不能直说也无法明说，于是，旁敲侧击绕道迂回，就成为人们所采用的方法。它的妙处在于既不失礼节，又伤不到对方的面子，并且还给自己留下了回旋的余地。旁敲侧击其实是一种迂回，可它既重迂回策略，更重隐含之术，较之迂回更主动，更微妙。

学学让对方无法说"不"

一个人如果想让对方附和他的思想，的确不是一件容易的事。聪明的说服者在说话的开头，就设法使对方无法说"不"，而是不断地说"是"——这就证明他已经抓住对方的心理，使对方的思维跟着他的舌头移动了！

在生活中需要说服的对象有很多，他可能是你的父母、你的上司、你的顾客、你的朋友、你应聘的主考官……在生活中，随时可能遇到要说服别人的情况，如果不掌握技巧，说服就难以达到理想效果。

伽利略年轻时就立下雄心壮志，要在科学研究方面有所成就，他希望得到父亲的支持和帮助。可是父亲却非常反对他研究科学，而希望他能成为一名优秀的外科医生。因此，伽利略总想找个机会说服父亲。

一天，伽利略又和父亲聊到了这个话题。他对父亲说："父亲，我想问您一件事，是什么促成了您同母亲的婚事？"

"我看上她了。"父亲微笑着说。

伽利略又问："那您有没有娶过别的女人？"

"当然没有，孩子。家里的人要我娶一位富有的女士，可我只钟情你的母亲，她从前是一位风姿绰约的姑娘。"

伽利略说："您说得一点也没错，她现在依然风韵犹存，您不曾娶过别的女人，因为您爱的是她。您知道，我现在也面临着同样的处境。除了科学以外，我不可能选择别的职业，因为我喜爱的正是科学。别的对我而言毫无用途，也毫无吸引力。科学是我唯一的需要，我对它的爱有如对一位美貌女子的倾慕。"

父亲说："像倾慕女子那样？你怎么会这样说呢？"

伽利略说："一点不错，亲爱的父亲，我已经 18 岁了。别的学生，哪怕是最穷的学生，都已想到自己的婚事，可是我从没想过那方面的事。我不曾与人相爱，我想今后也不会。别的人都想寻求一位标致的姑娘作为终身伴侣，而我只愿与科学为伴。"

父亲始终没有说话，只是仔细地听着。

伽利略继续说道："亲爱的父亲，您有才干，但没有力量，而我却能兼而有之。为什么您不能帮助我实现自己的愿望呢？我一定会成为一位杰出的学者，获得教授身份。我能够以此为生，而且比别人生活得更好。"

父亲为难地说："可我没有钱供你上学。"

"父亲，您听我说，很多穷学生都可以领取奖学金，我为什么不可以呢？您在佛罗伦萨有那么多朋友，您和他们的交情都不错，他们一定会尽力帮助您的。也许您能到宫廷去把事办妥，他们只需去问一问公爵的老师奥斯蒂罗·利希就行了，他了解我，知道我的能力……"

父亲被说动了："你说得有理，这是个好主意。"

伽利略抓住父亲的手，激动地说："我求求您，父亲，求您想个法子，尽力而为。我向您表示感激之情的唯一方式，就是……就是保证成为一个伟大的科学家……"

最后，伽利略说动了父亲，他实现了自己的理想，成为了一位闻名遐迩的科学家。

如果正面说服别人有一定难度，不妨暂时远离话题，向对方谈论一件看起来与之毫不相干的事，再诱导对方归纳出其中蕴含的道理，以此类推，回到原来所论之事，对方只得依常理而行。

《战国策·赵策》中有一个《触龙说赵太后》的故事，说的就是打比方说事儿的口才。

赵太后刚刚执政，秦国就急忙进攻赵国。赵太后向齐国求救，齐国国君说："一定要用长安君来做人质，援兵才能派出。"

赵太后不肯答应，大臣们极力劝谏。她公开对左右近臣说："有谁敢再说让长安君去做人质，我一定吐他一脸口水！"因此，人们都不敢再去劝谏了。

一天，有人禀报赵太后说左师触龙要求见太后。赵太后心想他一定也是来劝谏自己的，不由得心生怒火。

触龙做出快步走的姿势，慢慢地挪动着脚步，到了太后面前谢罪说："老臣很久没来看您了，我私下原谅自己，又总担心太后的贵体有什么不舒适，所以想来看望您。"

太后说："我全靠坐辇走动。"

触龙问："您每天的饮食该不会减少吧？"

太后说："吃点稀粥罢了。"

触龙说："我近来很不想吃东西，自己却勉强走走，每天走上三四里，就慢慢地稍微增加点食欲，身上也比较舒适了。"

太后说："可我做不到。"太后的怒色稍微消解了些。

触龙话题一转，说道："太后，老臣今天前来，有一事相求，希望太后能够答应我。"

"你有什么事情？"

触龙说："我的小儿子不成材，而我又老了，私下疼爱他，希望能让他替补上黑衣卫士的空额，来保卫皇宫。我冒着死罪禀告太后。"

太后说："可以。年龄多大了？"

触龙说："15岁了。虽然已经不小了，不过我希望趁我还没入土就托付给您。"

太后说："你们男人也疼爱小儿子吗？"

触龙说："比女人还厉害。"

太后笑着说："女人更厉害。"

触龙回答说："我私下认为，您疼爱燕后就超过了疼爱长安君。"

太后说："您错了！不像疼爱长安君那样厉害。"

触龙说："父母疼爱子女，就得为他们考虑长远些。您送燕后出嫁的时候，摸着她的脚后跟为她哭泣，这是惦念并伤心她嫁到远方，也够可怜的了。她出嫁以后，您也并不是不想念她，可您祭祖时，一定为她祝告说：'千万不要被赶回来啊！'难道这不是为她做长远打算，希望她生育子孙，一代一代地做国君吗？"

太后说："是这样。"

触龙说："从这一辈往上推到三代以前，一直到赵国建立的时候，赵王被封侯的子孙的后继人有还在的吗？"

赵太后说："没有。"

触龙说："不光是赵国，其他诸侯国君的被封侯的子孙，他们的后人还有在的吗？"

赵太后说："我没听说过。"

触龙说："他们当中祸患来得早的就降临到自己头上，祸患来得晚的就降临到子孙头上。难道国君的子孙就一定不好吗？这是因为他们地位高而没有功勋，俸禄丰厚而没有劳绩，占有的珍宝却太多了啊！现在您把长安君的地位提得很高，又封给他肥沃的土地，给他很多珍宝，而不趁现在这个时机让他为国立功，一旦您百年之后，长安君凭什么在赵国站住脚呢？我觉得您为长安君打算得太短了，因此我认为您疼爱他不如疼爱燕后。"

太后说："好吧，任凭您指派他吧。"

最后，触龙讲清了只有令长安君"为国立功"，才能使他"在赵国站住脚"的道理，最终完全说服了赵太后。于是触龙就替长安君准备了一百辆车子，送他到齐国去做人质，齐国的救兵才出动。

说服别人时，采用"由此及彼"的方法去分析事理，可以使被说服者对说服者所持的观点、内容有一个较为深刻细致的了解，并能减轻对方接受新观点的心理压力，进而心悦诚服地接受说服者的观点。

当你尝试说服他人的时候，最好先避开对方的忌讳，从对方感兴趣的话题谈起，不要太早暴露自己的意图。让对方一步步地赞同你的想法，当对方跟着你走完一段路程时，便会不自觉地认同你的观点。

谈话也需要察言观色

智者懂得"该文即文，该俗即俗"，"到什么山上唱什么歌"。根据对象的不同而采取不同的言语方式，所以不会制造对立，产生麻烦；而愚者却往往把这种灵活性说成是见风使舵、两面三刀、曲意奉承，他说话不分对象，心里想什么，就直接道出来。常常是，说者无意，听者有心，不知不觉中就得罪了许多人，给自己无形中制造了很多不必要的麻烦，甚至造成无可挽回的后果。

唐高宗李治要立武则天为皇后，遭到了长孙无忌、褚遂良等一大批元老大臣的反对。一天，李治又要召见他们商量此事，褚遂良说："今日召见我们，必定是为皇后废立之事，皇帝决心既然已经定下，要是反对，必有死罪，我既然受先帝的顾托，辅佐陛下，不拼死一争，还有什么面目见先帝于地下！"

李世同长孙无忌、褚遂良一样，也是顾命大臣，但他看出，此次入宫，凶多吉少，便借口有病躲开了。而褚遂良由于当面争辩，当场便遭到武则天的斥骂。

过了两天，李世单独谒见皇帝。李治问："我要立武则天为皇后，褚遂良坚持认为不行，他是顾命大臣，若是这样极力反对，此事也只好作罢了。"

　　李世明白，反对皇帝自然是不行的，而公开表示赞成，又怕别的大臣议论，便说了一句滑头的话："这是陛下家中的事，何必再问外人呢！"

　　李世这句话回答得很巧妙，既顺从了皇帝的意思，又让其他大臣无懈可击。李治因此而下定了决心，武则天终于当上皇后。后来长孙无忌、褚遂良等人都遭到了迫害，只有李世一直官运亨通。

　　有时候，可能对打交道的人不甚了解，但是聪明人往往能通过语言、工作环境，甚至是房中摆放的物品来了解对方的性格，从而打开突破口，投其所好，切入话题，收到意想不到的效果。

　　杨先生最喜爱的一件新外套被洗衣店的人熨了一个焦痕，他决定找洗衣店的人赔偿。但麻烦的是那家洗衣店在接活时就声明，洗染时衣物受到损害概不负责。与洗衣店的职员做了几次无结果的交涉后，杨先生决定面见洗衣店的老板。

　　进了办公室，看到高高在上的老板面无表情地坐在那儿，杨先生心里就没了好气。

　　"先生，我刚买的衣服被您手下不负责任的员工熨坏了，我来是请示赔偿的，它值1500元。"杨先生大声地说道。

　　老板看都没看他一眼，冷淡地说："接货单子上已经写着'损坏概不负责'的协定，所以我们没有赔偿的责任。"

　　出师不利，冷静下来的杨先生开始寻找突破口。他突然看到老板背后的墙上挂着一支网球拍，心中便有了主意。

　　"先生，您喜欢打网球啊？"杨先生轻声地问道。

　　"是的，这是我唯一的也是最喜爱的运动了。怎么，你也喜欢吗？"老板一听网球的事，立刻来了兴趣。

　　"我也很喜欢，只是打得不好。"杨先生故作高兴且一副虚心求教的样子。

　　洗衣店的老板一听，更高兴了，如碰到知音一样的与他大谈起网球技法与心得来。谈到得意时，老板甚至站起身做了几个动作，而杨先生则大赞老板的动作优美。

　　激情过后。老板又坐了下来。

"哎哟，差点忘了！你那衣服的事……"

"没关系，跟您上了一堂网球课。我已经够了！"

"这怎么行！"

说完，老板把他的秘书叫了进来，吩咐道："王小姐，你给这位先生开张支票吧……"

由此可见，独特的个性、爱好，独特的知识结构使某个人只能是"这样"而不能是"那样"。所以在与不同的人交谈时，我们就要采取不同的谈话方式。

一次，鲁迅先生到厦门的一所平民学校去演讲，他深知这些平民子弟渴望求知，但由于长期受到环境的压制，对是否能学好又存有怀疑和担心的心理。于是，鲁迅先生就在演讲中说："你们都是工人、农民的子弟，因为家境贫寒才失学。但是你们穷的是金钱，而不是聪明才智。即使是贫民子弟也一样是聪明的、有智慧的。没有人的权利能大到让你们永远被奴役，也没有什么人会命中注定做一辈子穷人，只要肯奋斗，就一定会成功，一定有前途。"这几句话赢得了满堂的喝彩，不少人激动得热泪盈眶。

鲁迅的话体现了关注、尊重和期望，这不是泛泛的，而是专门针对平民子弟的，所以他才能赢得满堂喝彩，才能使很多人激动得热泪盈眶。

在社交中必须要针对不同的人做不同的分析。对性格活泼、个性开朗的人，可以比较随意地开玩笑，不用过于拘泥；反而对性格内向的人，交谈的时候需要耐心；对于性格耿直的人，可以对他们直言不讳，因为即使这样做也不会引起他的反感；对那些生性多疑、小心眼儿的人，说话要小心谨慎，开口前要再三酝酿，以免得罪对方。

不要吝啬你的赞赏

我们每个人都希望自己的工作受到别人的赞赏，于是，我们花费了很大的努力去赢得这种赏识。

赞赏有着神奇的作用，它使虚弱变为强壮，使恐惧变为勇敢，使暴躁变为冷静，使失败变为成功。学生可能因老师赞扬某篇作文写得好而对当作家投注极大的热情，最终成为文豪；而一句冰冷的批评则可能把一个未来的科学家彻底摧毁。

一个非常精明的经理人员曾经说，他非常喜欢思考怎样才能使赞扬人的话起到跟发钱给下属一样的作用。他说："我不可能按照我希望的那样付给他们很多的钱，所以，我要把赞扬当钱使。无论任何时候，无论遇到谁，我都告诉他说你干得很不错，加油啊！立刻，这话就像 100 元奖金似的令他感到兴奋。是的，他们不可能用赞扬去买到什么好东西。但是，他们会把它藏在脑子里的。而且，他们对我和我们公司的感觉会更好。"这种对赞扬的评价是十分有说服力的：当你的钱已经不足以笼络住手下那些人才时，赞扬可以帮助你把他们笼络住。

瑞·卡夫，前《时代》周刊总编辑曾经告诉过他的朋友，他总是记得他是怎么表扬、表扬过几次、表扬的是谁这些细节。因为这是他的工作，他别无选择。对他来说，每星期编辑一期杂志就是一场马拉松比赛，在这场比赛里，他需要做出无数次的价值判断，没有耐心和热情是坚持不下来的。他总是需要不断地对他的下属交上来的意见书、文章、图片、图解以及版面设计做出判断，以决定这些东西是否符合杂志的要求。结果是，他需要不断地做出是否要赞扬或者批评他的撰稿人、摄影师以及艺术家的决定。在这种意义上，杂志出版业是一个需要经常表扬人的行业。对瑞·卡夫来说，记住表扬人是不成问题的，这是他主要职责的一部分。

赞赏别人不要口是心非，不要担心赞扬了别人似乎就贬低了自己，也不要把三句夸赞之辞压缩到一句，吝啬赞扬反而更容易暴露你的小肚鸡肠。真诚大方的称赞之语可使他人感到由衷的快乐，也可让别人了解你的感受，千万不要以为别人理所当然会知道你的感激与欣赏之情。

美国新泽西州威利兰德职业训练学校在给学生上心理学课时，教授们使用了一种被称为"测力器"的仪器，对疲劳进行测量。当一个疲惫的年轻人受到表扬和鼓励时，测力器表明他的能量立即得到加强；而当他被批评训斥一顿后，他的体力就急剧下降。由此可以看出：表扬可以激发活力。可是，我们在日常生活中最常忽略的美德之一便是赞赏。女儿帮助父母做家务，父母却忘记了赞扬；朋友为你办了一件好事，你又忘了道谢……由此产生了许多遗憾。

因此，在你每天的生活中，别忘了为他人留下一点赞美的温馨，这一点点火星也会燃起友谊的火焰，在你与他人的交往中，留下非常鲜明的印迹。也许你周围的人还会把你的言语珍藏在记忆里，终身不忘。

找到打破冷场的窍门

俗话说："酒逢知己千杯少，话不投机半句多。"因此，交际中，要开动脑筋，注意观察，想尽办法尽快找到共同点，以此作为一种契机，与交际对象进行和谐投机的谈话。

有经验的记者能通过观察和分析，迅速地与采访对象套上近乎，找到一个可以引起双方话题的共同点，打破冷场。

一位记者受命去采访一位教师，行前有人说这位老师很倔，说不到三言两语就把人打发了。记者到学校去见他时，他正在跟传达室的人发脾气。记者一听他说话的口音是山西人，心里暗暗高兴，因为自己也是山西人。后来，他们的交谈就从家乡谈起，越谈越热乎，这一段题外话也为正题作了很好的铺垫。

在交际过程中，谈话时要善于寻找话题，这样才能套上近乎。有位交际大师指出：交谈中要学会没话找话的本领。所谓"找话"就是"找话题"。交谈有了好话题，就能使谈话融洽自如。好话题的特点是：至少有一方熟悉，能谈；大家感兴趣，爱谈；有展开探讨的余地，好谈。

这里为你提供以下几个"没话找话"的聪明做法：

（1）中心开花

如果你面对的是很多陌生人，就要选择众人关心的事件为话题，这类话题是大家想谈、爱谈、又能谈的，人人有话，自然能说个不停了，这样一来，就能引起许多人的议论和发言，达到"语花"飞溅的场面。

（2）即兴引入

就是即兴地借用当时的地点、场景、人物等某些材料为题，借此引发交谈。有人善于借助对方的姓名、籍贯、年龄、服饰、居室等等，即兴引出话题，常常可以取得好的效果。"即兴引入"法的优点是灵活自然，就地取材，其关键是要思维敏捷，能做由此及彼的联想。

（3）投石问路

向河水中投块石子，探明水的深浅再前进，就能有把握地过河。与陌生人交谈，先提一些"投石"式的问题，在略有了解后再有目的地交谈，便能谈得更为自如。如在聚会时见到陌生的邻座，便可先"投石"询问："你和主人是老乡呢还是老同学？"无论问话的前半句对，还是后半句对，都可循着对的一方面交谈下去；如果问得都不对，对方回答说是"老同事"，那也可谈下去。

（4）循趣入题

找到陌生人的兴趣，循趣发问，能顺利地进入话题。如对方喜爱象棋，便可以此为话题，谈下棋的情趣，车、马、炮的运用等等。如果你对下棋略知一二，那肯定谈得投机。如你对下棋不太了解，那也正是个学习机会，可静心倾听，适时提问，借此大开眼界。

（5）缩短距离

交际求通，必须在缩短距离上下工夫，力求在短时间内了解得多些，缩短彼此间的距离，力求在感情上融洽起来。孔子说，"道不同，不相谋"，聪明者要想方设法让对方觉得你们志同道合，这样才能谈得拢。有一个成语"一见如故"，陌生人要能谈得投机，要在"故"字上做文章，变"生"为"故"。

适时切入，看准情势，不放过应当说话的机会，适时插入交谈，适时"自我表现"，能让对方充分了解自己。

交谈是双边活动，光了解对方，不让对方了解自己，同样难以深谈。陌生人如能从你"切入"式的谈话中获取教益，双方会更亲近。适时切入，能把你的知识主动有效地献给对方，实际上符合"互补"原则，奠定了"情投意合"的心理基础。

可以借用物体寻找自己与陌生人之间的媒介物，以此找出共同语言，

缩短双方距离。如见一位陌生人手里拿着一件什么东西，可问："这是什么？看来你在这方面一定是个行家。正巧我有个问题想向你请教。"对别人的一切显出浓厚兴趣，通过媒介物引发他们表露自我，交谈也会顺利进行。

另外，还可以故意留些空缺让对方接口，使对方感到双方的心是相通的，交谈是和谐的，进而缩短距离。因此，和陌生人交谈，千万不要把话讲完，把自己的观点讲死，而应该显出虚怀若谷、欢迎探讨的样子。

换一种说法也许能改变结果

每个人都有自己的思维方式和说话习惯，时间久了，其中必然掺和不少可能导致结果不佳的说话方式和内容。虽然语言习惯形成以后很难改变，但一旦做出改变，换一种不同以往的说话方式，可能新的结果会给你一个惊喜。

一个周末，许多青年男女伫立街头，他们中间有不少人是等待与情侣相会的。有两个擦鞋童，正高声叫喊着以招徕顾客。

其中一个说："请坐，我为您擦擦皮鞋吧，又光又亮。"

另一个却说："约会前，请先擦一下皮鞋吧？"

结果，前一个擦鞋童摊前的顾客寥寥无几，而后一个擦鞋童的喊声却收到了意想不到的效果，一个个青年男女都纷纷让他擦鞋。这究竟是什么原因呢？

第一个擦鞋童的话，尽管礼貌、热情，并且附带着质量上的保证，但这与此刻青年男女们的心理差距甚远。因为，在黄昏时刻破费钱财去

"买"个"又光又亮"，显然没有多少必要。人们从这儿听到的印象是"为擦鞋而擦鞋"的意思。

而第二个擦鞋童的话就与此刻男女青年们的心理非常吻合。"月上柳梢头，人约黄昏后"，在这充满温情的时刻，谁不愿意以干干净净、大大方方的形象出现在自己心爱的人面前？一句"约会前，请先擦一下皮鞋"真是说到了青年男女的心坎上。可见，这位聪明的擦鞋童，正是传送着"为约会而擦鞋"的温情爱意。

一句"为约会而擦鞋"一下子抓住了顾客的心，因而大获成功。从以上分析中，我们也该受到启发：研究心理，察言观色，得到准确的无形信息，才能找到最恰当的说话切入点。

比如，在知识高深、经验丰富的对手面前，不能自作聪明、虚张声势，尤其不能不懂装懂、显露浅薄，否则，就可能弄巧成拙。

再如，在刚愎自用、好大喜功的对手面前，不宜过多解释，而可以采用激将法。

又如，在沉默寡言、疑神疑鬼的对手面前，越殷勤，越妥协，往往越会引起更多的疑问和戒备。因此，关键在于想方设法启发对方开口，以便摸清虚实，对症下药。态度也不妨强硬一点，用自己的自信来感染、同化对方，打消疑虑。

有一家皮革材料公司，专为皮革制造厂家提供皮革材料。一次，一位客户登门。几句寒暄之后，公司负责人发现这位客户实力雄厚，需要量很大。在交谈中又发现这位客户比较自负，性急。于是皮革材料公司通过客户观看样品的机会，适当而得体地夸奖他的经验与眼力，在最后的价格谈判中，先开出每公尺 20 元，但接着加了一句："您是行家，我们开的价是生意的常规，有虚头骗不了您。最后的定价您说了算，我们绝无二话。"果然，客户在这种信任的赞誉声中，痛痛快快定了每公尺 15 元的价格（公司的进价是每公尺 12 元）。

显然，这样的战术成功了。而成功的关键还在于准确地把握住了对方的性格及心理，使用了正确的说话方法。

学会巧说人情话

一句人情话能让听者笑逐颜开，这可不是一件容易的事，它需要说话人紧紧把握两个要点，一是说之前要观察准确，确保做到投其所好，二是让经过精心准备的人情话要以"不经意"的方式"随口"说出来，这让对方不会产生被刻意讨好的不快。

美国著名的柯达公司创始人伊斯曼，捐出巨款在罗彻斯特建造一座音乐堂、一座纪念馆和一座戏院。为承接这批建筑物内的座椅，许多制造商展开了激烈的竞争。

但是，找伊斯曼谈生意的商人无不乘兴而来，败兴而归。

正是在这样的情况下，"优美座位"公司的经理亚当森，前来会见伊斯曼，希望能够得到这笔价值9万美元的生意。

伊斯曼的秘书在引见亚当森前，就对亚当森说："我知道您急于想得到这批订货，但我现在可以告诉您，如果您占用了伊斯曼先生5分钟以上的时间，您就完了。他是一个很严厉的大忙人，所以您进去后要快快地讲。"

亚当森微笑着点头称是。

亚当森被引进伊斯曼的办公室后，看见伊斯曼正埋头于桌上的一堆文件，于是静静地站在那里仔细地打量起这间办公室来。

过一会儿，伊斯曼抬起头来，发现了亚当森，便问道："先生有何见教？"

秘书把亚当森做了简单的介绍后，便退了出去。这时，亚当森没有谈生意，而是说：

"伊斯曼先生，在我们等您的时候，我仔细地观察了您这间办公室。我本人长期从事室内的木工装修，但从来没见过装修得这么精致的办公室。"

伊斯曼回答说："哎呀！您提醒了我差不多忘记了的事情。这间办公室是我亲自设计的，当初刚建好的时候，我喜欢极了。但是后来一忙，一连几个星期我都没有机会仔细欣赏一下这个房间。"

亚当森走到墙边，用手在木板上一擦，说：

"我想这是英国橡木，是不是？意大利的橡木质地不是这样的。"

"是的，"伊斯曼高兴地站起身来回答说："那是从英国进口的橡木，是我的一位专门研究室内橡木的朋友专程去英国为我订的货。"

伊斯曼心情极好，便带着亚当森仔细地参观起办公室来了。

他把办公室内所有的装饰一件件向亚当森做了介绍，从木质谈到比例，又从比例谈到颜色，从手艺谈到价格，然后又详细介绍了他设计的经过。

此时，亚当森微笑着聆听，饶有兴致。

亚当森看到伊斯曼谈兴正浓，便好奇地询问起他的经历。伊斯曼便向他讲述了自己苦难的青少年时代的生活，母子俩如何在贫困中挣扎的情景，自己发明柯达相机的经过，以及自己打算为社会所做的巨额的捐赠……

亚当森由衷地赞扬他的功德心。

本来秘书已警告过亚当森，谈话不要超过5分钟。结果，亚当森和伊斯曼谈了一个小时又一个小时，转眼间已经来到了中午。

最后伊斯曼对亚当森说：

"上次我在日本买了几把椅子，打算由我自己把它们重新油好。您有兴趣看看我的油漆表演吗？好了，到我家里和我一起吃午饭，再看看我的手艺。"

午饭以后，伊斯曼便动手，把椅子一一漆好，并深感自豪。

直到亚当森告别的时候，两人都未谈及生意。

最后，亚当森不但得到了大批的订单，而且和伊斯曼结下了终生的友谊。

为什么伊斯曼把这笔大生意给了亚当森，而没给别人？如果亚当森一进办公室就谈生意，十有八九要被赶出来。

亚当森成功的"绝"窍，就在于他了解谈判对象。他从伊斯曼的办公室入手，以几句人情话巧妙地赞扬了伊斯曼的成就，使伊斯曼的自尊心得到了极大的满足，把他视为知己，这笔生意当然非亚当森莫属了。

一般情况下我们碰到的问题往往是些人际交往中的问题，即使你应变不当，最多是自己没面子，或者把事情办砸，危害生命或涉及国家大事的情况较为少见，但这并不等于一定遇不到。

春秋时期，有一次秦兵企图偷袭郑国，大军已开到离郑国不远的地区，而郑国还蒙在鼓里。这时，郑国一个名叫弦高的牛贩子得知这个消息后，急中生智，他一面派人星夜赶到郑国国君那里报信，一面又装扮成郑国的使臣，挑选几十头肥牛，乘着一辆车，迎着秦兵而去。当与秦兵将领相遇后，弦高便自称是受郑国国君之命，备了点薄礼来慰劳秦军，并称国君正厉兵秣马，训练军队。秦军将领一听，大吃一惊，以为郑国早有准备，便改变计划班师回朝了。

这个故事告诉我们，在社会竞争活动中，可能要经常面临变幻不定的客观现实。在迅速变化的形势面前，要灵活应对，只会循规蹈矩，是不会成功的。

一天，卓别林带着一大笔款子，骑车驶往乡间别墅。半路上突然遇到一个持枪抢劫的强盗，用枪顶着他，逼他交出钱来。

卓别林满口答应，只是恳求他："朋友，请帮个小忙，在我的帽子上打两枪。"强盗照做了，卓别林说："谢谢，不过请再向我的衣襟打两个洞吧。"强盗不耐烦地扯起卓别林的衣襟打了几枪。卓别林鞠了一躬，央求道："太感谢您了，干脆劳驾将我的裤脚打几枪。这样就更逼真了，主人不会不相信的。"

强盗一边骂着，一边对着卓别林的裤脚连扣了几下板机，但不见枪响，原来子弹打完了。卓别林一见，连忙拿上钱，跳上车子飞也似的去了。

这是一个突发性事件，任何人都无法估计它什么时候降临，任何人也无法预先做好应变的准备。所以随机应变，怎样根据眼前环境状况采取不同的策略，是一个人应变能力与分析能力的直接体现。例如：

有一天，玛丽小姐正在屋里休息，忽然听到门外有声。她打开门，见一个持刀的男人杀气腾腾，恶狠狠地看着自己。

是入室抢劫？是杀人逃犯？

玛丽不禁倒吸了一口凉气，心里打了一个冷颤。她灵机一动，迅速恢复平静，微笑着说："朋友，你真会开玩笑！是卖菜刀吧？我喜欢，我要买一把……"边说边让男人进屋，接着说："你很像我过去的一位好心的邻居，看到你真高兴，你是喝咖啡还是茶……"本来满脸杀气的歹徒，渐渐腼腆起来。

他有点结巴地说："谢谢，哦，谢谢！"

最后，玛丽真的"买"下了那把明晃晃的菜刀，陌生男人拿着钱迟疑了一会儿走了，在转身离开的时候，他说："小姐，你会改变我的一生！"

读罢这则故事，我们不仅钦佩玛丽小姐化险为夷的过人智慧，更被她那能融化冰雪的爱心所折服。不是吗？一场即将发生的灾难，转眼间被玛丽小姐以机智和爱心挽回了，她不但挽救了自己，也挽救并改变了这个未遂的杀人犯。这件事看起来悄无声息，回味起来则是惊心动魄。因为这两位主人公的人生在这片刻之间完成了一次天翻地覆的转折，也在各自的生命驿站中立下了一块里程碑。

后来，据说玛丽小姐与这位男人结婚了。这就是说什么事都不是绝对的。人生就是战场，所以处理同一问题也不能总用同一种方式。在遇到危机时也一样，也要考虑不同环境，不同对手，不同时间，采取不同对策，这样才能确保在危机中化险为夷。

第十辑

抓住机会，就会闯出门路

卡耐基说："当机会呈现在眼前时，若能牢牢掌握，十之八九都可以获得成功；替自己找寻机会的人，更可以百分之百的获得胜利。"所以，会闯的人都绝对不允许机会从身边溜走，并且能纵身扑向机遇。

机会是自己闯出来的

机会就在生活的每一瞬间，它稍纵即逝。大凡会闯的人，都善于抓住机会，从不放过任何一次机会，哪怕是最不起眼的或者是稍纵即逝的。

现在的社会，人们的生活节奏越来越快，物质生活也越来越丰富，精神生活却跟不上物质生活的发展，再加上那层出不穷、令人目不暇接的经济大潮，引得人们"费力费神"地去获取。这样就会导致人们在心态上产生一个极大的变化，那就是很多人都开始急于求名，急于求利，不能安心地做一件事，只是看到眼前的利益，什么有利就做什么，最后只是事倍功半，什么也没做成。

可以说，在一个会闯的人眼里，机会随处都在，在它们看来，只要认真观察，生活中到处都有机会。

一个制鞋工厂，为了扩大自己的市场，将自己的发展战略定在了某热带岛国。为了打开这个市场的突破口，他们向社会广泛征集调研人员去做市场的调查与分析。结果反馈回来的信息令工厂大失所望，每个回来的市场人员都抱怨，那里因为气候特别，再加上人们根深蒂固的生活习惯，生活在岛上的居民根本不需要穿鞋。所以在那里开发市场是不值得的。正当工厂准备放弃这个计划时，一位叫 TOM 的市场人员却做出了与其他人相反的报告，TOM 认为正是因为岛上的居民都还没穿鞋，才暗藏了巨大的市场空间。所以我们必须尝试改变他们的固有的生活习惯。

TOM 于是带着艰巨的任务又来到了岛上，他拿了部分样品鞋给岛上的居民试穿，记录他们的感受和需要；再将当地的地理环境和气候条件做了

分析。工厂的设计师们根据 TOM 的反馈信息，专门设计了一种鞋，透气性好，既舒适又耐磨，TOM 于是带着这种鞋到岛上开始了自己的推销。刚开始很多人对这种新奇的事物难以接受，一个月下来，TOM 的收获很小，于是 TOM 向工厂申请，决定免费赠送 100 双鞋。这个促销带来了巨大的收获，很快这种新奇的事物给岛上的居民带来了前所未有的革命，岛上的居民纷纷购买这种价格很合理而且穿上它后感觉特别舒服的鞋子。就这样 TOM 经过细致的分析后，勇于尝试，取得了很大的成功。

善于把握机遇，铸造成功的人生。你只要知道自己尽了力就好。只要为自己设定有价值的目标，然后朝着这个目标努力去做，至于成功与否，那都是次要的事。

在一条湍急的河边，很多人在那里淘金。有人幸运地淘到了沙金，这样很快成为了富翁。

这个消息很快一传十，十传百地流传出去，许多人都认为这是个发财的好机会，于是那些想通过淘金来致富的人们从四面八方聚集到那里。20岁的农夫亚伯拉罕同大家一样，走了很远的路才来到这个人烟稀少的地方，加入到了这支庞大的淘金队伍里。越来越多的人开始来这里淘金，金子也变得很难淘。一批人走了，另外的人又来了。

亚伯拉罕也很努力地开始在那里淘金，不分日夜，可是当他连续淘了一个月以后，连金子的影子也没看到，他开始失望了。看看自己所带的钱物也快用完了，他于是想到了离开。

当他走到对岸的山头上时，回过头站在那儿，看看自己付出了心血却一无所获的地方，很不甘心。他默问自己，难道真的这样失败的离开？

突然，他看到眼前奇怪的一幕：想到对岸淘金的人，因为没有渡船，所以要走到下游的浅水区，蹚水而过，"如果有条渡船，不是很方便吗？"亚伯拉罕心想，"而且还可以收费，这样不也可以赚钱吗？"

于是他将剩余的钱物用来做了艘简易的渡船，开始在河上撑渡。由于这样很方便，很多人乐意乘渡船来往于河的两岸。很多人坐他的船过河淘金，也有很多人坐他的船离去。

后来，很多淘金者都空手而归，而亚伯拉罕却积累了一笔不小的财富。机遇就是这样，它来到你的身边时，不是大声说："我是机遇，我来了。"而是那样的无声无息，稍纵即逝，必须是那些善于观察、敢想敢做的人才能将它抓住。

拿准时机才能闯出事业

一个人能否闯出成功，往往就看其是否善于抓住迎面而来的机会。善抓时机是非常重要的，这是夺得事业成功的必不可少的因素。能否抓住这样的时机，不但是创业者成败的关键，也是一个人一生事业成败的关键。

在生活中，到处都有时机问题。国际知名管理学家哈洛尔德·康茨和西里尔·奥登纳尔在其颇有影响的著作《管理学精华》中特别强调要认识机会是规划的真正出发点，只有认清机会，才能建立起现实主义的目标，提出可行性方案。

美国学者阿瑟·戈森曾问著名演员查尔斯·科伯恩："一个人如果要在生活中获得成功，需要的是什么？大脑？精力？还是教育？"

查尔斯摇摇头："这些东西都可以帮助你成功。但是我觉得有一件事甚至更为重要，那就是：看准时机。"

他解释说，演员在舞台上，是行动，或者按兵不动；是说话，或者缄默不语，都要看准时机。"在舞台上，每个演员都知道，把握时机是最重要的。我相信在生活中它是个关键。如果你掌握了审时度势的艺术，在你的婚姻、你的工作以及你与他人的关系上，就不必去追求幸福和成功，它们会自动找上门来的！"

这位老演员的话是人生的经验之谈。看准时机，学会审时度势是成功

的关键。20 世纪 70 年代初，美国加州技术学院的亚里夫教授，就预见到"把微激光器和晶体管做在一块基片上来调节、稳定和放大光脉冲"的新技术，他甚至预示这将取代硅半导体技术乃至微激光技术。但当时却没有几个人能认识到这个问题，亚里夫只好一个人孤军奋战 8 年，终于研制成了世界上第一块激光晶体管集成电路。然而当时的美国工业界仍然没有人识货，而日本一位在加州技术学院攻读博士学位的光电技术研究项目专家，却看准这个天赐良机，大力促使日本在这方面投资，把这项创造性的成果很快转化为工业产品，并戏剧性地转为向美国出口，以至比美国工业界领先 5 年。阿瑟·戈森曾一针见血地指出："有多少生活中的不幸和坏运气，只不过是没有看准时机！"

时机往往是一瞬即逝的，有时甚至在人们意料之外出现。如果不具备敏锐的观察力，那就不可能有幸看准时机，抓住它。在希腊神话中，幸运女神福耳图娜的形象是一位站在车轮上的少女，蒙着双眼。这意味着她虽盲目，却不是隐形的，一个人如果肯锐意进取，留心观察，她就一定能看准"幸运"。

掌握好审时度势的艺术，最基本的方面是要看准事物将会向何处发展。须知未来并不是一本合上了的书。大多数将要发生的事都是由现在正在发生的事所决定的，紧紧抓住现在这个好时机，采取行动，就会减少将来的麻烦，或在将来能得到好处。

美国第 28 任总统威尔逊曾说："认为只有在时机到来时，才能做出正确选择的人，在领导同代人的事业中是不会取得成就的。"在历史上，由于缺乏预见性，没有看准时机从而招致失败的事例是不胜枚举的。在日常生活中，我们要努力通过自觉的努力来设计今后的自己，预测未来的可能性并照此行动。

看准时机的要害是一个"准"字，过迟的行动固然会贻误时机，过早的行动则往往是欲速则不达。审时度势时犯有"急性病"和"慢性病"，都会影响看准时机。我们既不能犯"急性病"，也不能犯"慢性病"，不能从一个极端跳到另一个极端。

掌握"准"字没有灵丹妙药，它是一种智能与自制力的结合体。另外，也要了解其他人是如何看问题的。我们的每时每刻都是与所有的人共享的，每个人都会从不同的角度去看待周围发生的事情。因此，了解其他人的看法对看准时机也是非常重要的。

能创造机会才能闯出成功

你可曾想过幸福而惬意的生活是如何得来的吗？

要是你只在等待机会，等人提拔，待人帮助，你一生将永远不会比别人活得更好。会闯的人能活得比一般人潇洒，是因为他们首先明白自己的光明生活在不同于眼前的环境中才能实现，他们懂得用自己的能力去创造机会。

当亚历山大获得胜利以后，有人问他："你是不是等待着一种机会去进攻的呢？"

他听了大怒起来说："机会是要人自己去创造的。"

创造机会，因此使亚历山大成就了他的事业。闯在当下，只有学会创造机会，才能达到他的期望，实现他的人生意义。

世界大富豪之一的郑周永在20世纪60年代初，便开始率领他的"现代建设"试探性地涉足海外了。1963年他曾经派他的三弟郑世永前往越南、泰国等地活动，但是由于缺乏国际竞争经验，在几次投标中，都因为报价太高而相继落马。于是郑周永决定亲自出马。

1965年郑周永来到泰国，几经较量，终于打开了泰国、越南的建筑市场。但是由于国外施工条件艰苦，质量要求苛刻，再加上后勤工作不能得到及时保障，他的建筑项目都遇到了难以克服的麻烦。过了10年，"现代

建设"虽然打开了一点海外市场，但付出的代价也是惨重的。在总数达60多亿美元的项目中几乎每一个都出现赤字，最终的亏损有好几亿美元。

但是郑周永并没有泄气，他有种自信。他相信这些损失只不过是"现代建设"打开海外市场所交的一点"学费"。如果就此停步不前，损失将会更大；只有鼓足勇气，向前迈进，才能有更大的成功。

70年代初期，郑周永又决定向中东进军，当时"现代建设"内部决策人物之间还为此发生了矛盾。郑周永的二弟郑仁永认为应该遵循稳扎稳打、循序渐进的发展战略，他并不主张"现代建设"向中东发展。因为十几年来，"现代建设"在海外的工作大多都是白费，况且中东的自然条件非常复杂，对于不熟悉的人来说存在着种种料想不到的困难。

但是郑周永下定了决心，一定要啃中东这块硬骨头，他自信只要能掌握海外市场的主动权，就能占得先机。

1976年2月，郑周永飞抵巴林，亲自指挥参与了一场沙特阿拉伯"朱拜勒产业港工程"的夺标战。由于此工程规模浩大，造价昂贵，引得世界上许多建筑商前来投标。经过严格筛选，有9家公司入选投标，"现代建设"也是其中的一个。

"现代建设"比起其他几家著名的建筑公司来说，只能算是一位小弟弟，并没有雄厚的资本与他们竞争。所以要想夺标，"现代建设"就只有在报价上下工夫了，报得过高，显然没有竞争能力，而报得过低，又可能亏损，郑周永紧张地思索着。

这场投标的成功与否对于郑周永来说意义实在太大了。首先，如果投标成功，就证明他在世界强手之前已经成为胜利者，这对于"现代建设"今后在中东乃至在整个世界的发展有着巨大的意义。另外，即使工程出现亏损，也等于是交了一次学费，为了今后的发展，这笔学费交了也是值得的。

他怀着这种必胜的信心和决心，毅然将报价定到最低点——9.3114亿美元，而据他所知，其他公司的报价最低也在10亿美元之上。这同时也是非常冒险的，因为9.3114亿美元也许刚好只够工程的费用，"现代建设"想要盈利是不太可能的，甚至还有可能出现亏损。但是郑周永并没有退却和害怕，在投标会上，他充满自信地写下 9. 3114 亿美元的价码。果然，他以最低价夺标，为公司进军中东踏出了第一步。

郑周永依靠着自信和勇敢，把竞争和其后事业发展的主动权牢牢掌握在自己手中。

唯一能创造良机的，只有你自己。等待机会，是一种极笨拙的行为。你不要以为机会像是一个到你家里来的客人，他在你的家门口敲门，等待你开门把他迎接进来。恰好相反，机会是一种不可捉摸的东西，无影无形，无声无息，它有时潜伏在你努力的工作中，有时徘徊在无人注意的地方。假如你不用正确的方法去寻求，也许你永远不会遇着它。有了这种认识，在社会上闯的时候，才能由被动的寻找变成主动的创造，由被动的接受变成主动的拥有。依赖别人及推卸责任是庸俗和无知的表现。什么都不去做，只依靠别人，就不会闯出什么结果；能闯出成功，都是缘于自己的创造。

找最好的方式抓住机会

机会之神对所有遇见他的人都是平等的，遇到他的人会获得什么全看自己的表现。有的人随便跟他打了个招呼，就错过了成功；有的人和他握一握手，便达到了目标；有的人给了他一个拥抱，结果获得了意外之喜！

机遇对于我们来说，是重要的，但它不会像天气预报一样，会有提前的通知，它常常悄悄潜入我们身边，就像个童话中的精灵，很难一亲芳泽。

机遇对每个人都是公平的。有些人抓住了，有些人抓不住；有些人发现了，有些人茫然无知；有些人在不断创造机会，有些人在苦苦等待机

会。无疑，前者更让人欣赏。

你想闯出成功，达成自己的目标，首先必须给成功一个实现的机会！你不努力尝试，那怎么可能成功？你不敢战斗，又怎么可能获胜？

国内的燃气大王王玉锁在20世纪80年代末就开始离家做各种各样的小生意，但一直没赚到什么大钱。有一次在河北任丘遇到一个能弄到燃气的朋友，他觉得是个大机会。还没等对方弄到气，他就骑着借来的自行车，先将设备拉回到老家，往自家小铺一放，贴了个告示：就这个东西，谁买，你先交12罐气的钱，10块钱一罐，是120块。

王玉锁后来回忆说："我这个东西一套是120块，加上气一次共交240块钱，我记得很清楚。实际我这个气是一次交一次钱，这样我不就多一些资金了吗？另外，再加上利润呢，那时一套挣40多块钱。"做饭烧燃气，那时候即使对于许多北京人来说也是有门路的象征，何况是在河北廊房。

王的告示贴出来，顾客立刻蜂拥而至，当时就登记了七八套，几天时间就卖出去40多套，净赚1000多元。以后王玉锁常跑任丘，瞅准燃气，不断做大，终于修成正果，成为中国有名的"燃气大王"和大富豪。王玉锁掘出第一桶金的过程很简单，但他的做法却是大胆而有谋略的，他抓住了当时燃气供应紧缺的机会，以打广告让人预订的方式来提前收回资金，既为自己赚到了启动资金，也使供货方更容易信任他。这一做法在当时商业不发达的情况下十分可贵。

无独有偶，在相同的时代背景下，国美电器创始人黄光裕也以自己独特的方式把握了电器销售的黄金时机，并且创下了全新的零售模式，建立了自己的电器帝国。1991年的时候，国内电器行业还停留在卖方市场阶段，当时商场考虑得最多的是如何提高价格和利润。而黄光裕则第一个想到利用报纸中缝打起广告刊登电器的价格，以此快速占领市场。当时国营商店对于广告的认识还停留在"卖不动的商品才需要广告"的层面，后来也有人想学习国美的广告策略，但黄光裕已经以每次800元的低价包下了报纸中缝，因此他的广告没有竞争对手。很少的广告投入为国美吸引来了大量顾客，一时间北京人都知道"买电器，到国美"，他的电器店生意越做越火。后来黄光裕乘胜追击，陆续开了多家门店，"国豪"、"亚华"、

"恒基"，不一而足。1993 年前，小店面已达七八家。为了避免"消费者看了广告也不知到何处买产品"的情况发生，黄光裕说服那些用美金做产品形象广告的外国厂家与国美合作打广告，既让厂家广告开支得以减少，又让消费者"看得到买得到"；进而黄光裕又向厂家要求，赠予国美一些样品做展示，并开设相应的产品专柜，使顾客能看、能摸，现场就能买到。这几招让国美一举占据了北京电器销售渠道的制高点，那些老牌国营商场再也没办法与之一一决高下了。

王玉锁和黄光裕的成功实例验证了一个不争的事实：如何以最适当的方法抓住机会，并将其以最好的方式加以运用就可以达到自己的目的。他们都是以开创性的方法抓住了机会。但如果你是个有心人，通过模式的套用也可以抓住机会，比如：

美国实业界鼎鼎大名的爱克尔先生，一开始的时候经营咸肉生意。他不但善于发现机会，而且善于抓住机会，使自己的生意一举成功。一天，他在纽约街上散步，忽然看见一家小店门前有很多人在排队购货。他走近一看，原来也是卖咸肉的，只是这家老板方便顾客，将咸肉切成薄片，装在两磅装的纸盒里出售，所以很受欢迎。爱克尔想：这个主意真是太好了，只可惜两磅装的咸肉片还是太多了些，如果改成 1 磅装的，生意肯定还会兴隆。于是，他回去后便对自己的生意进行了改进：把肉片切得更薄，更均匀，以 1 磅装送到市场，并配上精美的山毛榉食品公司商标。果然，购买者踊跃，该公司加工的食品很快闻名全美，从此一发不可收拾，推广至全世界。

机会常常是一种看时有、寻时无的东西。需要突发的灵感加以把握。你可以用独创的方式去抓住它，也可以用借鉴和模仿的方式抓住它。总之，无论你采用哪种方法，利用它产生最大的效益是最主要的。那些闯出成功的人都是善用他们的方式抓住机会的人。

珍惜每一次机会

西方有一则寓言：沙漠中有父子俩，牵着骆驼，在经历了长途的跋涉之后，都已经疲惫不堪，干渴使他们每迈出一步都异常艰难，而沙漠依旧一望无际。这时，父亲看到黄沙中有一块马蹄铁在阳光的照耀下闪烁——那是沙漠里的先行者的遗留品。父亲对儿子说，捡起它来吧，会有用的。儿子心想，在这漫无边际的黄沙堆中，一块马蹄铁会有什么用呢？儿子摇了摇头，没有弯腰。于是，父亲俯身拾起那块马蹄铁放入行李袋，什么也没说，仍继续前行。终于，他们走到了一座城堡，在城堡中父亲用马蹄铁换来了 1000 枚酸葡萄。当他们再次走入沙漠时，干渴再次使父子俩的喉咙冒出青烟。父亲此刻掏出酸葡萄来边走边吃并不时抛下一枚，每抛下一颗，儿子便俯身捡起吃掉，为了这几百枚酸葡萄，儿子竟弯了几百次腰。在我们生存的环境中，有很多机会也像故事中的马蹄铁一样并不会引起人们的注意，但如果我们拾起它后，它就会有利用价值。那么，我们面对一次机会时，应该怎样去做呢？

许多人把机遇称为运气，无论称谓如何，有一点是绝对的，珍惜机会，机会才会珍惜你，才会送你到理想中的境界。

我们要善于接受别人的帮助。一个人要想更好地适应社会，必须具备一定的条件，而这些客观的条件往往掌握在别人手中。接受别人的支持和帮助，就像一颗优良的种子不拒绝一块适合自己成长的土壤一样，势必会加速我们的成长，有时甚至决定了我们一生的命运。

再则历史性的机遇往往是很珍贵的，稍纵即逝。所以，我们不仅要善于发现机遇，还要学会识别机遇。但由于我们的智力和心理原因，要让我们做出识别是非常困难的一件事，这就要求我们要在这一方面多下工夫，一定要让自己逐渐学会如何选择，这是非常关键的。著名武侠小说家温瑞安先生曾说过："你可能抓住了一个机会，但你绝没有意识到，你同时又放弃了一个更大的机会。"所以，当我们面临诸多选择时，一定要学会排除干扰，学会放弃。如果鱼与熊掌都要兼得，终将一事无成。

另外值得注意的一点是靠等待机遇而成名者毕竟是极少的。更多的时候，它还需要我们积极主动的行为，需要做出抉择。走出原有的生活，这是许多名人能够走在时代前列的原因，也是我们适应未来社会，更好地生存的必然途径。所以，更多的时候，机遇要靠我们自己去创造。

有的人感叹"乱世出英雄"，认为今天的国泰民安，一派太平盛世的繁荣景象，根本不存在什么机遇。这种思想是绝对错误的，如果有了这种思想，对我们的成长也是十分有害的。现代高新科技的发展日新月异，促成了新的竞争环境与机制，人们面临更多的挑战。而挑战与竞争本身就是一种机遇。我们并不否认"乱世出英雄"，但肯定的是，在现代社会，我们面临更多的机遇。

但是，任何机会只敲一次门，要借此闯出成功，就应该当机立断，抓住每次机会，充分施展才能。只有这样才能最终获得成功，得到命运的垂青。

某地发生水灾，整个乡村都难逃厄运，村民们纷纷逃生。一位上帝的虔诚信徒爬到了屋顶，等待上帝的拯救。不久，大水漫过屋顶，一只木舟经过，舟上的人要带他逃生。这位信徒胸有成竹地说："不用啦，上帝会救我的！"木舟就离他而去。片刻之间，河水已没过他的膝盖。刚巧，有一艘汽艇经过，拯救尚未逃生者。这位信徒则说："不必啦，上帝一定会救我的。"汽艇只好到别的地方救其他的人。

几分钟后，洪水上涨，已到信徒的肩膀。这个时候，有架直升飞机放下软梯来拯救他。他死活不肯上机，说："别担心我啦，上帝会救我的！"直升飞机也只好离去。最后，水继续上涨，这位信徒被淹死了。死后，他升上天堂，遇见了上帝。他埋怨道："平日我诚心向您祈祷，您却见死

不救!"

上帝听后,回答他说:"我已经给你派去了两条船和一架飞机!只可惜你并没有珍惜这些机会!"

生活中我们的迟钝造成了我们一次次地放弃各种机会,而且也会责怪上帝的不公平,但学校里的每节课、工厂或办公室的每一小时都展现新的机会,每位顾客都是机会,报纸上的每条新闻、每次发布会都是机会,每笔交易都是机会。礼貌的机会,友善的机会,诚实的机会,结交新朋友的机会,每次新的展示都是好机会,每次考验你毅力和责任感都是千金难买的机会。你抓住了没有?如果像弗里德里克·道格拉斯这样连身体都不归自己所有的奴隶能成为演说家、编辑和政治家,那么同道格拉斯相比,有着许多好机会的你能取得怎样的成就呢?

不要没完没了地抱怨没有机会。许多人把零零碎碎的机会漫不经心地丢弃了,而有些人却从这些机会中得到许多好处,甚至比别人从一生的时间里得到的还多。

珍惜每一次机会是你迈向成功的契机,不要因为你的眼睛和主观臆愿错过你步入生存高标境界的契机。

仔细捕捉信息，发现创业契机

现在，我们身处信息时代，信息就是我们创业的基础。所以，仔细捕捉信息，不放过生活中的每一个细节，便会发现创业的良机。香港假发业之父刘文汉先生，就是因为善于观察和思考，从而在生意场上大获成功的。20 世纪 60 年代中期，不满足于经营汽车零件的小商人刘文汉去美国旅行，考察美国的市场，同时也想学一学经商之道。有一天，他去克利富兰市的一家餐馆跟两位美国朋友共进午餐。美国人一边吃一边谈着各自的生意经，一位无意间提出"假发"两个字。刘文汉心中一动，脱口叫道："假发？"美国商人又一次补充道："假发，是的，我想购买 13 种不同颜色的假发。"

就是餐桌上这席普通的谈话细节使刘文汉开了窍。他充分利用自己敏捷的思维，很快就做出正确判断：假发中大有文章可做，这其中蕴含着无穷的商机。

回到香港，刘文汉立刻着手调查制造假发的原料来源。经过调查研究他发现，从印度和印尼输入香港的人发，制成各种发型的假发，其成本相当低廉，最贵的每个不超过 11 港元，而一个假发的售价却高达数十美元。刘文汉喜出望外，立即决定在香港创办假发工厂。制造假发需要技术专家，刘文汉听说有个专门为演员制造假发的师傅，便不辞辛劳地去请这位师傅出山。但是，这位内行高手说，制造一个假发需要用 3 个月时间。远水解不了近渴，但刘文汉的思维并没有就此停下，他在头脑中飞快地将手工操作与机器操作联系起来，终于想出了办法。

刘文汉先是把那位内行师傅请来，又招来一批工价低廉的女工，精通机械之道的他立即着手改造出假发制造的操作机器，然后手把手地教那些工人们操作。就这样，世界上第一个制造假发的工厂诞生了，各种颜色、式样的假发大批量生产出来。消息在市场上不胫而走，订货单像雪片般地飞到了刘文汉的工厂里。到了1970年，刘文汉的假发工厂销售额已经达到了10亿港元。

从刘文汉先生成功的经验来分析，如果不是仔细观察和分析研究，捕捉生活中的每个细节，他就不会取得如此辉煌的成就。当然，他的顽强意志、相机而断以及所具有的相关知识，也为他的成功提供了很多有利条件。但是，我们不可否认，在刘文汉成功的事例中，敏感的捕捉信息为以后的成功起了决定性的关键作用。如果是一般人，很可能很随意地放过这个看似微不足道却大有潜力的信息，而刘文汉先生不仅捕捉到了它，而且还进行了缜密的考虑，确定了自己经营的目标，从而取得了巨大的成就。

金娜娇，京都龙衣凤裙集团公司总经理，下辖9个实力雄厚的企业，总资产已超过亿元。她的传奇人生在于她由一名曾经遁入空门、卧于青灯古佛之旁、皈依释家的尼姑而涉足商界。

1991年9月，金娜娇代表新街服装集团公司在上海举行了隆重的新闻发布会，在返往南昌的回程列车上，她获得了一条不可多得的信息。

在和同车厢乘客的闲聊中，金娜娇无意得知清朝末年一位员外的夫人有一身衣裙，分别用白色和天蓝色真丝缝制，白色上衣绣了100条大小不同、形态各异的金龙，长裙上绣了100只色彩绚烂、展翅欲飞的凤凰，被称为"龙衣凤裙"。金娜娇听后欣喜若狂，一打听，得知员外夫人依然健在，那套龙衣凤裙仍珍藏在身边。虚心求教一番后，金娜娇得到了员外夫人的详细住址。

这个意外的消息对一般人而言，顶多不过是茶余饭后的谈资罢了，有谁会想到那件旧衣服还有多大的价值呢？知道那件"龙衣凤裙"的人肯定很多很多，但究竟为什么只有金娜娇才与之有缘呢？用上帝偏爱金娜娇来解释显然没有道理。重要的在于她善于把握每个细节、每条信息，在于她对服装的潜心研究，在于她对服装新品种的渴求，在于她能够立刻付诸行动。

金娜娇得到这条信息后心更明眼更亮了，她马上改变返程的主意，马不停蹄地找到那位近百岁的员外夫人。作为时装专家，当金娜娇看到那套色泽艳丽、精工绣制的"龙衣凤裙"时，也被惊呆了。她敏锐地感觉到这种款式的服装大有潜力可挖。

于是，金娜娇来了个"海底捞月"，毫不犹豫地以 5 万元的高价买下这套稀世罕见的衣裙。机会抓到了一半，开端比较运气、比较顺利。

把机遇变为现实的关键在于开发出新式服装。回到厂里，她立即选取上等丝绸面料，聘请苏绣、湘绣工人，在那套"龙衣凤裙"的款式细节上融进现代时装的风韵。功夫不负有心人，历时一年，设计试制成当代的"龙衣凤裙"。

在广交会的时装展览会上，"龙衣凤裙"一炮打响，国内外客商潮水般涌来订货，订货额高达 1 亿元。

就这样，金娜娇从"海底"捞起一轮"月亮"，她成功了！从中国古典服装出发开发出现代型新式服装，最终把一个"道听途说"的消息变成一个广阔的市场。她的成功给我们很大的启发。

这也即是著名的成功学家拿破仑·希尔所说的"成功的神奇之钥"。

要培养善于把握每个细节，每条信息的能力，就需要我们平日对身边的各种事物多加留意。在谈判中，更不能放过对方言语、行动、表情间的一颦一笑，一举一动。可以这么说，当谈判的对手坐在你面前时，他就在不时地向你传递着各式各样的信息。

光有信息还是不够的，还要对信息进行具体的分析，这样才能得出正确的结论，做出正确的抉择。如果有了信息而不对它进行仔细的分析研究，那么信息始终只是一些粗略的表面现象，你也就永远无法触及实质。因此，在我们通过观察获得信息之后，要充分发挥自己的主观能动性，对表面的现象进行深刻、仔细的研究分析，把握实质性的东西。

人生没有绝境，可以在万分之一中求胜

"不放弃任何一个哪怕只有万分之一可能的机会。"这是著名企业家甘布士的经验之谈。

有不少聪明人对此不屑一顾，其理由是：第一，希望渺小的机会，实现的可能性不大；第二，如果去追求只有万分之一的机会，还不如买一张奖券碰碰运气；第三，只有傻瓜才会相信万分之一的机会。这样的观念恰恰被很多成功的人否定。

美国百货业巨子约翰·甘布士就是一个不放弃任何机会的人。

有一次，在圣诞节前夕，甘布士要搭火车去纽约，妻子给他订票时得知车票已经卖光了，因为节日期间到外地度假的人很多，因此火车票很难买到。

于是，他自己打电话到车站，再次得知全部车票已经卖完。不过，售票员还告知他可以到车站碰碰运气，看是否有人临时退票，当然，这种机会或许只有万分之一。

甘布士听到这一情况，马上开始收拾出差要用的行李。妻子不解地问："既然已没有车票了，你还收拾行李干什么？"他说："我去碰碰运气，如果没有人退票，就等于我拎着行李去车站散步而已。"

甘布士欣然提着行李赶到车站，可是等了好久，一直没人退票，他仍然耐心等待。就在火车还有5分钟就要开时，一位女士因为孩子生病无法出去旅行，到车站匆忙退票。于是甘布士如愿以偿地搭上了火车。

到了纽约，甘布士给妻子打电话时说："我抓住了那万分之一的机会，因为我相信一个不怕吃亏的笨蛋才是真正的聪明人。"

还有一次，甘布士所在的地区经济陷入萧条，不少工厂和商店纷纷倒闭，被迫贱价抛售自己堆积如山的存货，价钱低到 1 美金可以买到 100 双袜子。

那时，甘布士还是一家织造厂的小技师。他马上把自己积蓄的钱用于收购低价货物。人们见到他这股傻劲，都嘲笑他是个蠢才。妻子劝他，不要把这些别人廉价抛售的东西购入，因为他们多年积蓄下来的钱也不多，而且是准备给子女做未来的教育经费的。如果此举血本无归，后果将不堪设想。对于妻子忧心忡忡的劝告，甘布士笑过后又安慰道："3 个月以后，我们就可以靠这些廉价货物发大财。"甘布士对别人的嘲笑置之不理，依旧收购各工厂抛售的货物，并租了一个很大的货仓来贮货。

过了 10 多天后，那些工厂主贱价抛售也找不到买主，便把所有存货用货车运走烧掉，以此稳定市场上的物价。妻子看到别人已经在焚烧货物，不由得焦急万分，抱怨起甘布士来。这时的甘布士还是坚信自己的看法。

终于，为了防止经济形势恶化，美国政府采取了紧急行动，稳定了当地的物价，并且大力支持那里的厂商复业。这时，当地因为焚烧的货物过多，存货欠缺，物价一天天飞涨。在他决定抛售货物时，妻子看着物价还在上涨，劝他暂时不要抛出货物。他极其冷静地说："不能拖延时间了，到时候了，过一段时间就会后悔莫及。"甘布士马上把自己库存的大量货物抛售出去，不仅赚了一大笔钱，还稳定了市场价格。

果然如他所料，他的存货刚刚售完，物价便跌了下来。妻子不得不佩服他抓住机会的能力。之后，甘布士用这笔赚来的钱，开设了 5 家百货商店，生意非常好。他在成为美国举足轻重的商业巨子时诚恳地说："亲爱的朋友，我认为你们应该重视那万分之一的机会，因为它将给你带来意想不到的成功。有人说，这种做法是傻子行径，比买奖券的希望还渺茫。这种观点是有失偏颇的，因为开奖券是由别人主持，并不决定于你的主观努力，但这种万分之一的机会，却完全可以靠你自己的主观努力去完成。"

其实，人在遇到危险危及生命时，求生欲望强的人就会比放弃的人更加能够得到生存的机会，因为即使是微小的希望，那种求生的欲望也会支

撑着他做出一些常人无法想象的事，就像身负重伤依然能够爬出数里求救的人创造的奇迹一样。成功的机会其实也是一样的，想要领先于别人，就不能放过任何一个微小的机会。

学会抓住一切成功的机会

无论我们从事哪一项工作，要办成某一件具体的事情，都得学会摒弃"害羞"、"怕伤自尊"以及浅尝辄止、遇到点障碍就掉头的做事习惯。如今，从事推销工作的人越来越多，有媒体将推销员列为近 10 年最有发展前途、收入最高的职业之一，作为一名成功的推销员必须具备一个重要的素质，那就是无孔不入的钻营能力。

伊朗克瑞是英国一家知名的电气公司的总经理，正是因为他善于利用机会，使一个拒他于千里之外的老太太，十分乐意地与他达成了一笔大生意，顺利地完成了推销用电的任务。

那天，伊朗克瑞走到一家看来很富有的整洁的农舍去叫门。当时户主布拉斯老太太只将门打开一条小缝。当得知他是电气公司的推销员之后，便猛然把门关闭了。伊朗克瑞再次敲门，敲了很久，大门尽管又勉勉强强开了一条小缝，但未及开口，老太太却已毫不客气地破口大骂了。

伊朗克瑞并没因此而觉得不好意思，之后，他经过一番调查终于找到了突破口。伊朗克瑞再一次上门了，等门开了一条缝时，他赶紧声明："布拉斯太太，很对不起，打扰您了，我的访问并非为电气公司，只是要向您买一点鸡蛋。"老太太的态度温和了许多，门也开得大多了。伊朗克瑞接着说："您家的鸡长得真好，看它们的羽毛长得多漂亮。这些鸡大概是××名种吧！能不能卖一些鸡蛋呢？"门开得更大了，并反问："您怎么知道是××种的鸡呢?"伊朗克瑞知道，办法已初见成效了，于是更加诚恳而恭敬地说："我家也养了这种鸡。可像您养的这么好的鸡，我还从来没见过呢！而且，我家的鸡，只会生白蛋。附近人也都说只有您家的鸡蛋最好。夫人，您知道，做蛋糕得用好蛋。我太太今天要做蛋糕，我只能跑您这里来……"老太太顿时眉开眼笑，高兴起来，由屋里跑到门廊来。

伊朗克瑞利用这短暂的时间瞄了一下四周的环境，发现这里有整套养乳牛的设备，断定男主人定是养乳牛的，于是继续说："夫人，我敢打赌，您养鸡的钱一定比您先生养乳牛的钱赚得还多。"老太太心花怒放，乐得几乎要跳起来，因为她丈夫长期不肯承认这件事，而她则总想把"真相"告诉大家，可是没人感兴趣。

布拉斯太太马上把伊朗克瑞当作知己，不厌其烦地带他参观鸡舍。伊朗克瑞知道，他新办法的效果已渐入佳境了。但他在参观时还是不失时机地发出由衷的赞美。

老太太毫无保留地传授了养鸡方面的经验，伊朗克瑞先生极其虔诚地当作学生。他们变得很亲近，几乎无话不谈。在这个过程中，老太太也向伊朗克瑞请教了用电的好处。伊朗克瑞针对养鸡需要用电详细地予以说明，老太太也听得很专注。

两星期后，伊朗克瑞在公司收到了老太太的用电申请。不久，老太太所在地申请用电者源源不断。老太太已成为伊朗克瑞先生的热心帮手。

因为职业的关系，也许"钻"功的重要性在推销员身上体现得更明显、更集中，尽管如此，对一般人而言，这种重要性并不逊色，只是不那么集中而已。如果你办事屡屡受挫，就得用心检讨自己。那具体需要从哪里开始检讨？首先就要看看自己与成功推销员善动脑筋的"钻"功有什么区别。用心去体会成功人的办事技巧，并总结出自己的不足之处。只有这样，你才能抓住一切成功的机会，甚至是最渺茫的机会。

机会眷顾有心人

留心意外，也就是要留心细节，在科学家伟大的发明或发现中，有一半以上是因为意外导致的，而这些意外，都促成了这些科学家的成名。

意外是人们在生活中经常碰到的，在科学研究和文学创作中也不乏其例——本来是为了研究某一项目，在进行中却意外地发现另一种颇有意义的信息或结果。这种意外的情况，通常被称为最典型的机会。

机会是一种偶然现象，但其背后隐藏着必然性，这就要看你是否留心细节。X 射线的发现就是一个例证。

1895 年，德国物理学家伦琴有一次在研究阴极射线管的放电现象时，偶然发现放在旁边的一包封于黑纸里的照相底片走了光。他分析可能有某种射线在起作用，并称之为 X 射线。经过进一步实验后，这一设想被证实了，于是伦琴意外地发现了 X 射线。

伦琴为此于 1901 年荣获首届诺贝尔物理奖。然而，事实上在伦琴之前已有不少人碰到过这种机会，如 1879 年的英国人克鲁克斯、1890 年的美国人兹皮德和詹宁斯以及 1892 年的勒纳德和德国一些科学家都面临过同样的机会，但他们却忽视了这一细节，有的埋怨自己不小心，有的以为这与自己的研究课题无关，因此错过了发现 X 射线的机会。

千万不要以为留心细节只是科学家的事情，事实上，如果你真的用心了，机会就会来临，甚至于有时你想挡也挡不住。

意大利曾经有一位年轻的穷学生叫保罗，有一天，他拿着一封介绍信，走进罗马佛奇康图书馆，求见馆长，想谋取一份暑期工作。在等馆长时，他信步走到书架旁，浏览各种图书，其中一本精装本《动物学》引起了保罗的兴趣。当他翻阅到最后一页时，发现有一行用红墨水写的小字，告诉读者到罗马一个继承法院去请求取出 M 号文件。在好奇心的驱使下，保罗来到了那个法院。原来，该书作者鉴于无人肯欣赏他的著作，一气之下，便把他的著作全部烧毁，仅留下一本赠送给佛奇康图书馆，并立下遗嘱把他的全部财产赠给他的第一个读者。保罗因此一蹴成为拥有 400 万里拉财产的富翁。

事实上，机会总是隐藏于意外事件中，留心细节，就是留心机会，抓住细节，便也抓住了机会。

青霉素如今已是西药中的"大哥大"，其被广泛运用于各种病症中，而青霉素的发现，也完全得自于一次意外，这次意外使英国细菌学家弗莱明和他所发现的青霉素一样被永载史册。

1928 年的一天，弗莱明在实验室中观察黄色的葡萄球菌时，偶然发现在培养细菌用的琼脂上还生长着一簇簇霉菌。他是个细心人，非常重视这个偶然的发现，经过认真思考分析，他把霉菌接种在另一块琼脂上，并按辐射的形状接种了各种细菌。第二天，发现有的细菌被霉菌杀死了，而且都是些常使人生病的细菌。弗莱明又把这种霉菌放在显微镜下观察，发现它是一种青霉菌，他把这种霉菌汁里的抗菌素称为"青霉素"。

英国牛津大学生物化学家钱恩和病理学家佛罗理对弗莱明的发现深感兴趣，1939 年开始了提纯青霉素的试验，并经动物和人体的临床试验获成功。

由于历史上经常出现那些意外获得机会的现象，人们总结了这种机会在个人成功中所起的重要作用，那就是：一个机会足以改变人的一生！一个细节足可创造一番伟业！

在人的一生中，总会碰到各式各样的偶然性机遇，但是，假如没有平时对知识的积累、辛勤持久的思索，那么，机会即使降临了，你也无从知晓，即使知晓了也不会善于捕捉利用，所以，人不能把希望寄托在偶然性的机会上。

事实上，一个人的智能视野越大，碰到的偶然性机会就越多，利用偶

然机会进行创新的可能性也就越大。所以，在留心意外的同时，还要善于把握偶然的机会。所以，法国已故总统蓬皮杜有一句名言："人是有命运的，命运就是一种机会以及抓住机会的能力。"

在"无形处"发掘"有形物"

人们常说："精彩无处不在，关键在于发现。"的确是这样的。生活中人们一旦静下心来，便能发现许多原本察觉不到的美；做事只要能够善于观察，也能够在毫无头绪的情况下，找出头绪并顺利完成。开动我们的大脑，有时候答案就藏匿于有形与无形之间。

历史上有不少人能够如老子所说："故常无，欲以观其妙；常有，欲以观其徼。"于无形处入手发现事物潜伏的解决之道，达到了成功的目的。

唐玄宗开元初年，李林甫因是世家子弟，得以任千牛直长。他和宰相源乾曜的儿子很好，便托他向他父亲要求得到司门郎中这个职位。

源乾曜不屑地说："郎中需要既有才能，又有名望的人来担任，李林甫哪是这样的材料。"却也不好一点面子不给，便把李林甫迁升为东宫谕德。

李林甫宦海沉浮，倒也逐步提升，可他嫌这样太慢，他需要的是平步青云，一步踏到宰相的阶梯上。

可是他在朝廷里并没有上可通天的关系，找来找去倒被他找到了一条途径，去和已是半老徐娘的裴光庭的夫人武氏私通了。裴光庭当时任侍中，也是宰相，李林甫的家人朋友都很为他担心，更不理解，劝他说："你是世家子弟，虽非豪富，美妾艳婢还是买得起的，何苦去和一个上年纪的女人鬼混，她丈夫又是宰相，一旦事发可是掉脑袋的事，你这是图的什么？"

李林甫却不听劝，天天和武氏打得火热，也不知是两人掩饰得好，还是裴光庭根本不在乎，两人始终未东窗事发。

不久，裴光庭去世，两人更是肆无忌惮，武氏竟想让李林甫接替死去的丈夫在朝中的职位，也就是宰相，而且还很有办法。

原来当朝第一红人高力士原本是武三思的家奴，而武氏就是武三思的女儿，武氏找到高力士，死缠硬磨，非逼着高力士举荐李林甫为宰相。

高力士顾念旧主情谊，又禁不住武氏的死缠烂打，只好答应想办法。当时朝中的日常事务都是由高力士代替玄宗处理，但他为人谨慎，任命宰相这样的大事，他不但不敢代劳，连向玄宗开口推荐都不敢，只能等待时机。

因裴光庭死后，宰相位置有一空缺，玄宗征询宰相萧嵩的意见，对萧嵩提出的几个人选都不满意，便自己决定任命韩休为相。

高力士侍奉玄宗左右，知道后马上通知武氏，并告诉她该当如何，武氏马上又告诉李林甫。

李林甫第二天一上朝，便上荐章，极力赞美韩休的才能和品德，要求皇上任韩休为相。

唐玄宗很感惊讶，没想到有人和自己的心思吻合，对李林甫平添几分好感。

过了几天，玄宗正式下诏任命韩休为相，韩休并不知道是皇上自己任命他为相，还以为这全是李林甫大力推荐的功劳，对李林甫感激涕零。

所谓"投我以桃，报之以李"。韩休上任后，便极力推崇李林甫才能超卓，正是宰相的不二人选，高力士也在玄宗左右巧妙地为李林甫说好话，玄宗不久又任命李林甫为礼部尚书，同中书门下三品，也就是宰相了。

在这个事例中，李林甫是抓住了事情的哪些隐藏的关键问题呢？人人都知道，在唐玄宗发动宫廷政变，诛杀韦后、安乐公主后，武氏家族也从高峰跌入低谷，成为人人厌弃的废姓。然而却忽视一个细微之处：武姓虽

然被废而武氏的家奴（高力士）却红得发紫，李林甫就是抓住了这点，才从半老徐娘的武氏入手，助他一步步登上宰相宝座的。

在无形处的细心分析与把握，挖掘出处理事情的"办法"，才是真正决定成败的关键因素。毫无夸张地说，这是一种本领、更是一种智慧，它需要人们能够联系事情的各方各面，甚至一些被人们遗忘的方面也要想到，只有这样才能在这些看似毫无头绪、错综复杂的事情中闯出头绪。

第十一辑

发挥强项，做擅长的事最能有胜算

　　据调查，有28%的人正是因为找到了自己最擅长的职业，才彻底地掌握了自己的命运；相反，有72%的人正是因为不知道自己的"对口职业"，做着不擅长的事，才使自己失败一生。天生我才必有用，每个人都有自己的长处，只有懂得发挥强项，才能闯出成功。

找到自己的长处做大事

很多人能闯出成功，首先要得益于他们能够充分地了解自己的长处，并从自己的长处入手，将自己的长处发挥了出来。如果不充分了解自己的长处，只凭自己一时的兴趣和想法，那么就很不准确，并且也会存在很大的盲目性。

可以说，那些闯出成功的人，都有一个共同的特征：不论才智高低，也不论从事哪一种行业、担任何种职务，他们都在做自己最擅长的事情。

有一位知名的经济学教授曾经引用三个经济原则对运用自身优势做了贴切的比喻。他指出，正如一个国家选择经济发展策略一样，每个人应该选择自己最擅长的工作，做自己专长的事，才会胜任并感觉愉快。

第一个原则是"比较利益原则"。当你把自己同别人相比时，不必羡慕别人，你自己的专长对你才是最有利的。

第二个原则是"机会成本原则"。一旦自己做了选择之后，就得放弃其他的选择，两者之间的取舍就反映出这一工作的机会成本，所以你一旦选择必须全力以赴，增加对工作的认真程度。

第三个原则是"效论原则"。工作的成果不在于你工作时间有多长，而在于成效有多少，附加值有多高，如此，自己的努力才不会白费，才能得到适当的报偿与鼓舞。

成功最终是由自己造就的，因此你不必看轻自己，你要相信你的能力才是这个世界上独一无二的，你也许正在完成一件非常了不起的事情，说不定在哪一天，你就真的可以变得"很不平凡"，而成为大家羡慕的成

功者。

1929年，乔·吉拉德出生在美国一个贫民窟，他从懂事起就开始擦皮鞋，做报童，然后又做过洗碗工、送货员、电炉装配工和住宅建筑承包商，等等。35岁以前，他只能算是一个全盘的失败者，朋友都弃他而去，他还欠了一身的外债，连妻子、孩子的吃喝都成了问题，同时他还患有严重的语言缺陷——口吃，换了四十多个工作仍然一事无成。为了养家糊口，他开始卖汽车，步入推销生涯。

刚刚接触推销时，他反复多次对自己说："你认为自己行就一定能行。"他相信自己一定能做得到，他以极大的专注和热情投入到推销工作中，只要一碰到人，他就把名片递过去，不管是在街上还是在商店里，他抓住一切机会，推销他的产品，同时也推销他自己。三年以后，他成为全世界最伟大的销售员，谁能想到，这样一个不被人看好，而且还背了一身债务、几乎走投无路的人，竟然能够在短短的三年内被吉尼斯世界纪录称为"世界上最伟大的推销员。"他至今还保持着销售昂贵产品的空前记录——平均每天卖6辆汽车！他一直被欧美商界称为"能向任何人推销出任何商品"的传奇人物。

乔·吉拉德做过很多种工作，屡遭失败。最后，他把自己定位在做一名销售员，他认为自己更适合，更胜任做这项工作。

在工作中，有些人打拼了许多年，却依然是碌碌无为，看不到一丝成功的迹象。而对于成功，不但他们自己，甚至连别人都觉得凭他们的能力和努力，也应该会有一番成就的。分析他们不成功的原因，就在于他们几乎都没有将自己的才干用在最有把握的工作上，也就是说他们没有做自己最擅长的事，而是把才干用错了方向。

你撇开了自己最擅长的工作，无异于抛弃了你最重要的竞争优势，等于扬短避长。在你不擅长的工作岗位上，即使你费了九牛二虎的力气，克服了自己的诸多弱点，至多也不过使你得到一个业余专家的地位而已。因此，你要想在生活中取得成功，就要选择自己最擅长的工作，不然，你表面上看起来在向成功积极迈进，实际上却是南辕北辙。

要想做最擅长的事，你必须认清自己真正的才能和限度，也就是说你具备的才能最适宜干什么领域内的工作，在这个领域内你所能达到成功的限度是什么。也就是说，首先你一定要知己。既不要轻视自己，也不要看高自己，给自己做一番中肯的评价。如果你对自我评价有点不自信的话，可以咨询专家、亲人或者朋友。当然，最重要的还是听从于心灵的需要，因为你对某项工作表现出来的热情，以及由此挖掘出的潜力，没有人比你自己更清楚。

歌德曾经说过："每个人都有与生俱来的天分，当这些天分得到充分发挥时，自然能够为他带来极致的快乐。"职场之中，如果你也希望不断体验到这份快乐，那么就要从自己的长处入手，抓住机会充分发挥这份优势。如果你丢开自己的优势和才能，在不擅长的领域寻求发展，你很快就会发现，自己就像在泥潭里挣扎一样，无论从事什么职业，都难逃失败的命运。

面对失败，你也许会说，"我实在是太平凡了，根本没有什么特殊才能。"请你千万不要这么认为。世界上每个人的出身虽然不同，但每个人都有自己专长的领域，以及脱颖而出的能力。而你之所以有这种想法，关键是因为你不知道自己的特长在哪儿，长期使它处于闲置状态。总之，你在了解了自己的特长并懂得发挥之道以后，相信你很快就会闯出成功，绽放出最亮丽的光芒，成就辉煌的人生。

闯在最想做的行当中

我们身边很多人每天都在忙忙碌碌，没有时间静下心来问问自己：什么才是最想要的东西？生命就在这样的漫无目的的忙碌中匆匆流逝。所以，必要的时候让自己停下来，静下来，认真去思考，究竟什么样的生活才是你所孜孜以求的？这个目标不是盲目的，不切实际的，不是人云亦云的。它，是你生命最原始的呼唤。因为，一个人要闯出成功的话，一定要找到自己最想做的事，当然这也是你最能干的事，这样你就能够每天都很有劲地去工作，也容易成功。

"做自己喜欢和善于做的事，上帝也会助你走向成功。"这是世界首富比尔·盖茨说过的一句话。这是不是应该成为今后我们择业的指南呢？比尔·盖茨是计算机方面的天才，早在他还没有成名的时候，他对计算机就十分痴迷，并且是一个典型的工作狂。但这种"工作"完全是出于一种本能的爱好，这种爱好在他在湖滨中学时期就已表现得淋漓尽致。

那时候，为了研究和电脑玩扑克的程序，他简直到了如饥似渴的程度。扑克和计算机消耗了他的大部分时间。像其他所专注的事情一样，盖茨玩扑克很认真，他第一次玩得糟透了，但他并不气馁，最后终于成了扑克高手，并研制成了这种计算机程序。在那段时间里，只要晚上不玩扑克，盖茨就会出现在哈佛大学的艾肯计算机中心，因为那时使用计算机的人还不多。有时疲惫不堪的他，会趴在电脑上酣然入睡。盖茨的同学说，常在清晨发现盖茨在机房里熟睡。盖茨也许不是哈佛大学数学成绩最好的学生，但他在计算机方面的才能却无人可以匹敌。他的导师不仅为他的聪明才智感到惊奇，更为他那旺盛而充沛的精力而赞叹。

在阿尔布开克创业时期，除了谈生意、出差，盖茨就是在公司里通宵达旦地工作，常常至深夜。有时，秘书会发现他竟然在办公室的地板上鼾声大作，天才加爱好、再加勤奋，成就了这位世界首富辉煌而幸福的人生历程。

有人说：在人生的所有幸福中，有一种幸福被人们所津津乐道并被人们所羡慕。这种幸福并不是大多数人能拥有，只有少部分人才能很幸运地拥有。大多数人为了生计而奔波，不得不干他们所不喜欢的职业，这其实是很不幸的。而真正的幸福就是所从事的工作和自己的爱好相一致，就像易趣网的创史人邵易波所说"一个人要成功的话，一定要找到自己最想做的事，当然这也是他最能干的事，这样他就能够每天都很有劲地去工作，也容易成功……"

邵易波是一个少年得志的人，早在上高中时，他就在数学方面崭露头角，并在高二时跳级，直接进入美国哈佛大学。在哈佛大学的 MBA 毕业之后，他谢绝了美国各大咨询公司和金融投资银行的高薪聘请，回上海创办易趣网，任首席执行官。如今，易趣网已成为全球最大的中文网上交易平台。

谈及成功，邵易波说："回国创业不是我的一时冲动，而是我想了很久才定下来的，最重要的是，感觉自己对这方面感兴趣，愿意在这方面发展……"

人和人之间是有差别的，每个人都有优势，都有擅长和不擅长的东西，关键是要对自己有所认识。有人问罗斯福总统夫人："尊敬的夫人，你能给那些渴求成功的人，特别是那些年轻、刚刚走出校门的人一些建议吗？"

总统夫人谦虚地摇摇头，但她又接着说："不过，先生，你的提问倒令我想起我年轻时的一件事：那时，我在本宁顿学院念书，想边学习边找一份工作做，最好能在电讯业找份工作，这样我还可以修几个学分。我父亲便帮我联系，约好了去见他的一位朋友，当时任美国无线电公司董事长的萨尔洛夫将军。

"等我单独见到了萨尔洛夫将军时，他便直截了当地问我想找什么样的工作，具体哪一个工种？我想：他手下的公司任何工种都让我喜欢，无所谓选不选了。便对他说，随便哪份工作都行！

"只见将军停下手中忙碌的工作，眼光注视着我，严肃地说，年轻人，世上没有一类工作叫'随便'，人的一生要做你最想做的事！

"将军的话让我面红耳赤。这句发人深省的话语，伴随我的一生。"

你要选择一条正确的航道，就要不断冷静地矫正你的航向。只有学会冷静地思索，才能矫正你的罗盘，你就会自动地做出反应，同你的目标，你的最高理想，处于同一条直线上。所以，当你不断地努力工作时，你应时时地冷静下心来好好想一想，你所努力的方法及方向是不是你生命中最想要的？三百六十行，行行出状元。但"状元之才"之所以能够浮出水面，为世人称颂，就是因为他选择了适合自己的工作。所以我们说，能不能闯出成功，就在于是否能发现自己的长处，并不断地将其深化和发展。

用你自己的方式做事

　　如果一个人做事的方式不当，用他的短处而不是他的长处来工作的话，他就永远不会闯出成功。要根据自身的实际情况去做事。

　　你的才能就是你的天职。你能做什么？将走什么样的路？这是命运的质问。庸者随波逐流，惟有会闯的人才有资格成为自己的导师和内心的解读者。

　　"瓦特！我从来没有见过像你这样的孩子！"他的祖母说，"多念点书，这样你以后才可能有出息。我看你有一个小时一个字也没念了吧。你看看你这些时间都在干什么？把茶壶盖拿走又盖上，盖上又拿走干什么？用茶盘压住蒸汽，还加上碗，忙忙碌碌，浪费时间玩儿这些东西，你不觉得羞耻吗？"

　　幸亏这位老夫人的劝说失败了，全世界都从她的失败中获得了巨大收益。

　　伽利略曾被送去学医，但当他被迫学习解剖学和针灸学的时候，他还藏着欧几里德几何学和阿基米德数学，利用空余时间偷偷地研究复杂的数学问题。在他18岁的时候，他就从比萨教堂的大钟的摆动中发现了钟摆原理。

　　英国著名将领兼政治家威灵顿小的时候，大家都认为他是低能儿，连他母亲也认为他先天反应迟钝。他几乎是学校里最差的学生，别人都说他迟钝、呆笨又懒散，好像他什么都不行。他没有什么特长，而且想都没想过要入伍参军。在父母和教师的眼里，他的刻苦和毅力是唯一可取的优

点。但是在他46岁时，他打败了当时世界上除了他以外最伟大的将军拿破仑。

再没有什么比一个人的事业使他受益更大的了。这事业磨炼其意志，增强其体质，促进其血液循环，敏锐其心智，纠正其判断，唤起其潜在的才能，迸发其智慧，使其顽强地投入生活的竞赛中。

在选择职业时，不要考虑什么样的职业挣钱最多，怎样成名最快，你应该选择最能发挥你的潜能、能让你全力以赴的工作，应该选择能使你的品格发展得更坚强、更完善和对人类贡献最大的工作。

当贫苦低微又不知名的赫瑟尔报告说发现乔治·西特星的轨道和运动速度以及发现土星的卫星环的时候，英国的上层社会是多么震惊！这个出身微贱、以演奏双簧管为生的孩子，用自己双手制作出来的望远镜，发现了当时设备最好的天文学家都没有发现的事实。他们不知道，赫瑟尔为了做出一块理想的镜片，竟一共磨了近200块玻璃。

蒸汽机的发明者史蒂文生共有八个兄弟姐妹，小时候穷得全家十多个人都挤住在一个房间里。史蒂文生没有机会读书，只好去给邻居放牛。但一有时间，他就用粘土和空心树枝做他想像中的蒸汽机模型。到他17岁时，他就真的装成了一部蒸汽机，还让父亲帮他烧火做实验。史蒂文生虽然没有进学校读书的机会，但机器就是他的老师，而且他是非常用功的学生。当同龄人在游山玩水、逛酒吧间的时候，他却在拆洗机器，仔细研究和反复做实验。当他作为一个伟大的发明家和蒸汽机的改进者闻名于世的时候，那些游手好闲的人又都羡慕他了。

美国著名的废奴主义者布朗，小时候为了到书店买一本书，连夜赶了30公里的路。书店老板盯着这个头发蓬乱、衣衫破旧而且满身是土的牧童，很奇怪这个乡下的孩子怎么会提出这样的要求。于是，老板就和众人一起开始嘲弄他。这时进来一位大学教授，当他知道布朗的要求之后说："这样吧，如果你能念出这本书的一行诗句，而且把它翻译出来，我就把这本书送给你。"布朗从容不迫地连续念完并且译出好几行诗句。于是，在人们的惊讶表情中，布朗自豪地拿到了自己应得的奖品。他是在放牧的时候学习了希腊文和拉丁文的，这给他赖以成名的丰富学识打下了坚实

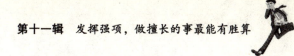

基础。

奴隶解放令的颁布者美国第 16 任总统——林肯，在年轻的时候，曾经借着炉子的火光来学习数学和语法，曾经为买一些书步行 70 多公里的路。他既没有得到过什么遗产，也没有碰到过什么好运气。他之所以有出色的前途和作为，正是因为他有着不屈不挠的意志和没有人能改变的信念。

美国第 17 任总统——约翰逊，小时候是裁缝店的学徒，从来都没上过学。但正是这样一个生在小木屋、没有读过书、比一般普通境遇的孩子还苦的孩子，在美国内战期间担任了总统。他以其丰富的实践经验赢得了全世界的赞扬。

在世界上最伟大的英雄和功臣中，有许多是贫苦出身的，他们毫无依靠地与命运作斗争，积累了自己的才能、挖掘出了自身的潜力。

每一个人，无论他出身贫贱还是高贵，如果他有一个坚定正确的目标，一颗无论遇到什么困难都不退缩的心，调整好自己的心态，坚持用自己的方式做事，努力奋斗，那么，无论是人还是魔鬼，都不能阻止他闯出成功。

兴趣是成功最好的老师

兴趣是活动的重要动力之一，是成功的重要条件。会闯的人应当认清自己的兴趣所在，做自己感兴趣的工作，这样不仅更容易成功，而且成功路上也可以少受些辛苦。

首先，兴趣可影响人们的职业定向和职业选择。例如在求职中，人们常会考虑到自己对某方面的工作是否有兴趣。兴趣发展一般经历有趣、乐趣、志趣三个阶段。从有趣开始，逐渐产生乐趣，进而与奋斗目标相结合，发展成为志趣，表现出方向性和意志性的特点，使人坚定地追求某种职业，并为之尽心竭力。

其次，兴趣还可以开发人的能力，激发人们探索和创造。一个人对某事物感兴趣，会激发起他对该事物的求知欲和探索热情，促使他充分调动整个身心的积极性，使情绪饱满，智能和体能进入最佳状态，最大限度地施展才华，挖掘潜力，发挥人的主动性和创造性，有助于成功。

另外，兴趣可以增强人的适应性。研究资料表明，如果一个人对某一工作有兴趣，能发挥他全部才能的80%～90%，并且能长时间地保持高效率而不感到疲劳；相反，对某工作不感兴趣，在这方面只能发挥全部才能的20%～30%，也容易感到疲劳、厌倦。广泛的兴趣可以使人善于应付多变的环境，即使变换工作性质，也能很快熟悉和适应新的工作。

在选择自己的生存途径时，我们需要知道自己对哪类工作感兴趣并能满足自己的意愿。只有将能力和兴趣结合起来考虑，才更有可能取得事业的成功。

有一个男孩子，父母希望他能成为一名体面的医生。可是男孩读到高中便被计算机迷住了，整天鼓捣着一台现在看来十分落后的苹果机，他把计算机的主板拆下又装上。

　　父母很伤心，告诉他，应该用功念书，否则根本无法立足社会。可是，男孩说："我对电脑很感兴趣，有朝一日我会开一家公司。"父母根本不相信，还是千方百计按自己的意愿培养男孩，希望他能成为一名医生。

　　不久，男孩终于按照父母的意愿考入了一所大学的医科，可是他只喜欢电脑。在第一学期，他从零售商处买来降价处理的 IBM 个人电脑，在宿舍里改装升级后卖给同学。他组装的电脑性能优良，而且价格便宜。不久，他的电脑不但在学校里走俏，而且连附近的法律事务所和许多小企业也纷纷前来购买。

　　第一个学期快要结束的时候，他告诉父母，他要退学。父母坚决不同意，只允许他利用假期推销电脑，并且限定，如果一个夏季销售不好，那么，必须放弃电脑。可是，男孩的电脑生意就在这个夏季突飞猛进，仅用了一个月的时间，他就完成了 18 万美元的销售额。

　　他的计划成功了，父母很遗憾地同意他退学。

　　他组建了自己的公司，打出了自己的品牌。在很短的时间内，公司良好的业绩引起投资家的关注。第二年，公司顺利地发行了股票，他拥有了1800 万美元的资金，那年他才 23 岁。

　　10 年后，他创下了类似于比尔·盖茨般的神话，拥有资产达 43 亿美元。他就是美国戴尔公司总裁迈克尔·戴尔。

　　正是他对自己的兴趣理智地作出了选择，从而成就了后来的辉煌。所以，当你选择生存之路时，千万别让你的兴趣在遗憾中消磨殆尽，而应该紧抓兴趣，闯出一番不凡的事业。

发挥优势才能走向成功

　　每个人都有自己的优势、长处，充分发挥自己的优势，成功就会轻松快速地到来。如果你终日忙碌却仍旧平平庸庸，那一定是因为你没有真正发挥优势的缘故。

　　一个人耗尽心力去做一件事而没有成功，并不意味着他做任何事情都无法成功。因为他可能选择了不适合自己天性的职业，这就注定要饱受辛苦却难以成功。莫里哀和伏尔泰都是失败的律师，但前者成了杰出的文学家，后者成了伟大的启蒙思想家。

　　事实上，世界上有半数的人从事着与自己的天性格格不入的职业，而做自己的天赋所不擅长的事情往往会徒劳无益，因此失败的例子数不胜数。在职业生涯的选择方面，要扬长避短。你的天赋所在就是你擅长的职业。西德尼·史密斯说："不管你天性擅长什么，都要顺其自然；永远不要丢开自己天赋的优势和才能。"

　　比如说，你可能解不出那样多的数学难题，或记不住那样多的外文单词、成语，但你在处理事务方面却有特殊的本领，能知人善任、排难解纷，有高超的组织能力；你在物理和化学方面也许差一些，但写小说、诗歌是能手；也许你分辨音律的能力不行，但有一双极其灵巧的手；也许你连一张桌子也画不像，但有一副动人的歌喉；也许你不善于下棋，但有过人的臂力。在认识到自己长处的前提下，如果你能扬长避短，认准目标，抓紧时间把一件工作或一门学问刻苦、认真地做下去，久而久之，自然会结出丰硕的成果。

即使是那些看起来很笨的人，也许在某些特定的方面有杰出的才能。比如，柯南道尔作为医生并不著名，写小说却名扬天下。每个人都有自己的特长，都有自己特定的天赋与素质。如果你选对了符合自己特长的努力目标，就能够成功。如果你没有选对符合自己特长的努力目标，就多少会埋没自己。

很多闯出成功的人，首先得益于他们充分了解自己的长处，根据自己的特长来进行定位。如果不充分了解自己的长处，只凭一时的兴趣和想法，那么定位就很不准确，有很大的盲目性。歌德一度没能充分了解自己的长处，树立了当画家的错误志向，害得他浪费了十多年的光阴，为此他非常后悔。美国女影星霍利·亨特一度竭力避免被定位为短小精悍的女人，结果走了一段弯路。后来幸亏经纪人的引导，她重新根据自己身材娇小、个性鲜明、演技极富弹性的特点进行了正确的定位，出演《钢琴课》等影片，一举夺得戛纳电影节的"金棕榈"奖和奥斯卡大奖。

惠灵顿曾经被他的母亲认为是一个笨孩子。在伊顿公学时，他被称为笨蛋、白痴、弱智，他在那里被列入最差劲的学生行列，因为他什么都不懂，所以人们认为他什么都得从头学。他没有表现出任何天赋，也没有表现出任何要参与的意愿。在他的父母和老师的眼里，他那勤奋和坚毅的性格特征是对他缺陷的唯一补偿。最后他却成为了诗人。

扬·林尼厄斯几乎要被他的老师叫做蠢猪了。当他的父母发现他不适合做教士时，就把他送进大学去学习医学。但是，一个默默无闻的、却比其他人更有耐心也更有智慧的老师，引导他进入了适合他的领域。此后，无论是疾病、灾难，还是贫穷，都不能把他从这个领域里拉出来。后来，林尼厄斯成为了他那个时代最伟大的指挥家。

每一个人都会在自己思维的入口处徘徊不已，要求拥有奇迹般的天才来明确地知晓自己适合哪些具体的工作。但是，这种天才其实是不存在的。

英国作家塞缪尔·斯迈尔斯被训练着去从事一种完全不适合他天性的职业，然而，他非常虔诚地去从事这一工作，这些经历对他日后的写作生涯起了很大作用，而写作正是最适合他的职业。忠实地对待身边的工作和

日常职责，满怀忠诚的责任心来对待自己的父母、老板以及自己，这些东西将会在适当的时刻把你带到光明的道路上去。加菲尔德如果以前没有做过热心的教师、负责任的士兵、忠诚的政治家，他也不会成为美国总统。无论是林肯还是格兰特，都不是从婴儿时就有入主白宫的早熟特征或驾驭人的天赋。因此，没有人会因为自己在摇篮里没有收到巨大的礼物馈赠而感到失望。他的任务就是尽力做好每一件手头的工作，并且按照他内心的天赋所指引的方向抓住每一个重大的机会，从而使自己不断进步。

有这样一句话曾经广泛流传：没有哪一个认识到自己天赋的人会成为无用之辈；也没有哪一个出色的人在错误地判断自己天赋时能够逃脱平庸的命运。

富兰克林说，有事可做的人就有了自己的产业，而只有从事天性擅长的职业，才会给他带来利益和荣誉。站着的农夫要比跪着的贵族高大得多。

如果遵从马修·阿诺德的话，那么，宁可做鞋匠中的拿破仑、清洁工中的亚历山大，也不要做根本不懂法律的平庸律师。

要想闯得不那么累，你就要学会根据自己的优势来设计自己，量力而行。根据自己的才能、素质、兴趣、环境、条件等，确定进攻方向。即使目前没找到适合自己的位置也不要埋怨环境与条件，应努力寻找有利条件；不能坐等机会，要自己创造条件，拿出成果来，获得社会的承认。要成为一个成功的人不仅要善于观察世界、观察事物，也要善于观察自己、了解自己，充分发挥自身的优势。

在熟悉的行业里闯才会得心应手

俗语说："三百六十行，行行出状元。"现在的行业岂止三百六十行，行业的划分已经很精很细，而且许多行业也随着新事物的出现不断新生。究竟要从事哪个行业，只要闯在这个世界，就必须慎重决定。但进入你较熟悉的行业会远比进入你不熟悉的行业更容易上手。因为"状元"的产生是他们进入了自己熟悉的行业，并在这个行业里越做越好，越做越精。

作为一个成熟的人，你要学会放弃，那些你不熟悉的行业，千万不要轻意进入，看着别人在赚钱，不要急于一试，否则，不仅会白白浪费力气，而且今天的投资，就意味着明天的垮台！

尤其是商人千万不要有了钱，就认为自己什么生意都可做，什么行业的钱都想赚！

很多人都梦想能拥有一份好工作，这份工作最好是能带来财富、名声、地位，为人称羡。事实上，在激烈的市场竞争中，已经没有哪一种工作是真正的热门行业，无论哪种工作，都无法提供完全的保障。那么如何以不变应万变，取得一份较为实际同时又富含理想色彩的工作呢？以下建议，您不妨一试：

放长线钓大鱼。求职就业，你不必总是盯着"热门"。过去是三百六十行，现在的行当更多，但没有一种是永远的热门职业。而且随着社会的变迁，旧的行业在不断消失，新的行业又不断产生。近几年来，就业市场中冒出不少新兴行业，像投资顾问、房屋中介经纪人、短信写手等等，都吸引了大批就业人口。而一种新兴的职业之所以能在就业市场中独领风

骚，是与社会经济发展和人们就业观念的转变息息相关的。一开始，它也许并不是热门，只是追逐的人多了，才成了时尚。如果这时你想介入该行业，就应当充分考虑你的兴趣、能力，你的就业磨合期、收益时限以及这一职业的未来前景。

考虑过之后，如果你觉得自己不是太熟悉，或者不是太有把握可以胜任这个工作，那么不妨去做这个行业的外围工作，然后再慢慢进入。尽管做外围工作有时显得低劣了一点，但这是你进入该行业的预热工作，千万不可以因为"低劣"而放弃。

再则，如今整个社会对于"职业贵贱"的观念越来越淡，那些过去被人视为"下等人"干的工作，现在反而更能锻炼人的本领，激发人的潜能。西方国家的许多大学毕业生，一开始没有多少是按专业对口找工作的，很多人是从推销员、收银员乃至在餐厅打工起步，然后一步步走上新的岗位。比起"抢短线"的激进行为，在择业中搞"长线投资"似乎更为理智、更能为以后的工作打基础。

个人主导生活，为求得一份收入丰厚的工作，许多人不惜放弃自己的特长和熟悉的专业知识转行从事其他的工作。工作时往往超负荷运转，个人发展空间极小。从社会对劳动力的不同需求来看，这种选择无可厚非。但这往往并不是人们心目中最理想的选择。赚钱当然是必要的，但人们除了工作之外，对其他事物也有追求，如自由的时间、良好的健康、满意的人际关系和幸福的家庭等等。因此，一份相对自由的、能充分发挥个人聪明才智的工作应该是人们的首选择业目标。这样，人们就可能拥有更多灵活的时间，弹性安排自己的生活。

"人怕入错行"，找到适合你的工作对你未来的发展是至关重要的，因此我们不妨在"职业定位"这个问题上多花一些时间，这样做绝不会吃亏的。

尽可能做最适合的事儿

在有"中国鞋王"之称的奥康集团内部流传着这样一个故事：在2005年第一季度工作总结报告会上，轮到公司奥康事业部某经理汇报，该经理兴致勃勃地讲到："一季度原计划开店70家，最终开店110家，超额完成任务。"总裁王振滔听着听着皱起了眉头。"这叫严重超标，是很不好的工作习惯。"总裁直言不讳。原以为会得到表扬，换来的却是批评，事业部经理很委屈。他想不通，这么好的成绩却遭到责备。正欲争辩，王振滔迅速接上刚才的话茬，语重心长地说："你想想，你超标那么多，你的管理、物流和人员跟得上吗？如果不能保证质量，不仅不会形成有效的市场规模效益，反而打乱了原有的平衡，捡了芝麻丢了西瓜。盲目开店的结果只会是开一家，死一家，做了无用功"。

"这就好比一对夫妇原来只要一个孩子，可却生了三胞胎，对他们来说这绝对是件哭笑不得的事，家里一下子变成了5口人，人多是热闹了，但抚养不起啊！"善于打比方的王振滔循循善诱。"记住，合适才是最好的"，总裁最后强调。道理虽然简单，但这个注重合适的平衡之术确实让他的部下好好思量了一番。

合适的才是最好的，做什么事情都一样，多大的脚穿多大的鞋，小脚穿大鞋走起路来肯定不方便。

现代职业种类多得让人眼花缭乱，但并不是每个人都能胜任任何工作。有人看到别人做某种工作做得很好，就觉得自己同样可以做，但真的做了之后才发现根本不是那么回事。这就是由于职业差异和我们个体差异

所造成的。

找到一份合适的工作如同买了一件称心如意的衣服，自己穿了合适，别人看了也觉得舒服。俗话说"量体裁衣"、"量力而行"。在适合自己的工作环境里工作，状态会很放松，无论做什么都觉得得心应手，也很容易出成绩。

选择合适自己的工作的另一个好处，就是可以使你的工作变得轻松有趣，与这个职业相关的知识会掌握得越来越多，专业水平也会不断提高，而且有可能成为同行中的佼佼者。相反，如果一个人选择了不适合自己的工作，很难想象他能在工作中做出成绩。

何静大学毕业找工作时，就表现出了与几个同窗好友截然相反的态度。几个同学都向当时的效益好知名度高的大公司里挤，她们的理由是那些公司薪水高、福利优厚，而且有工作保障。而何静却没有跟在她们身后凑热闹，何静选择了一家名不见经传的小公司。

何静认为，大公司固然能给员工提供更加健康的学习环境，使员工更容易地接触到更先进的工作方法和经营理念，但自己学历不高，才华也不出众，很难引起别人的注意，这样很可能得不到学习和历练的机会。而进入小公司则不一样，那里人才竞争并不激烈，自己很容易就会得到上司的青睐，而且有更多机会尝试新的业务，涉猎更多的业务领域，这对自己的人生规划更有益处。所以，何静去人才市场应聘的时候，就戴着"有色眼镜"，最后她选择了一家刚成立没几年，也没什么名气的公司。这家公司虽小，但更重视人才培养，并且建立了健全的培训机制。为了不被欺骗，她还装成客户亲自到公司进行了考察。结果她发现，这家公司真如承诺的那样，定期对员工进行培训，选送优秀的员工出去学习，等等。这促使她毫不犹豫地走进了这家公司的人力资源办公室，并凭借良好的表现应聘成功。在工作中，何静不断地学习，不断地进步，仅仅几年之后，她就出任了公司副总。

当我们在选择自己的工作时，都难免心潮澎湃，并且对未来充满了美好的期待，希望自己的工作既轻松又赚钱多，自己的公司像永不坠落的太阳一样兴旺发达，越来越强盛，享受着公司提供的高福利待遇，舒服而满意地度过自己的职场生涯。

　　然而享受优越的条件固然是好事，但并不是每一个人都能有这样的机会，受到大公司的青睐。更可能出现的结果是，自己的诸多方面——不论是工作经验还是能力专长——都与大公司的择人标准相去甚远。这时如果你仍然坚持把公司的知名度高低、规模大小、福利好坏、薪酬丰薄等等作为自己择业的第一原则的话，必然会在职场四处碰壁。

　　一份适合自己的工作，是一个人职业生涯乃至人生的真正开端，它关乎你步入社会成就事业的信心。一个好的开头会使你坚信自己的能力，会推动你一步步迈向成功。而一次糟糕的起跑，肯定会在跑道的开始阶段落在别人的后面，这会打击你的信心，对自己的能力产生怀疑，即使你后来居上，甚至超越了别人，那你付出的肯定比别人多得多，从投入产出的角度来衡量是得不偿失的。

　　所以对于工作，你一定要慎重选择。无数成功人士的经验表明，工作与公司大小或福利好坏无关，它必须要有利于你的学习和积累。因为一个人职业生涯的第一阶段是成长阶段，这个阶段的重点是学习和积累专业经验。只有通过不断的学习，才会不断完善自己，提高自己的业务能力，使自己变得羽翼丰满，彻底告别青涩职场新人的形象。只有这样你才会在将来的工作中，具备较强的工作能力和竞争能力，在激烈的市场竞争中始终处于有利的主动的位置，并做出优异的成绩，不至于因准备不足败下阵来。

　　选择一个对自己的专业能力的提高最有利的公司并在工作中努力学习，对于一个人来说是非常重要的。有些人认为大公司更能提供这种机会，实际上大公司自有大公司的好处，小公司自有小公司的优点。

　　如果你选择大公司，大公司福利好、薪水高，该做什么，不该做什么，公司都规范得很清楚，还可以和许多优秀的人共事，学习他们的优点，相对的缺点就是：比较僵化、学习的面有限，待久了容易养尊处优，失去对新环境的适应力。

　　生活中许多人之所以不能取得成功，或者成就不大，有很大一部分原因，就是这些人不能认识自己所处的环境和自身条件，结果许多人盲目地去做自己不适宜做的事，失败或成就很小乃是必然的事。

做正确的事比正确做事更重要

老子说："圣人常善救人，故无弃人；常善救物，故无弃物。"在老子看来，不管是圣人懂得发挥每个人的长处（圣人常善救人，故无弃人），还是圣人懂得运用各种东西的长处（常善救物，故无弃物），圣人之所以被称为圣人，源于圣人更懂得如何去做正确的事。

工作亦如此，做正确的事比正确地做事更有效。我们在人生中要想有所成就，就应做正确的事，使工作得到有效的执行。

当一个人感到自己的工作没有意义、不值得去做时，往往会采取冷嘲热讽、敷衍了事的态度。这不仅使得他成功的几率变小，而且就算成功，他也不会觉得有多大的成就感。对此，"不值得定律"做出了最直观的表述：不值得做的事情，就不值得做好。

因此，对每个人来说，都应该为最喜欢的事业奋斗。"选择你所爱的，爱你所选择的"，才可能激发我们的意志，使自己心满意足。

一般来说，人们更倾向于喜欢做有独特天赋的事业，做自己有天赋的事情会让人获得十足的成就感。

卡斯帕罗夫 15 岁获得国际象棋的世界冠军，光用刻苦和正确的方法很难解释他的成功。大多数人在某些特定的方面都有着特殊的天赋和良好的素质，即使是看起来很笨的人，在某些特定的方面也可能有杰出的才能。

凡·高各方面都很平庸，但在绘画方面是个天才；爱因斯坦当不了一个好学生，却可以提出相对论；柯南道尔作为医生并不出名，写小说却名扬天下……

每个人都有自己的特长和天赋，从事与自己特长相关的工作，就能很轻易地取得成功；否则，可能会埋没自己。当发觉某种工作不适合自己时，不如立即改行去做适合自己的工作。

　　阿西莫夫是一位科普作家，同时也是一位自然科学家。一天上午，他在打字机前打字的时候，突然意识到："我不能成为一个第一流的科学家，却能够成为一个第一流的科普作家。"于是，他几乎把全部的精力都放在科普创作上，终于成了当代世界最著名的科普作家。

　　伦琴原来学的是工程科学，在老师孔特的影响下，他做了一些有趣的物理实验。这些实验使他逐渐体会到，物理才是最适合他的事业，后来他果然成了一名卓有成就的物理学家。

　　因此要想闯出成功，就必须使工作具有重要的意义，就必须要做正确的事。

　　如果说正确地做事是聪明，那么做正确的事却是智慧。从某种意义上讲，做正确的事比正确地做事更重要。很多人都在寻找通往目标的方法和捷径，却都没有意识到如果你做的是一件错事的话，无论你做事的方法怎样正确和优秀都不会成功的。现在铺天盖地都是"成功学"、"方法学"和"捷径学"，却很少有人真正清楚自己到底在做一件什么样的事、这件事正不正确。可以肯定地说，任何方法或捷径都无法让自己揪着自己的头发离开地球，这也是"做正确的事"比"正确地做事"更重要的那一点儿。